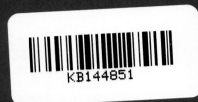

김명호의
생물학 공방

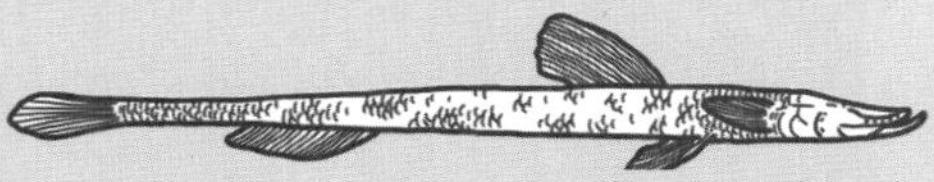

김명호의

생물학
공방

김명호 글·그림

그래픽 노블로 떠나는
매혹과 신비의 생물 대탐험

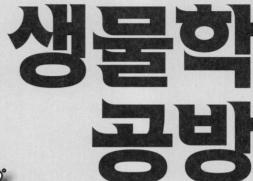

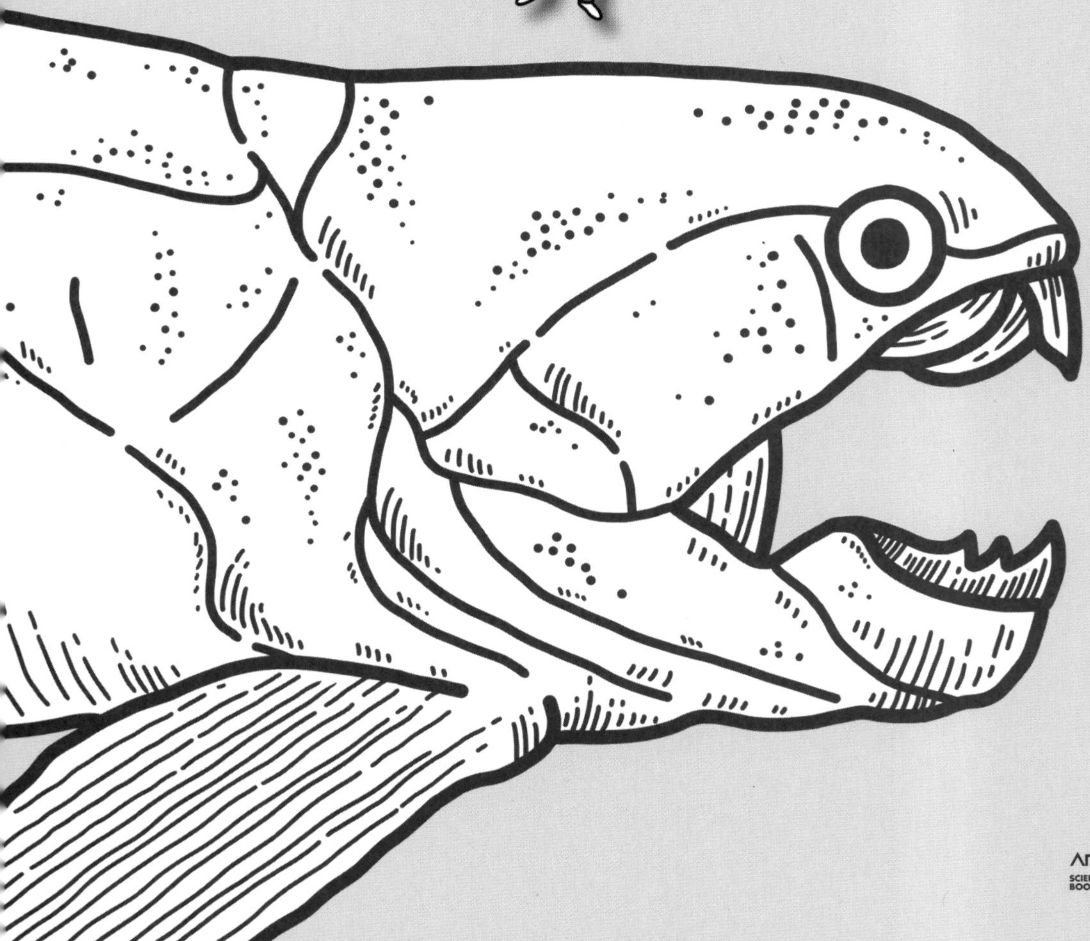

사이언스
SCIENCE
BOOKS 북스

아버지, 어머니 사랑합니다.

머리말

우리 은하로부터 2800만 광년 떨어져 있는
은하 NGC2683.

이 은하의 어느 한구석에서 자전과 공전을 하고 있을
이름 모를 행성. 내게 과학은 이 행성과 같았다.

나와 아무런 상관이 없는 존재.

그런데 20살 무렵
이 별은 뭐지?

과학이란 행성이 내 망원경 안으로 들어왔다.

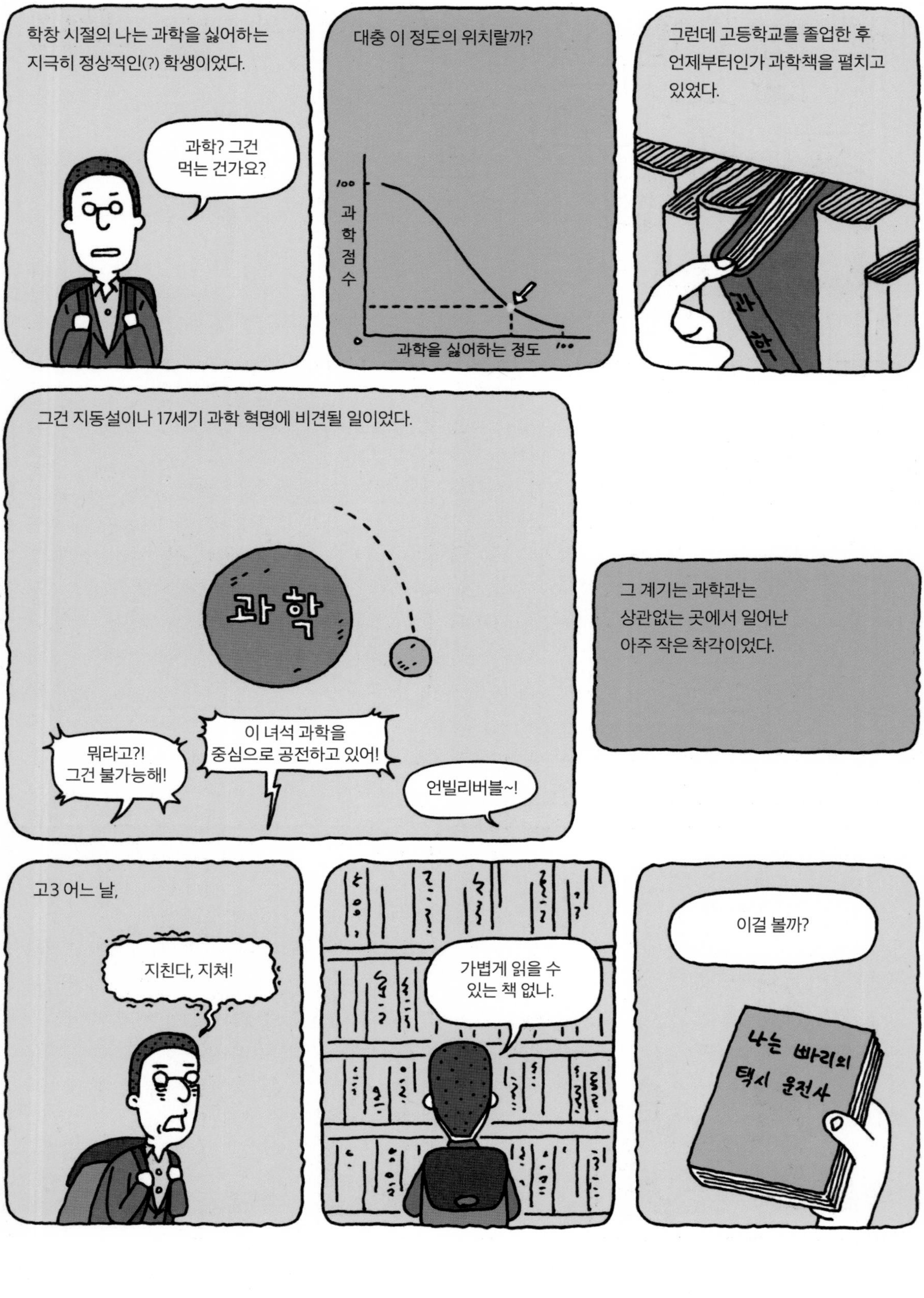
학창 시절의 나는 과학을 싫어하는
지극히 정상적인(?) 학생이었다.
과학? 그건
먹는 건가요?
대충 이 정도의 위치랄까?
100
과학점수
0
과학을 싫어하는 정도
100
그런데 고등학교를 졸업한 후
언제부터인가 과학책을 펼치고
있었다.
과학
그건 지동설이나 17세기 과학 혁명에 비견될 일이었다.
과학
뭐라고?!
그건 불가능해!
이 녀석 과학을
중심으로 공전하고 있어!
언빌리버블~!
그 계기는 과학과는
상관없는 곳에서 일어난
아주 작은 착각이었다.
고3 어느 날,
지친다, 지쳐!
가볍게 읽을 수
있는 책 없나.
이걸 볼까?
나는 빠리의
택시 운전사

당시 라디오에선 『나는 뉴욕의 택시 운전사』라는 책 광고가 한창이었다. 어떤 책이 따라 한 것인지 모르겠지만, 어쨌든 내가 읽고 싶었던 것은 '뉴욕'이었다.
광고하던 책은 '뉴욕'인데 이건 '빠리' 택시 운전사잖아.
즉 홍세화 선생님의 책을 집어 든 것은 순전히 실수였다.
아오! 누가 누구 걸 따라 한 거람?!
부르르~
어휴~ 돈 아까워. 재미없기만 해 봐라.
까딱 까딱
책을 덮은 후에도 잠을 이룰 수 없었다.
홍세화 선생님은 눈에 보이는 것만이 세상 전부가 아님을 가르쳐 주었다.
그 책은 나를 아이에서 어른으로 만들어 주었고
마음속에서는 세상을 더 많이 알고 싶다는 열망이 솟구쳤다.

세상에 대한 관심은
자연히 정치와 인문학을 넘어
자연 과학으로 확장되었다.
홍세화 선생님이 쥐어 준 '망원경' 덕분에
난 과학이라는 외계 행성을 발견할 수
있었다.
배움이란 세상을
더 깊고 넓게 볼 수 있는
눈을 기르는 것입니다.
세상을 향한 관심에서 시작된 과학은 점점
하나의 취미 생활이 되었고, 책꽂이에 과학서들이
한 권, 두 권 자리를 잡기 시작했다.
중독자들이 점점 더 강한 자극을 찾듯
결국 과학 교양서를 넘어 논문에까지 손길을 뻗쳤다.
좀 더 많이
알고 싶어……!
하지만 과학에 관한
관심이 높아질수록
다른 갈등이 고개를 내밀었다.
에이!
재미없어.
그림도 그리기 싫고
과학책만 보고 싶구나…….

본업과 취미 사이에서 길을 찾지 못하고 갈팡질팡하던 때 또다시 기적과 같은 우연이 일어났다.
두 마리의 토끼를 잡을 수 있습니다. 한 방향으로 몰아서 잡으면 되지요!
한국 천문 연구원 박석재 원장의 EBS 강연 중
!!
벌떡!
맞아! 만화로 과학을 이야기하면 되잖아!
방향을 정하자 세상은 그쪽을 향해 굴러가기 시작했다.
여보, 《한겨레》에서 운영하는 《사이언스온》이라는 과학 웹진이 있는데 마침 거기서 필자를 모집하네.
여기에 한번 지원해 보는 건 어때?
오호~ 그래?
....

여…… 여긴
호랑이 굴이잖아!!
필자들 모두가 과학을 전공하는 대학원생 이상의
전문가들이요, 좋은 학교와 훌륭한 경력을 갖추고 있었다.
웹진에 실리는 글 역시 수준이 높았다.
이 사람들 사이에서 내가 '과학'을 이야기하는 게
우스워 보이지 않을까?
텅
나의 또 다른 취미는 농구다.
텅텅텅
군대에서 재미를 붙여 지금도
시간이 날 때면 농구화를 질끈 묶고
농구장으로 달려간다.
하지만 즐겨 온 세월이 무색하게
농구 실력은 형편없다.
오랫동안 혼자 공만 던졌기
때문이다.

아니, 실력이라고 부르기도 민망한 수준이었다.
오랜 시간을 혼자 했기 때문에 잘못된 버릇이 굳어졌으며
그것을 지적해 줄 사람도 없었다.
왜 또 안 들어가는 거야?
다행히 몇 년 전부터 동네 사람들과 주말마다
어울려 시합하고 있다.
이쪽으로 패스~!
그러면서 내가 무엇이 부족한지, 무엇을 잘못하는지 깨달을 수 있었다.
잘하는 사람들을 보며 나도 실력을 기르고 싶다는 의욕에 농구 교본을 사고,
동영상을 보면서 고민했다. 덕분에 농구 실력은 최근에 아주 조금 나아졌다.
그래. 해 보자.
혼나고 욕을 먹어도 농구를 잘하려면 농구팀에 들어가야 한다. 조기 축구회에 나가서 농구 실력을
자랑해 봐야 자기 발전에는 아무런 도움이 되지 않을 것이다. 그래서 《사이언스온》이라는 호랑이 굴로 들어갔다.
앞으로 좋아하는 과학을 마음껏 그리면서 살고 싶었기 때문이다.
이 만화는 과학을 향한
만화가의 연애편지다.
또한 생물학의 재미에 눈을 뜨게 해 준
스티븐 제이 굴드(Stephen Jay Gould)
선생님에 대한 헌정이자 공부의
기록이다.
두 마리 토끼를
잡으러 가 볼까!
그리고 두 마리의 토끼를 잡으려는
만화가의 눈물겨운 사냥기다.

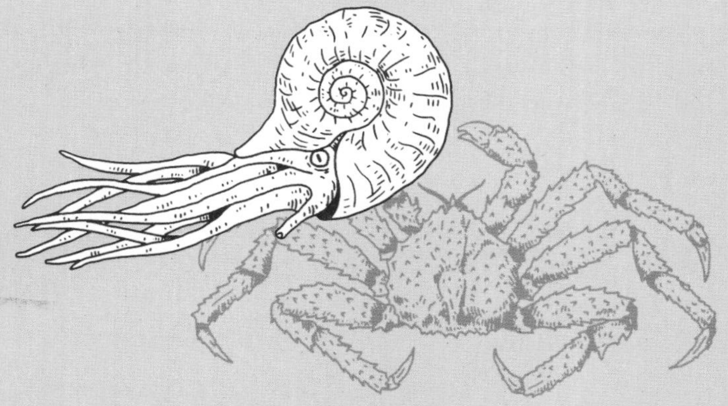

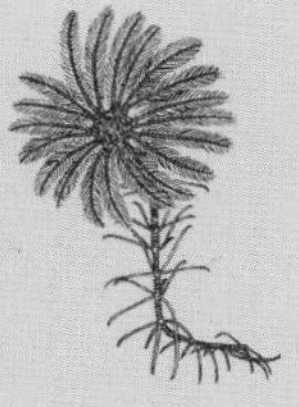

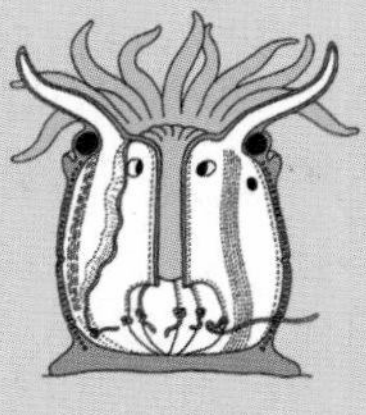

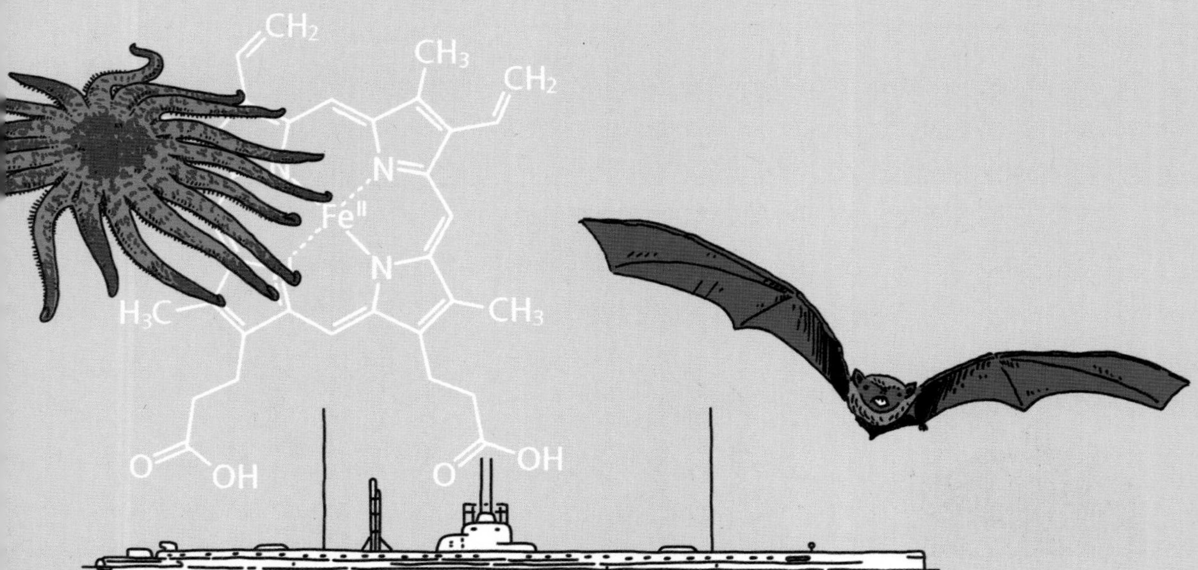

CH2
CH3
CH2
N
Fe II
N
H3C
CH3
O
OH
O
OH

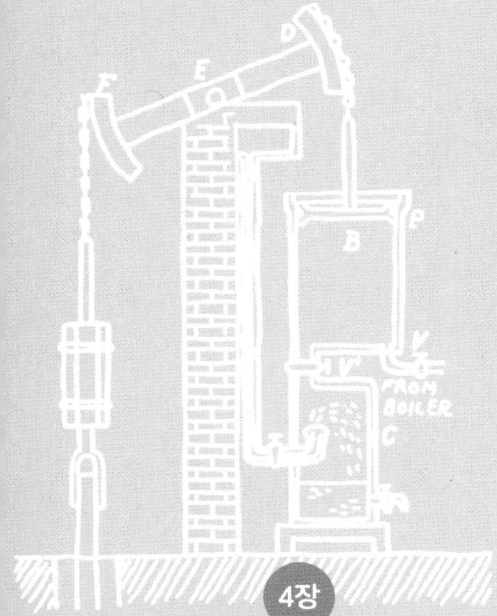

차례

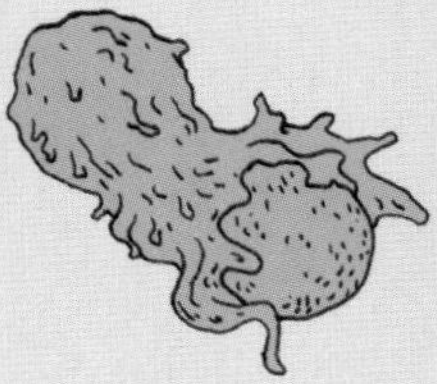

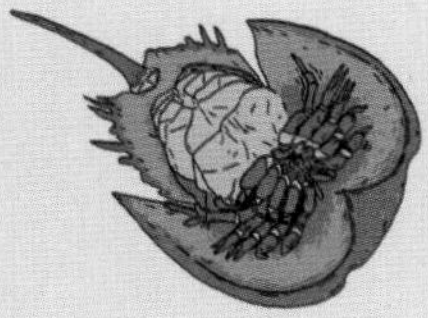

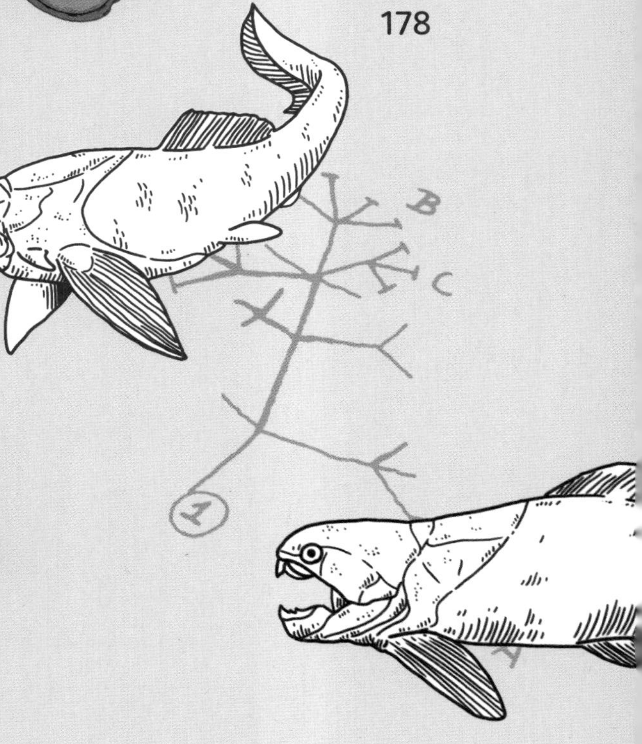

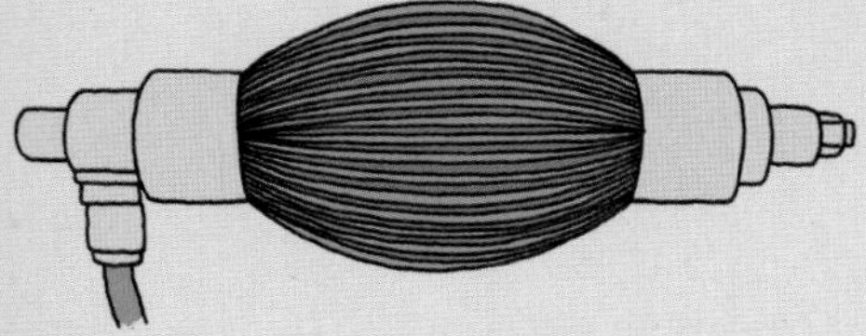

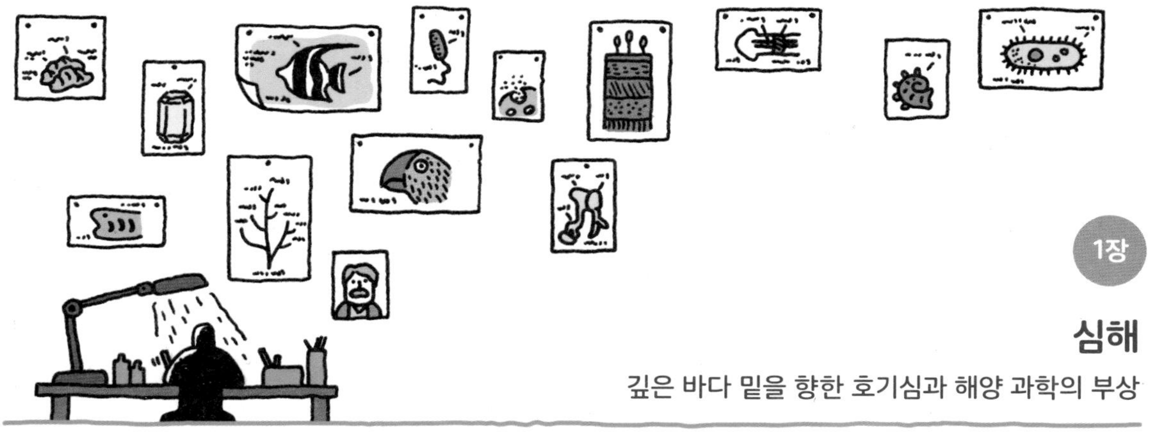

1장

심해

깊은 바다 밑을 향한 호기심과 해양 과학의 부상

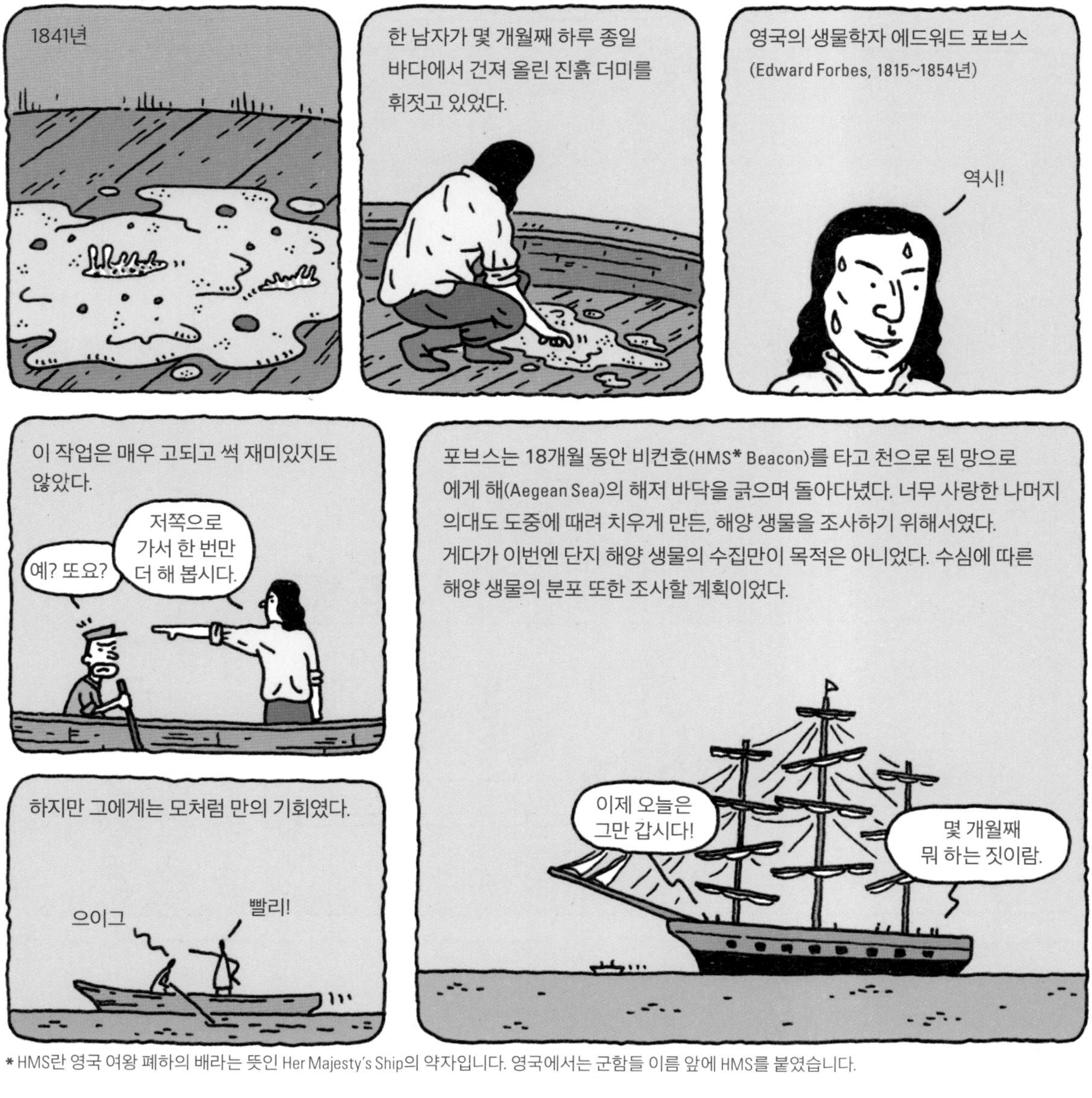
1841년
한 남자가 몇 개월째 하루 종일 바다에서 건져 올린 진흙 더미를 휘젓고 있었다.
영국의 생물학자 에드워드 포브스 (Edward Forbes, 1815~1854년)
역시!
이 작업은 매우 고되고 썩 재미있지도 않았다.
저쪽으로 가서 한 번만 더 해 봅시다.
예? 또요?
하지만 그에게는 모처럼 만의 기회였다.
빨리!
으이그
포브스는 18개월 동안 비컨호(HMS* Beacon)를 타고 천으로 된 망으로 에게 해(Aegean Sea)의 해저 바닥을 긁으며 돌아다녔다. 너무 사랑한 나머지 의대도 도중에 때려 치우게 만든, 해양 생물을 조사하기 위해서였다. 게다가 이번엔 단지 해양 생물의 수집만이 목적은 아니었다. 수심에 따른 해양 생물의 분포 또한 조사할 계획이었다.
이제 오늘은 그만 갑시다!
몇 개월째 뭐 하는 짓이람.

* HMS란 영국 여왕 폐하의 배라는 뜻인 Her Majesty's Ship의 약자입니다. 영국에서는 군함들 이름 앞에 HMS를 붙였습니다.

19세기 초반, 과학계에는 환경에 따라 생물의 분포가 다르다는 대상 분포(zonation) 개념이 확립되어 있었다.
이것은 위대한 탐험가이자 과학계의 만능 재주꾼 알렉산더 폰 훔볼트(Alexander von Humboldt, 1769~1859년)의 업적이었다.
*
나는 고도, 기온, 기후, 지질 등이 식물이 자라는 데 결정적인 요소라는 것을 증명하였습니다.
그는 세계를 돌아다니며 고도에 따른 세계 곳곳의 식물들을 비교하고 상관관계를 조사하였다. 이를 통해 극지방에서 적도를 향해 나아갈수록 식물이 증가하고 있으며, 산의 고도에 따라서 사는 생물 종이 다르다는 결론을 얻었다.
눈
툰드라
침엽수
온대 낙엽수림
열대 우림
해발 고도
저는 조사를 위해 6,310미터의 침보라소 산도 오르내렸답니다.
눈
툰드라
침엽수
온대 낙엽수림
열대 우림
극지방
적도
훔볼트는 이러한 연구 내용을 정리하여 『식물 지리학에 관한 소론(*Essay on the Geography of Plants*)』(1807년)으로 출간했다.

* 프리드리히 게오르크 바이치(Friedrich Georg Weitsch, 1758~1828년)의 작품 「알렉산더 폰 훔볼트」(1806)를 참고하여 그렸습니다.

훔볼트의 정열적인 연구 활동은 동시대
많은 과학자들에게 영감을 주었는데,
찰스 다윈(Charles Darwin, 1809~1882년)도
예외는 아니었다.
내 온 삶이 한 청년(훔볼트)의 체험담을 읽고 또 읽은 데서 비롯되었다는 사실을 영영 잊지 못할 것이오.
찰스 다윈
당연히 포브스에게도
큰 자극이 되었다.
훔볼트는 역시 천재야!
식물 지리학에서의 대상 분포 개념을 해저에도 적용할 수 있지 않을까?
포브스는 육지의 생물 시스템과
바다는 분명히 연관 관계가 있다고
보았다.
해발 고도가 높을수록 척박해지는 환경 때문에 생물 종의 수가
감소하는 것처럼, 바다에서는 수심이 깊어질수록 가혹해지는
환경으로 인해 생물의 개체 수가 줄어들 것으로 생각했다.
바다는 마치 산을 뒤집은 것 같지 않을까?
뒤집은 산
바다
1841년 비컨호에서 이루어진 조사는 이러한 생각을 확인하기 위한
연구 활동이었다. 그의 예상대로 수심 약 420미터의 에게 해
바닥에서는 별다른 생명체를 발견할 수 없었다.
옳거니!

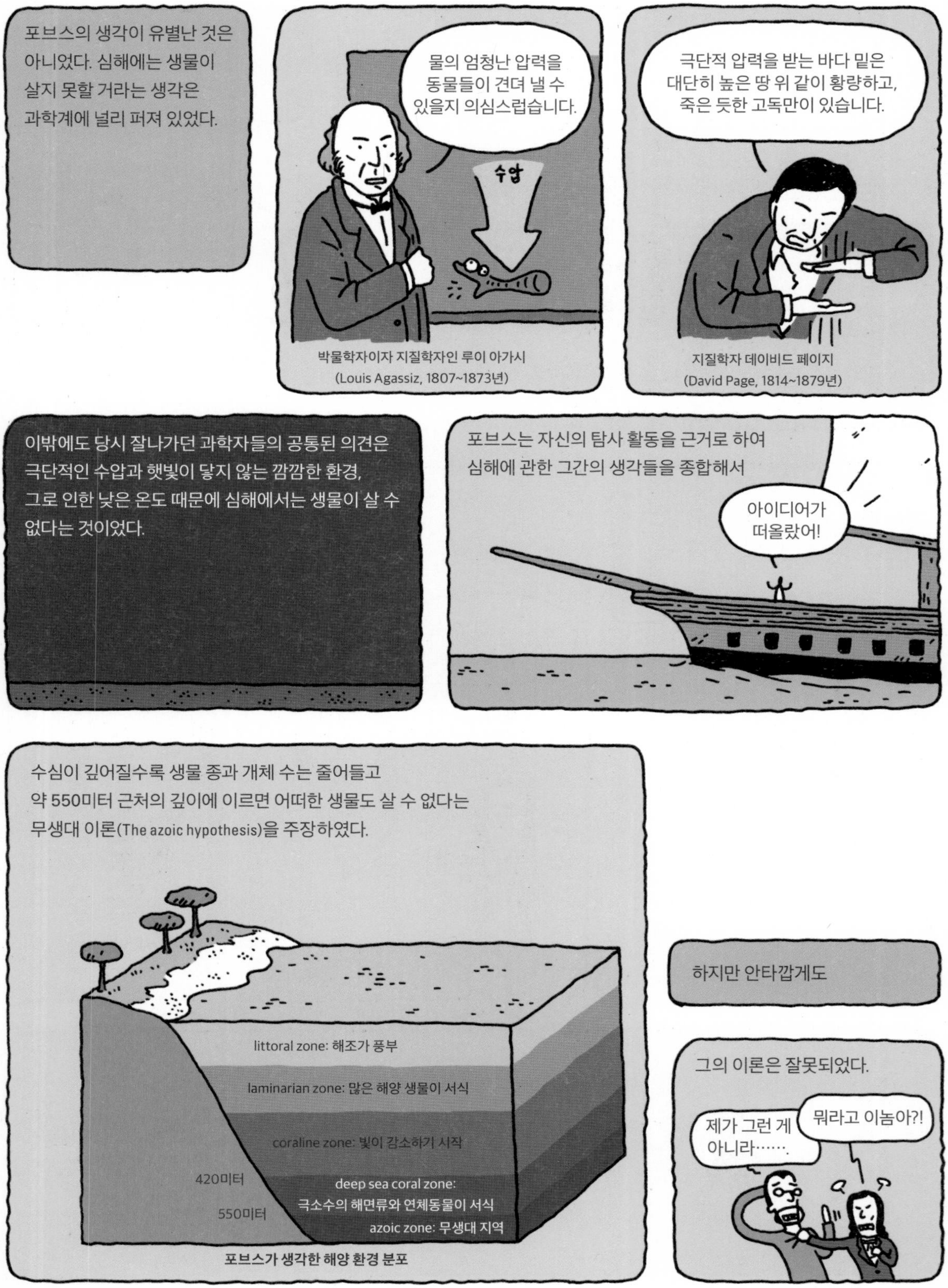

포브스의 생각이 유별난 것은 아니었다. 심해에는 생물이 살지 못할 거라는 생각은 과학계에 널리 퍼져 있었다.
물의 엄청난 압력을 동물들이 견뎌 낼 수 있을지 의심스럽습니다.
수압
박물학자이자 지질학자인 루이 아가시 (Louis Agassiz, 1807~1873년)
극단적 압력을 받는 바다 밑은 대단히 높은 땅 위 같이 황량하고, 죽은 듯한 고독만이 있습니다.
지질학자 데이비드 페이지 (David Page, 1814~1879년)
이밖에도 당시 잘나가던 과학자들의 공통된 의견은 극단적인 수압과 햇빛이 닿지 않는 깜깜한 환경, 그로 인한 낮은 온도 때문에 심해에서는 생물이 살 수 없다는 것이었다.
포브스는 자신의 탐사 활동을 근거로 하여 심해에 관한 그간의 생각들을 종합해서
아이디어가 떠올랐어!
수심이 깊어질수록 생물 종과 개체 수는 줄어들고 약 550미터 근처의 깊이에 이르면 어떠한 생물도 살 수 없다는 무생대 이론(The azoic hypothesis)을 주장하였다.
littoral zone: 해조가 풍부
laminarian zone: 많은 해양 생물이 서식
coraline zone: 빛이 감소하기 시작
420미터
deep sea coral zone: 극소수의 해면류와 연체동물이 서식
550미터
azoic zone: 무생대 지역
포브스가 생각한 해양 환경 분포
하지만 안타깝게도
그의 이론은 잘못되었다.
제가 그런 게 아니라…….
뭐라고 이놈아?!

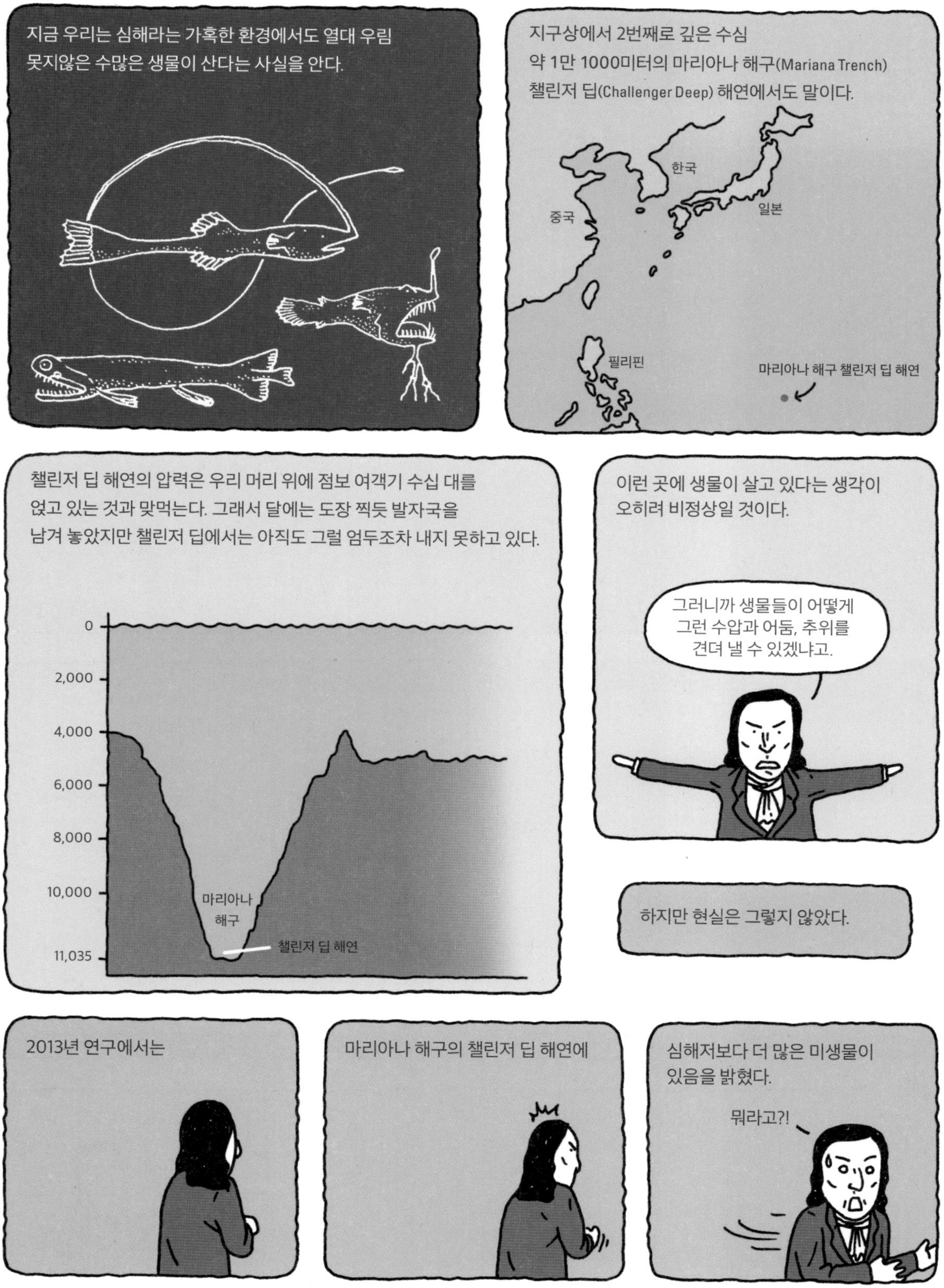

지금 우리는 심해라는 가혹한 환경에서도 열대 우림 못지않은 수많은 생물이 산다는 사실을 안다.

지구상에서 2번째로 깊은 수심 약 1만 1000미터의 마리아나 해구(Mariana Trench) 챌린저 딥(Challenger Deep) 해연에서도 말이다.

챌린저 딥 해연의 압력은 우리 머리 위에 점보 여객기 수십 대를 얹고 있는 것과 맞먹는다. 그래서 달에는 도장 찍듯 발자국을 남겨 놓았지만 챌린저 딥에서는 아직도 그럴 엄두조차 내지 못하고 있다.

이런 곳에 생물이 살고 있다는 생각이 오히려 비정상일 것이다.

그러니까 생물들이 어떻게 그런 수압과 어둠, 추위를 견뎌 낼 수 있겠냐고.

하지만 현실은 그렇지 않았다.

2013년 연구에서는

마리아나 해구의 챌린저 딥 해연에

심해저보다 더 많은 미생물이 있음을 밝혔다.

뭐라고?!

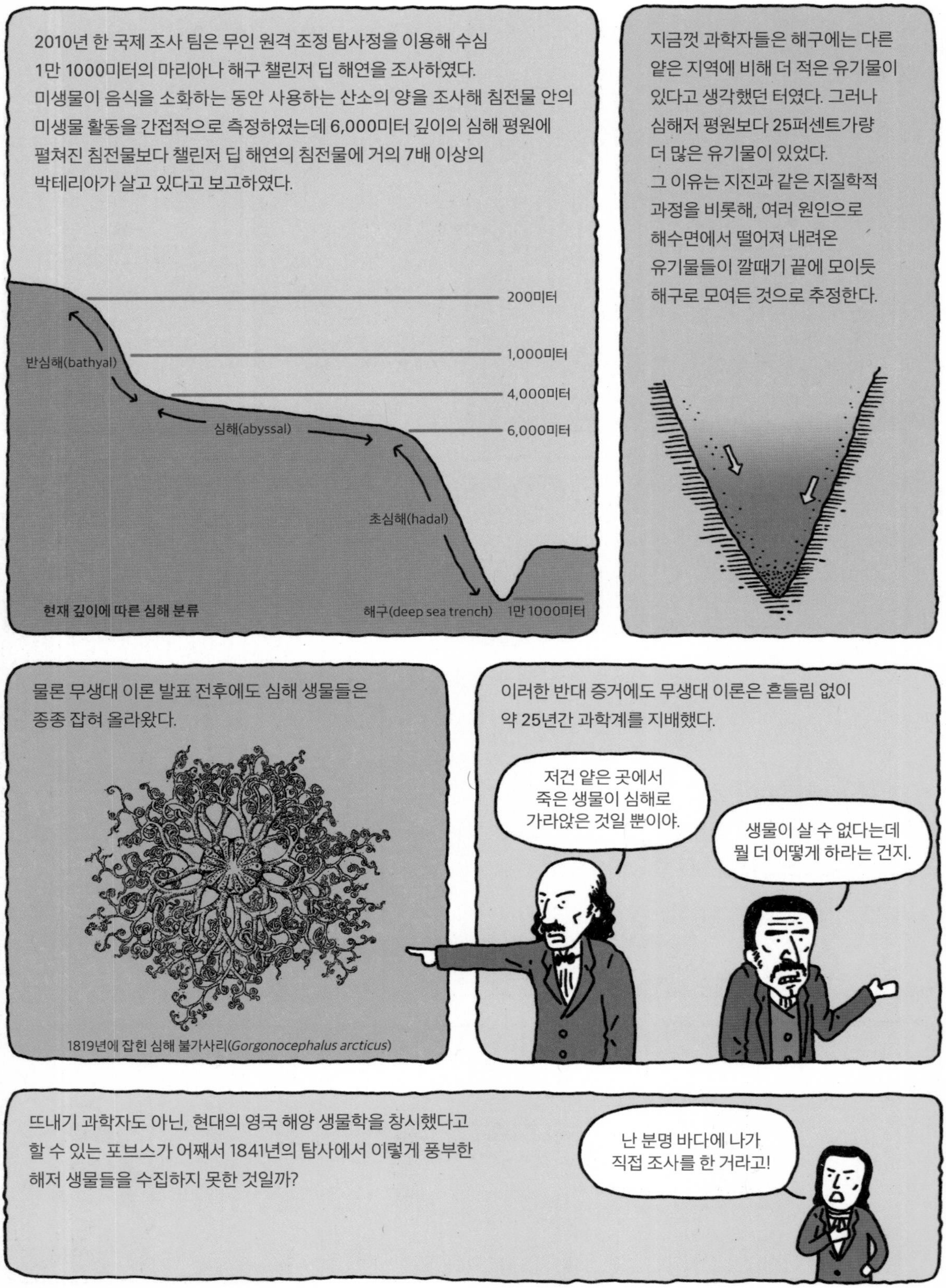

2010년 한 국제 조사 팀은 무인 원격 조정 탐사정을 이용해 수심 1만 1000미터의 마리아나 해구 챌린저 딥 해연을 조사하였다. 미생물이 음식을 소화하는 동안 사용하는 산소의 양을 조사해 침전물 안의 미생물 활동을 간접적으로 측정하였는데 6,000미터 깊이의 심해 평원에 펼쳐진 침전물보다 챌린저 딥 해연의 침전물에 거의 7배 이상의 박테리아가 살고 있다고 보고하였다.

지금껏 과학자들은 해구에는 다른 얕은 지역에 비해 더 적은 유기물이 있다고 생각했던 터였다. 그러나 심해저 평원보다 25퍼센트가량 더 많은 유기물이 있었다. 그 이유는 지진과 같은 지질학적 과정을 비롯해, 여러 원인으로 해수면에서 떨어져 내려온 유기물들이 깔때기 끝에 모이듯 해구로 모여든 것으로 추정한다.

- 200미터
- 1,000미터
- 4,000미터
- 6,000미터

반심해(bathyal)

심해(abyssal)

초심해(hadal)

현재 깊이에 따른 심해 분류

해구(deep sea trench) 1만 1000미터

물론 무생대 이론 발표 전후에도 심해 생물들은 종종 잡혀 올라왔다.

1819년에 잡힌 심해 불가사리(*Gorgonocephalus arcticus*)

이러한 반대 증거에도 무생대 이론은 흔들림 없이 약 25년간 과학계를 지배했다.

저건 얕은 곳에서 죽은 생물이 심해로 가라앉은 것일 뿐이야.

생물이 살 수 없다는데 뭘 더 어떻게 하라는 건지.

뜨내기 과학자도 아닌, 현대의 영국 해양 생물학을 창시했다고 할 수 있는 포브스가 어째서 1841년의 탐사에서 이렇게 풍부한 해저 생물들을 수집하지 못한 것일까?

난 분명 바다에 나가 직접 조사를 한 거라고!

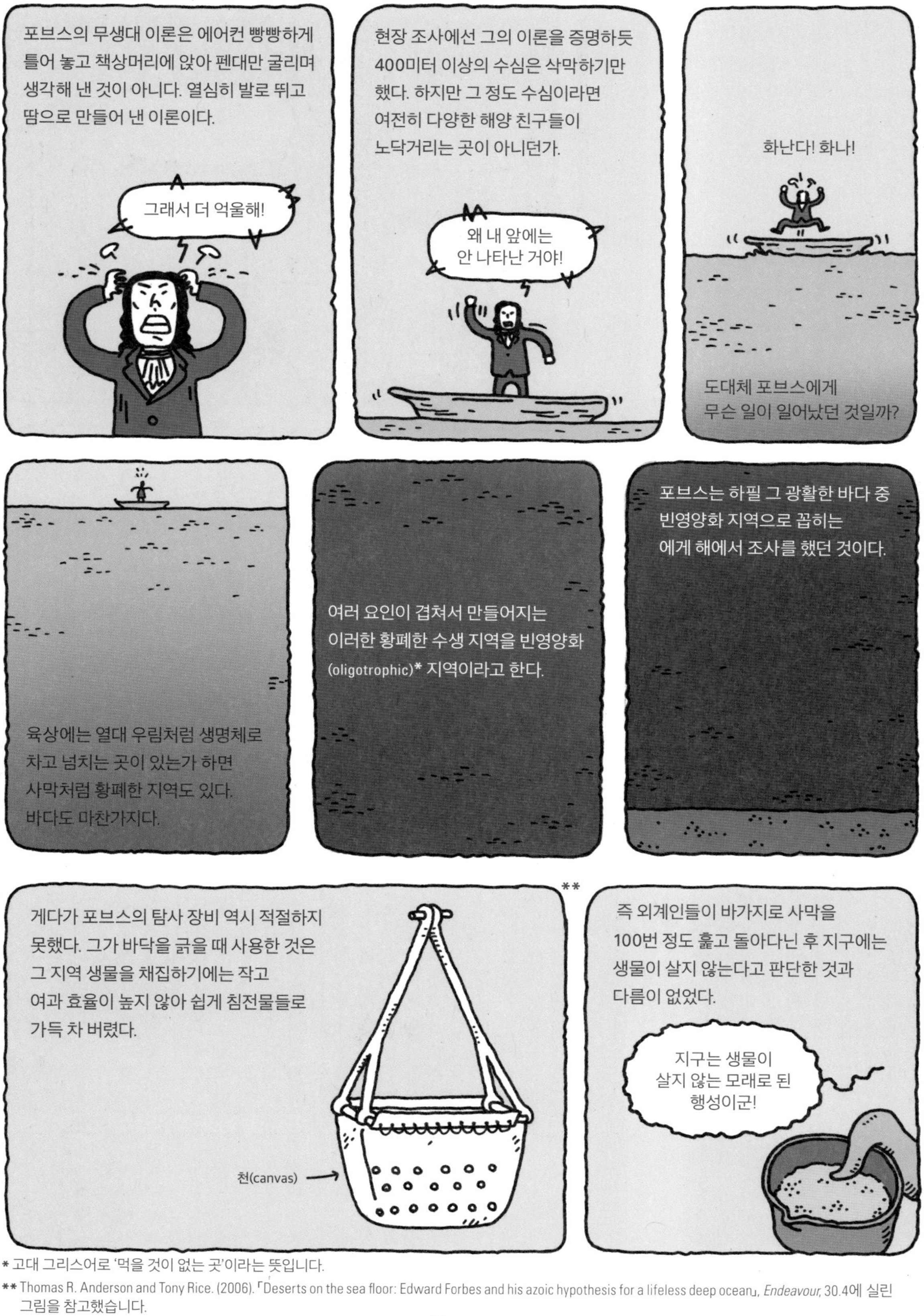
포브스의 무생대 이론은 에어컨 빵빵하게 틀어 놓고 책상머리에 앉아 펜대만 굴리며 생각해 낸 것이 아니다. 열심히 발로 뛰고 땀으로 만들어 낸 이론이다.
그래서 더 억울해!
현장 조사에선 그의 이론을 증명하듯 400미터 이상의 수심은 삭막하기만 했다. 하지만 그 정도 수심이라면 여전히 다양한 해양 친구들이 노닥거리는 곳이 아니던가.
왜 내 앞에는 안 나타난 거야!
화난다! 화나!
도대체 포브스에게 무슨 일이 일어났던 것일까?
육상에는 열대 우림처럼 생명체로 차고 넘치는 곳이 있는가 하면 사막처럼 황폐한 지역도 있다. 바다도 마찬가지다.
여러 요인이 겹쳐서 만들어지는 이러한 황폐한 수생 지역을 빈영양화 (oligotrophic)* 지역이라고 한다.
포브스는 하필 그 광활한 바다 중 빈영양화 지역으로 꼽히는 에게 해에서 조사를 했던 것이다.
게다가 포브스의 탐사 장비 역시 적절하지 못했다. 그가 바닥을 긁을 때 사용한 것은 그 지역 생물을 채집하기에는 작고 여과 효율이 높지 않아 쉽게 침전물들로 가득 차 버렸다.
천(canvas)
**
즉 외계인들이 바가지로 사막을 100번 정도 훑고 돌아다닌 후 지구에는 생물이 살지 않는다고 판단한 것과 다름이 없었다.
지구는 생물이 살지 않는 모래로 된 행성이군!

* 고대 그리스어로 '먹을 것이 없는 곳'이라는 뜻입니다.

** Thomas R. Anderson and Tony Rice. (2006). 「Deserts on the sea floor: Edward Forbes and his azoic hypothesis for a lifeless deep ocean」, *Endeavour*, 30.4에 실린 그림을 참고했습니다.

사소한 실수에 불운이 더해져
무생대 이론이 탄생한 것이다.
그 결과는 가혹했다.
포브스는 후세에 해양 생물학 이야기나 잘못된 이론의 예를 들 때면
어김없이 등장하게 되었다.
제발 그만해~!
포브스는 무생대 이론을
주장했지만…….
The Azonic Theory
HAHA!
그래서 이 만화에도 등장한 것 아닌가.
이 녀석.
죽여 버리겠다.
진정하세요.
형님.
탁 탁 탁
하지만 그가 무생대 이론을 이끌어 낸 추론 과정은 당시로서는
매우 합리적이었다.
지상
고도가 높다.
환경이
척박하다.
서식 생물이
급감한다.
바다
수심이 깊다.
환경이
척박하다.
생물이
살지 못한다?
현장 조사 결과
서식 생물을 찾기 어렵다.
심해는 생물이 살 수 없다.
저는
형님 편입니다.
흑흑흑~
이 비극(?)의 책임자는
영국 과학계다.
그들은 심해에 당연히 생물이
살 수 없다는 편견에 사로잡혀,
무생대 이론을 검증할 생각조차
하지 않았다.
휘~
이론 발표 후 학회 차원에서
검증을 위한 해양 탐사도
이뤄지지 않았다.
영국 과학계의 검증 시스템이 제대로 작동하지 않는 바람에, 쉽게 바로잡을 수 있었던 포브스의 실수는 그대로
묵인되었고, 더 나은 방향으로 연구가 진척되었을지 모를 기회도 사라졌다. 고장 난 시스템은 25년간 지속되었다.

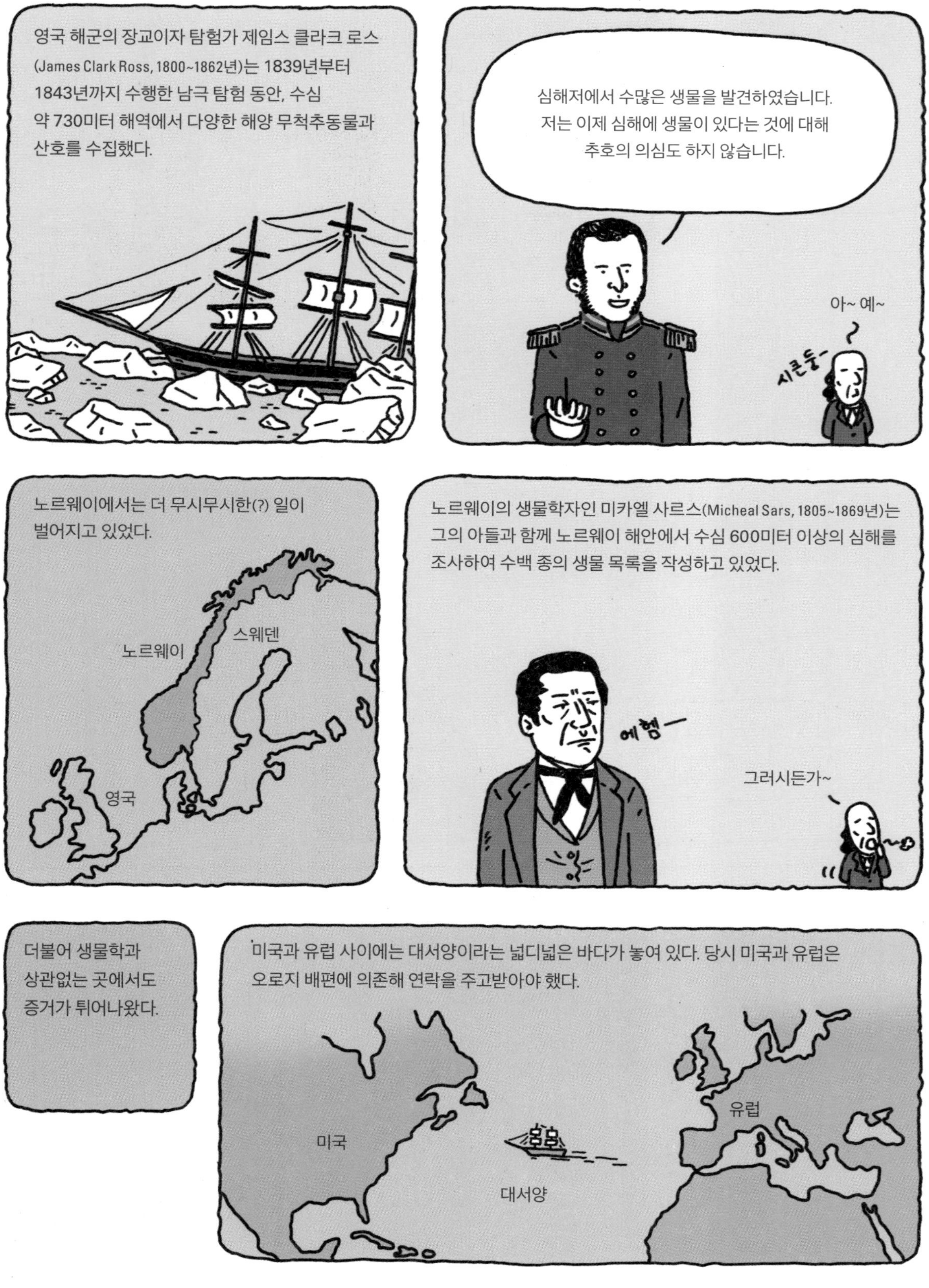
영국 해군의 장교이자 탐험가 제임스 클라크 로스 (James Clark Ross, 1800~1862년)는 1839년부터 1843년까지 수행한 남극 탐험 동안, 수심 약 730미터 해역에서 다양한 해양 무척추동물과 산호를 수집했다.
심해저에서 수많은 생물을 발견하였습니다. 저는 이제 심해에 생물이 있다는 것에 대해 추호의 의심도 하지 않습니다.
아~ 예~
시큰둥~
노르웨이에서는 더 무시무시한(?) 일이 벌어지고 있었다.
노르웨이
스웨덴
영국
노르웨이의 생물학자인 미카엘 사르스(Micheal Sars, 1805~1869년)는 그의 아들과 함께 노르웨이 해안에서 수심 600미터 이상의 심해를 조사하여 수백 종의 생물 목록을 작성하고 있었다.
에헴~
그러시든가~
더불어 생물학과 상관없는 곳에서도 증거가 튀어나왔다.
미국과 유럽 사이에는 대서양이라는 넓디넓은 바다가 놓여 있다. 당시 미국과 유럽은 오로지 배편에 의존해 연락을 주고받아야 했다.
미국
유럽
대서양

하지만 새로운 통신 기술의 등장은 이러한 물리적 제약을 단숨에 날려 버렸다.
전신 기사(telegraphic engineer)였던 존 왓킨스 브렛(John Watkins Brett, 1805~1863년)이 그의 형제와 함께 영국 해협을 가로지르는 해저용 케이블을 부설하면서 국제 전신이 시작되었다.
1850년 영국과 프랑스 간 최초의 국제 통신선 부설에 쓰인 골리앗호(Goliath)
1860년대까지 지상 전신선은 대거 확장되었고 여러 차례의 도전 끝에 1858년 대서양 케이블이 부설되었다. 과학 기술의 대중화에 힘썼던 윌리엄 톰슨(William Thomson, 1824~1907년)은 통신 기술에 뛰어들어 해저 통신의 수학적 이론을 발표하였으며 대서양 해저 케이블을 부설하는 데 기술 고문으로 참여하였다.
훗날 켈빈 경(Lord Kelvin)으로 불린 과학자로, 절대 온도 단위 '켈빈(K)'의 그 켈빈입니다.
뭐야? 내 이름만 듣고도 누군지 알아야 하는 것 아냐?
제 만화에는 처음 등장하신 거라. 헤헤~
물론 당시의 대서양 전신은 복장 터질 정도로 느렸고,
어휴~ 너무 느려서…….
1분당 단어 하나라 할지라도 이 자체로 경이로운 가치가 있소!
대서양 해저 케이블은 부설한 지 3주 만에 망가지고 말았다.
뭐야?!
저…… 케이블이 망가진 것 같습니다.

해저 케이블 설치는 고난의 연속이었다. 플라스틱이 등장하기도 전이었던 터라 재료도 취약했다. 당시 해저 케이블의 절연체로는 구타페르카(gutta-percha)*가 쓰였다. 이 물질은 가열하면 부드러워지며 내수성이 매우 좋아 절연체로 이용되었다. 20세기에 이르러 인공 합성물이 등장하면서 점차 쓰이지 않게 되었다.

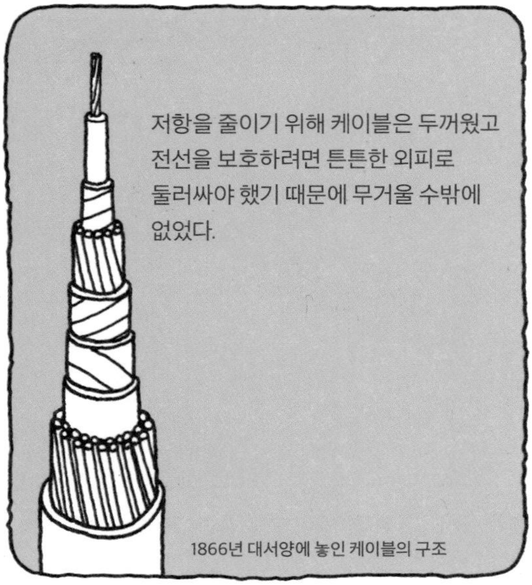
저항을 줄이기 위해 케이블은 두꺼웠고 전선을 보호하려면 튼튼한 외피로 둘러싸야 했기 때문에 무거울 수밖에 없었다.
1866년 대서양에 놓인 케이블의 구조

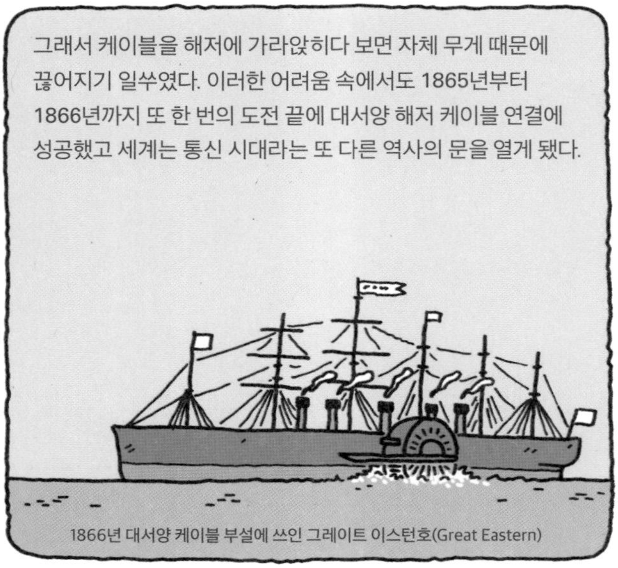
그래서 케이블을 해저에 가라앉히다 보면 자체 무게 때문에 끊어지기 일쑤였다. 이러한 어려움 속에서도 1865년부터 1866년까지 또 한 번의 도전 끝에 대서양 해저 케이블 연결에 성공했고 세계는 통신 시대라는 또 다른 역사의 문을 열게 됐다.
1866년 대서양 케이블 부설에 쓰인 그레이트 이스턴호(Great Eastern)

이와 같이 케이블 공사 업체들이 지옥의 케이블 작업을 하던 중

**

수심 2,000미터에 있던 케이블에 심해 생물이 붙어 올라왔다.
어? 이게 뭐지?

* 구타페르카는 천연 고무의 한 종류로 팔라퀴움 오블롱기폴리아(*Palaquium oblongifolia*) 나무의 유액에서 추출하였습니다.

** 두 그림은 Eugene Wunschendorff. (1888). 「Traite de Telegraphie Sous-Marine」에 실린 그림을 보고 그렸습니다. 당시의 케이블 수리 방법을 보여 주고 있습니다.

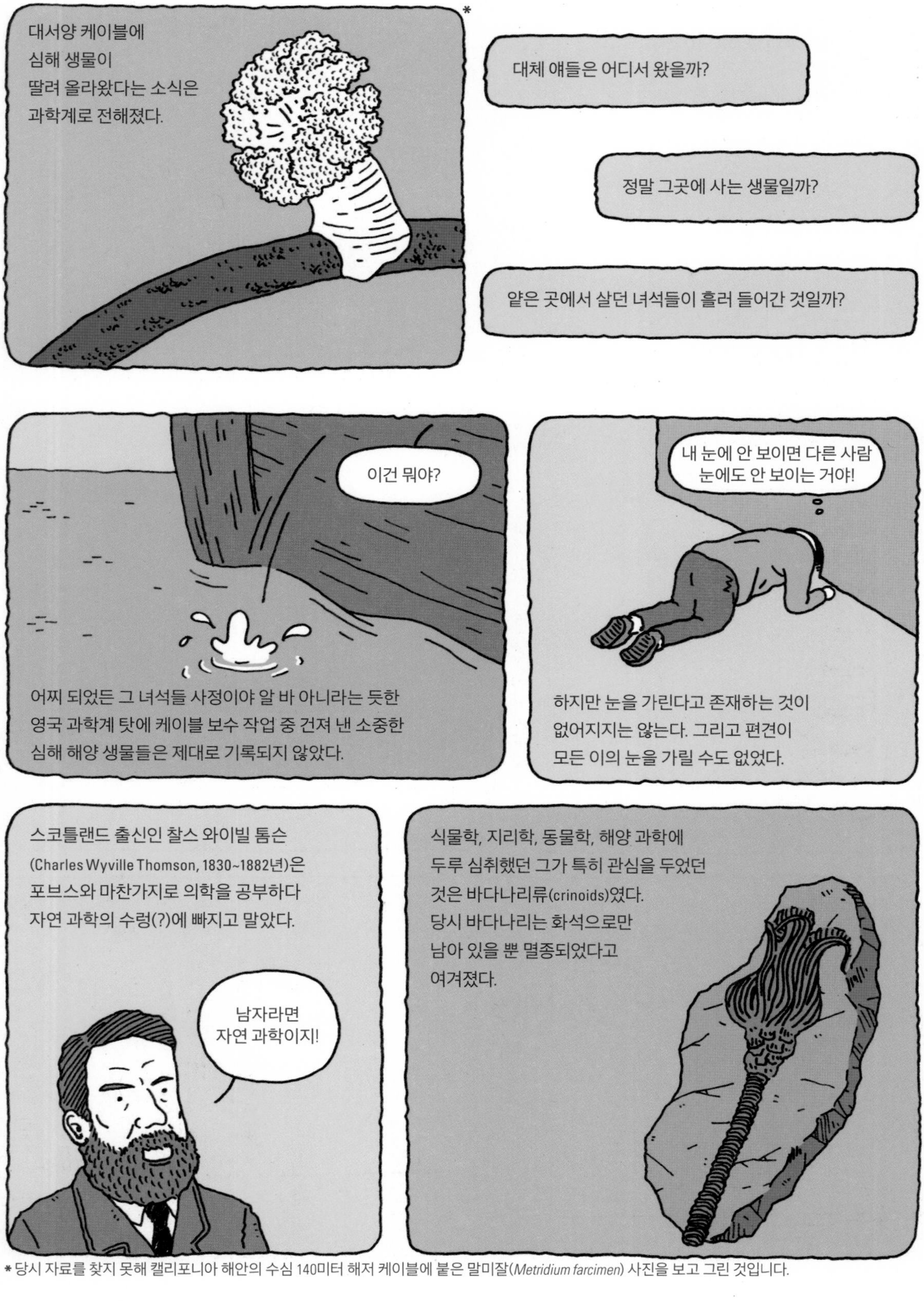
대서양 케이블에
심해 생물이
딸려 올라왔다는 소식은
과학계로 전해졌다.
*
대체 얘들은 어디서 왔을까?
정말 그곳에 사는 생물일까?
얕은 곳에서 살던 녀석들이 흘러 들어간 것일까?
이건 뭐야?
어찌 되었든 그 녀석들 사정이야 알 바 아니라는 듯한
영국 과학계 탓에 케이블 보수 작업 중 건져 낸 소중한
심해 해양 생물들은 제대로 기록되지 않았다.
내 눈에 안 보이면 다른 사람
눈에도 안 보이는 거야!
하지만 눈을 가린다고 존재하는 것이
없어지지는 않는다. 그리고 편견이
모든 이의 눈을 가릴 수도 없었다.
스코틀랜드 출신인 찰스 와이빌 톰슨
(Charles Wyville Thomson, 1830~1882년)은
포브스와 마찬가지로 의학을 공부하다
자연 과학의 수렁(?)에 빠지고 말았다.
남자라면
자연 과학이지!
식물학, 지리학, 동물학, 해양 과학에
두루 심취했던 그가 특히 관심을 두었던
것은 바다나리류(crinoids)였다.
당시 바다나리는 화석으로만
남아 있을 뿐 멸종되었다고
여겨졌다.

* 당시 자료를 찾지 못해 캘리포니아 해안의 수심 140미터 해저 케이블에 붙은 말미잘(*Metridium farcimen*) 사진을 보고 그린 것입니다.

그런데 살아 있는 바다나리를 건져 냈다는 소식이 노르웨이에서 들려왔다.
바다나리는 식물처럼 생긴 모습과는 달리 극피동물에 속하는 원시 생물입니다. 그러니까 성게, 해삼, 불가사리와 친구라는 뜻입니다.*
줄기가 있는 바다나리(stalked crinoid)의 일반적인 형태
그 진원지는 바로 앞서 등장했던, 노르웨이 인근 바다에서 해양 생물을 수집하던 사르스가(家)의 아버지와 아들이었다.
오예~ 2번 출연!
사르스는 바다나리를 비롯하여 심해에서 조사한 생물들을 정리해 노르웨이 학회에 발표했다.
톰슨은 두 눈으로 직접 확인하기 위해 노르웨이로 날아갔다.
빨리~!
아, 당시에는 여객기가 없었지.
느려~!
그는 그곳에서 바다나리 이외에도 심해에서 건져 올린 생물들을 보고 충격과 흥분에 빠졌다. 톰슨 역시 그때까지 무생대 가설을 믿었기 때문이다.
이럴 수가…….
그는 당연히(!) 배를 타고 영국으로 돌아오자마자
느려~!
평소 존경하던 윌리엄 벤저민 카펜터(William Benjamin Carpenter, 1813~1885년)를 찾아갔다.
카펜터 형님!
쾅!

* 바다나리는 꽤 재미있는 생물인데 다음에 더 자세히 이야기하겠습니다.

참고로 카펜터 역시 의학에서 자연 과학으로 방향을 튼 낭만 사나이였다.
워워~ 천천히 이야기 좀 해 보시오.
탐사 항해 좀 추진해 주십쇼~!
당시 런던 대학교 교무과장이자 영국 왕립 학회 부회장이었던 카펜터에게는 그럴 만한 힘이 있었다.
흠…….
……이랬다니까요.
기획서만 제대로 쓰시오. 뒤는 내가 알아서 추진할 테니!
형님 최고!
그리하여 두 과학자는 1868년 라이트닝호(HMS Lightning)를, 1869년에는 포큐파인호(HMS Porcupine)를 지원 받아 해양 탐사를 떠났다. 그들은 이 항해에서 수심 1,200미터에 사는 많은 무척추동물을 발견했고 톰슨은 이를 정리해 1873년 『바다의 깊이(*The Depths of the Sea*)』라는 제목으로 출판하였다.

* 포큐파인호의 갑판에서 해저 준설하는 작업 모습입니다. 위키피디아(wikipedia)의 포큐파인호 항목을 참고해 그렸습니다.

한편 통신 시대에 접어들면서 세계는 케이블로 연결되기 시작했다. 바다에 케이블을 깔려면
해저의 모양새를 제대로 알아야 했다. 게다가 자원으로서 바다의 가치도 점점 주목 받고 있었다.
1871년 여러 나라에서 차례로 해양 탐사 계획을 발표하였다.
해양 탐사에 나설 것이오~!
미국
스웨덴
독일
그러자 바다에 관해서만큼은 자부심이 강했던 영국은 가슴이 조마조마해지기 시작했다.
갑자기 왜들 그러는 거야?!
조마
조마
카펜터는 이 기회를 놓치지 않았다.
세계의 콧대를 단번에 꺾을, 더 큰 규모의 해양 조사를 시행해야 합니다.
그런가?
그가 계획한 탐사의 규모는 무려 전 세계의 해양을 조사하는 것이었다.
뭐……라……고?!
당연히 대영 제국의 국격에 맞게 세계 바다를…….
끝내 그는 정부를 설득해 냈다. 그 결과가 바로 해양 생물학의 역사에 한 획을 그은 챌린저호(HMS Challenger)의 탐사 항해였다. 그리고 카펜터의 적극적인 추천으로 이 항해의 책임 연구원은 톰슨이 맡게 되었다.
그렇게 1872년 챌린저호의 역사적인 항해가 시작되었다.
역시 형님 최고!
에-헴!

카펜터는 의욕적으로 챌린저호 탐사 항해를 추진했다.
성큼 성큼
앞선 라이트닝호와 포큐파인호의 탐사 성과를 내세워 전방위적으로 정부를 압박했다.
나 카펜터요! 문 좀 열어 보시오~!
어휴~ 또 왔네.
쾅 쾅
자, 우리가 조사한 자료를 보시오! 이번 탐사만 성사된다면 우린 세계 그 어느 나라보다 해양 정보에 관해 우위를 점할 수 있소! 미국도 우리를 넘어서지 못할 것이오!
그는 영국 왕립 학회를 비롯해, 해양 케이블 부설과 관련한 수계 지리학자(hydrographer)까지 모든 인맥과 영향력을 총동원하였다.
각계각층에서 이 해양 탐사의 필요성을 지지하고 있소!
에이~ 거 눈앞에서…….
결국 영국 정부는 1872년 4월 탐사에 관한 정식 인가를 냈고, 해군은 톰슨에게 보조 증기 엔진이 탑재된 챌린저호를 내주었다.
항복!
앗싸!
배는 탐사 목적에 맞게 개조에 들어갔다. 연구 공간을 확보하기 위해 대포는 2문만 남긴 채 철거되었고 선실은 연구실과 연구원들의 숙소로 바뀌었다. 엄청난 분량의 탐사 기기들도 실렸는데 한 예로 물속에 늘어뜨릴 밧줄의 길이만 400킬로미터에 이르렀다.
*

* 챌린저 보고서에 실린 삽화를 보고 그렸습니다.

HMS Challenger
찰스 와이빌 톰슨
챌린저호의 수석 연구원
조지 스트롱 네어스
(George Strong Nares,
1831~1915년)
해군 장교. 챌린저호 이외에도
여러 극지 탐사에서 함장을 맡음
존 머리
(John Murray, 1841~1914년)
톰슨의 조수로 승선
헨리 노티지 모즐리
(Henry Nottidge Moseley,
1844~1891년)
무척추동물 연구에서
많은 업적을 남김
윌리엄 벤저민 카펜터
훗날 알코올 의존증이
병이라는 사실을
처음으로 증명

챌린저호는 1872년부터 1876년까지 4년에 걸쳐 11만 킬로미터를 항해하며 전 세계 해양을 조사했다.

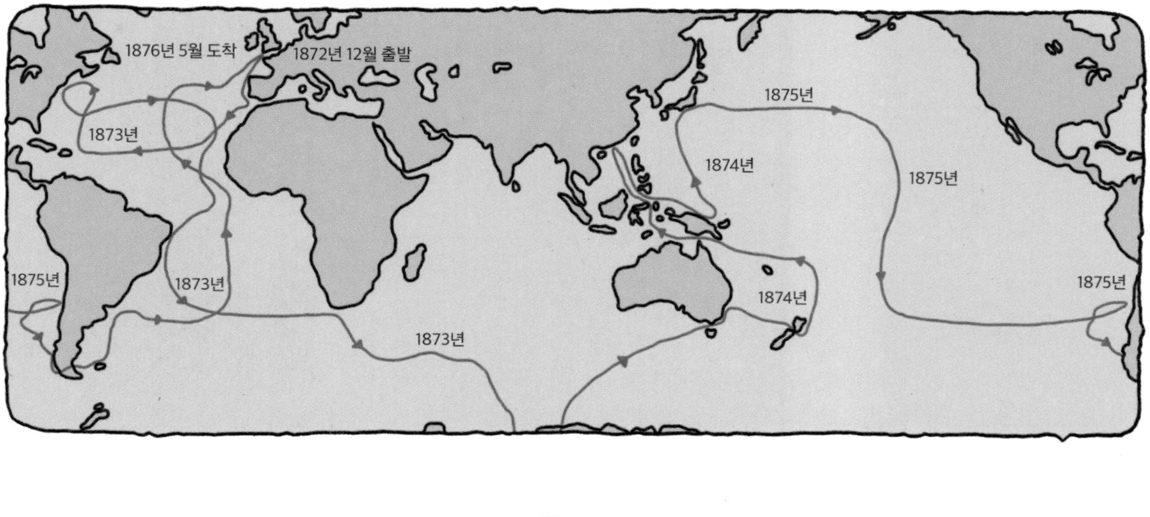
1876년 5월 도착
1872년 12월 출발
1873년
1875년
1874년
1875년
1875년
1873년
1874년
1875년
1873년

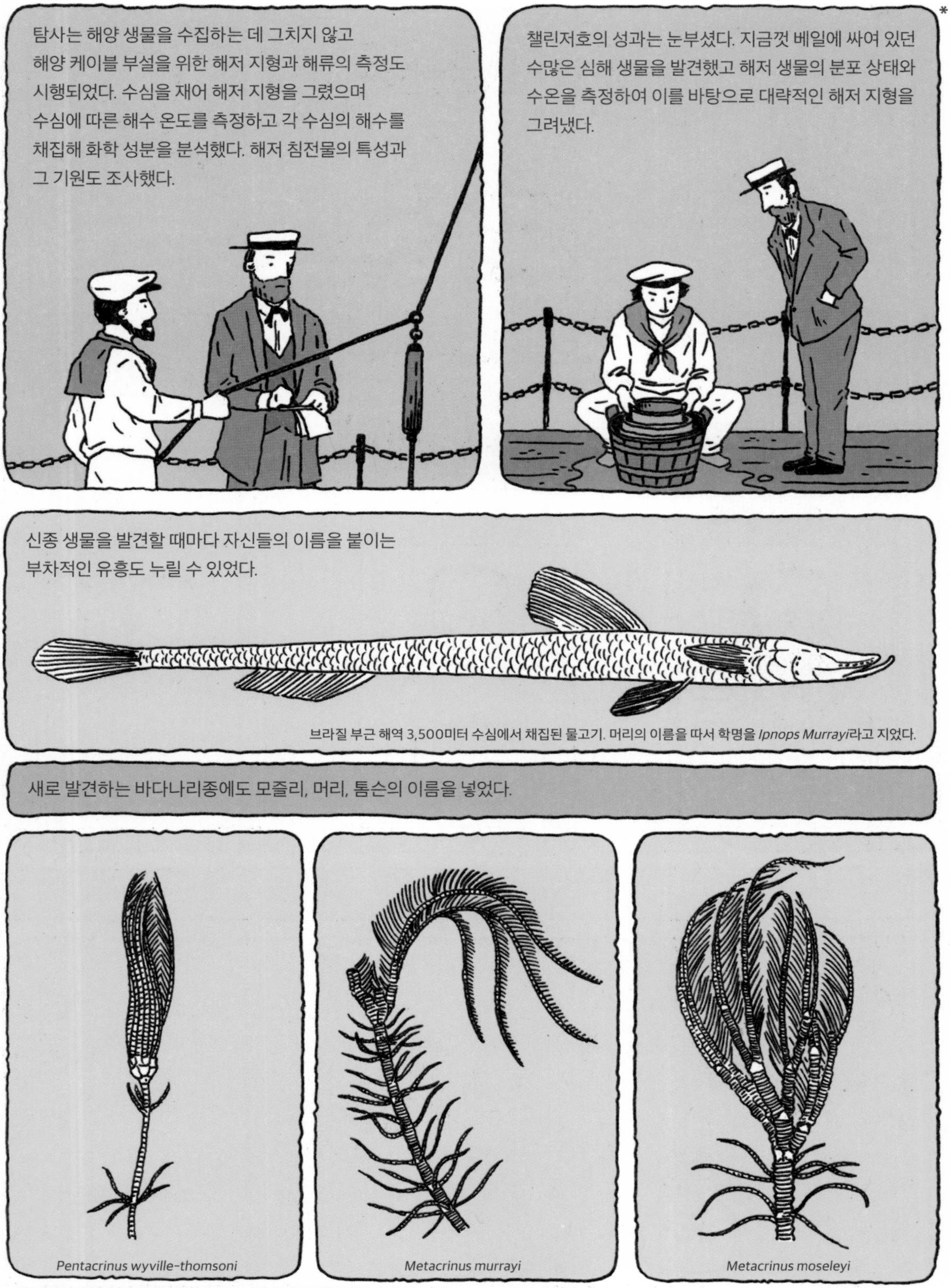

탐사는 해양 생물을 수집하는 데 그치지 않고 해양 케이블 부설을 위한 해저 지형과 해류의 측정도 시행되었다. 수심을 재어 해저 지형을 그렸으며 수심에 따른 해수 온도를 측정하고 각 수심의 해수를 채집해 화학 성분을 분석했다. 해저 침전물의 특성과 그 기원도 조사했다.
*
챌린저호의 성과는 눈부셨다. 지금껏 베일에 싸여 있던 수많은 심해 생물을 발견했고 해저 생물의 분포 상태와 수온을 측정하여 이를 바탕으로 대략적인 해저 지형을 그려냈다.
신종 생물을 발견할 때마다 자신들의 이름을 붙이는 부차적인 유흥도 누릴 수 있었다.
새로 발견하는 바다나리종에도 모즐리, 머리, 톰슨의 이름을 넣었다.

브라질 부근 해역 3,500미터 수심에서 채집된 물고기. 머리의 이름을 따서 학명을 *Ipnops Murrayi*라고 지었다.

Pentacrinus wyville-thomsoni

Metacrinus murrayi

Metacrinus moseleyi

* 이 페이지의 모든 그림은 챌린저 보고서에 실린 삽화를 보고 그렸습니다.

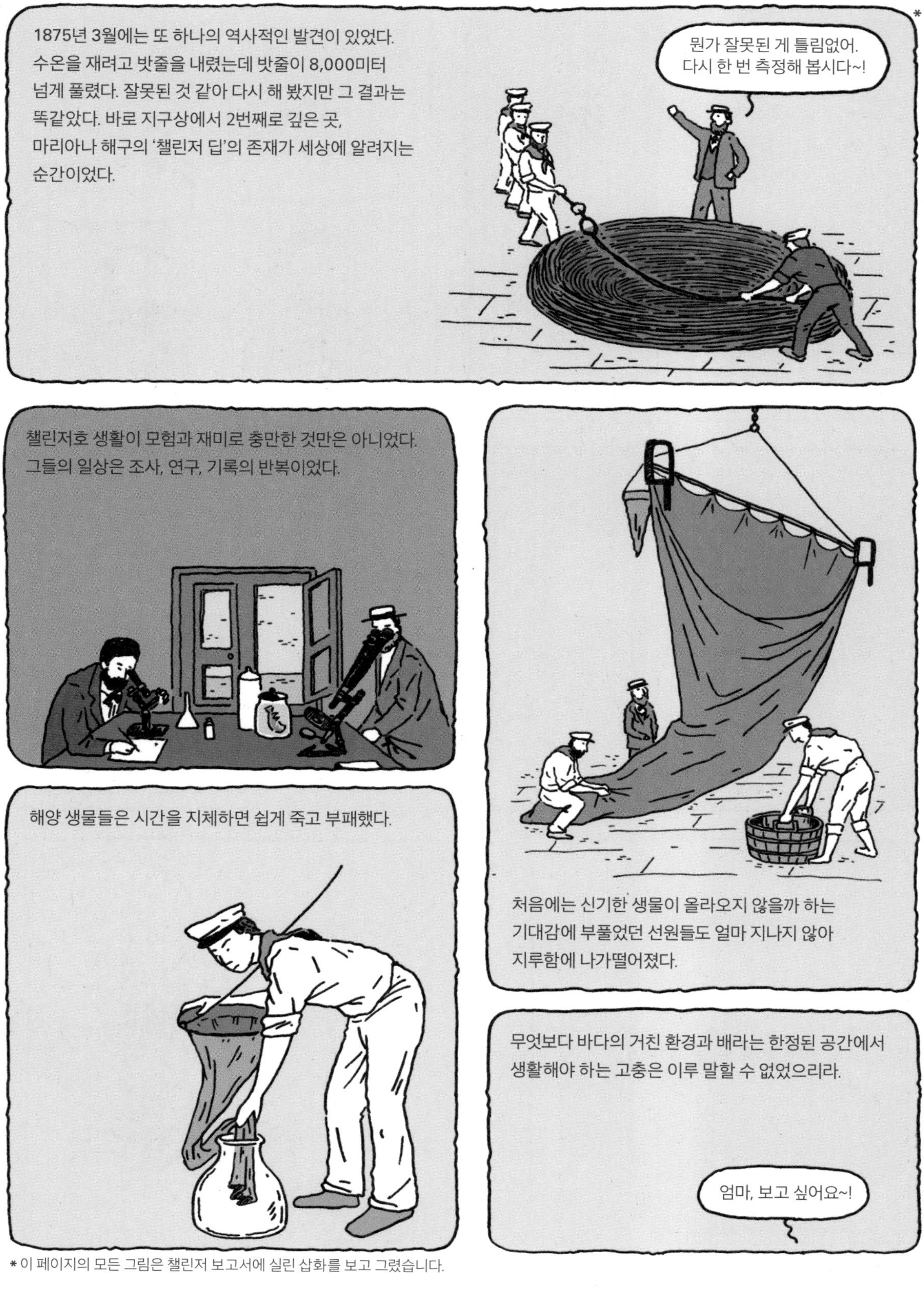

1875년 3월에는 또 하나의 역사적인 발견이 있었다. 수온을 재려고 밧줄을 내렸는데 밧줄이 8,000미터 넘게 풀렸다. 잘못된 것 같아 다시 해 봤지만 그 결과는 똑같았다. 바로 지구상에서 2번째로 깊은 곳, 마리아나 해구의 '챌린저 딥'의 존재가 세상에 알려지는 순간이었다.
뭔가 잘못된 게 틀림없어. 다시 한 번 측정해 봅시다~!
*
챌린저호 생활이 모험과 재미로 충만한 것만은 아니었다. 그들의 일상은 조사, 연구, 기록의 반복이었다.
해양 생물들은 시간을 지체하면 쉽게 죽고 부패했다.
처음에는 신기한 생물이 올라오지 않을까 하는 기대감에 부풀었던 선원들도 얼마 지나지 않아 지루함에 나가떨어졌다.
무엇보다 바다의 거친 환경과 배라는 한정된 공간에서 생활해야 하는 고충은 이루 말할 수 없었으리라.
엄마, 보고 싶어요~!

* 이 페이지의 모든 그림은 챌린저 보고서에 실린 삽화를 보고 그렸습니다.

1876년 영국에 도착한 챌린저호는 그 과학적 성취에 비례하는 엄청난 양의 표본들을 쏟아냈다. 표본을 담은 알코올 용기만 해도 수천 개가 넘었다.
항해가 끝난 뒤 이런 표본들의 분류, 기록과 함께 항해 전반에 관한 내용을 정리하는 작업이 진행되었다.
내가 맡아서 하겠소.
저도 돕겠습니다.
찰스 톰슨
존 머리
이 작업은 지금껏 겪어 보지 못했던 전혀 새로운 지옥으로 톰슨을 이끌었다.
이 불길한 특수 효과는 뭐지?
그는 수많은 표본들을 분류하고 정리해야 했으며 표본을 나누어 준 여러 학자들을 재촉해 연구 결과를 받아야 했다. 그리고 당시 출판 시스템이란 하나부터 열까지 모든 것이 수작업으로 이루어졌기 때문에 그림과 도해, 서술문 등을 일일이 챙겨야만 했다.
혼이 빠져나가는 것 같아!!!
하지만 이 모든 어려움을 합친 것보다 톰슨을 더욱 괴롭힌 것은 바로 악의 화신과도 같았던, 인색하기 짝이 없는 재무부였다.
재무부
정부 입장에서, 천문학적인 규모의 재정이 투입된 이 프로젝트가 사랑스럽게 보였을 리 만무했다. 특히 돈에 민감한 재무부는 말할 것도 없다.
이놈들, 너무 겁 없이 돈을 쓰는 것 같단 말이야.

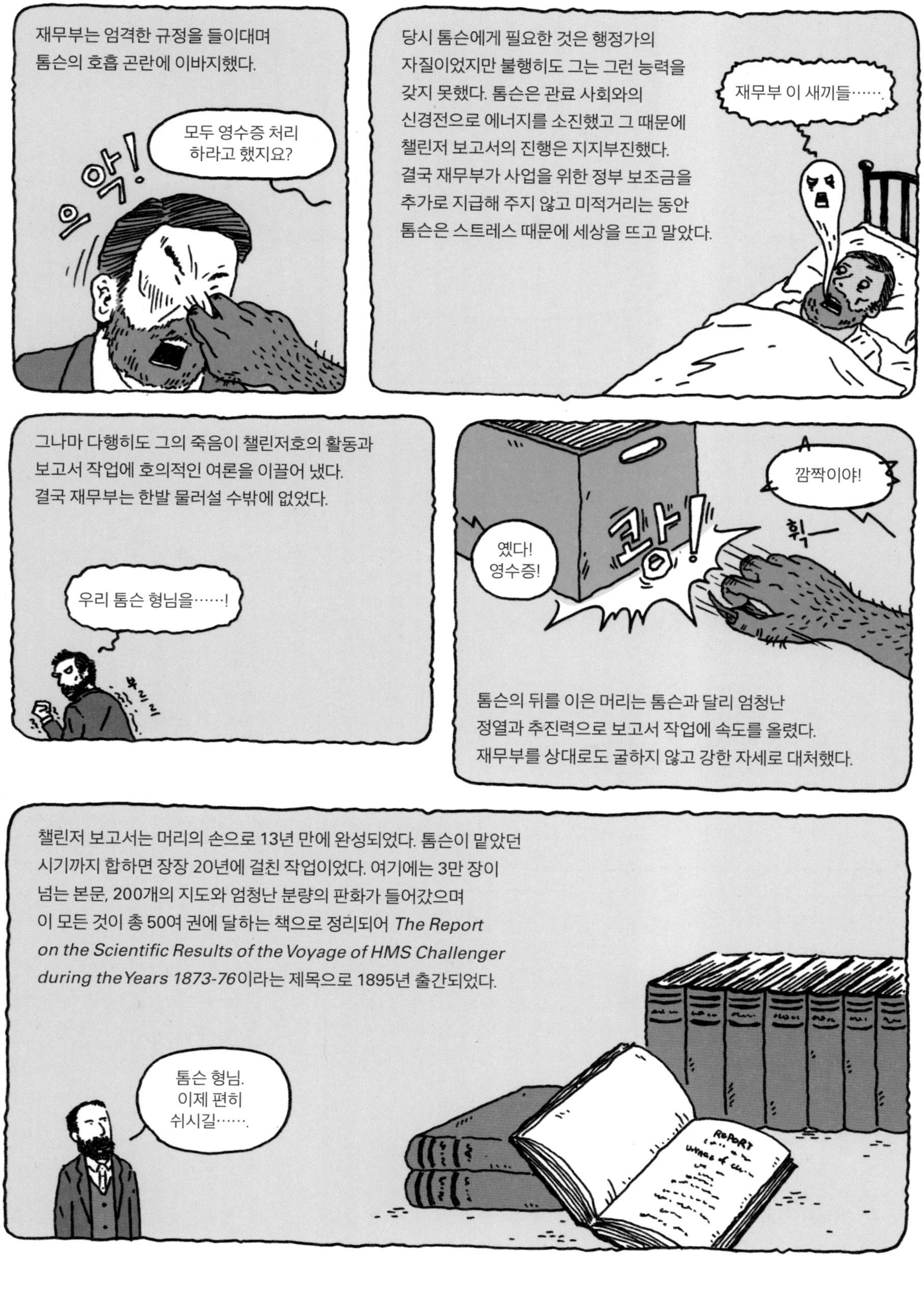

재무부는 엄격한 규정을 들이대며
톰슨의 호흡 곤란에 이바지했다.
모두 영수증 처리 하라고 했지요?
으악!
당시 톰슨에게 필요한 것은 행정가의 자질이었지만 불행히도 그는 그런 능력을 갖지 못했다. 톰슨은 관료 사회와의 신경전으로 에너지를 소진했고 그 때문에 챌린저 보고서의 진행은 지지부진했다. 결국 재무부가 사업을 위한 정부 보조금을 추가로 지급해 주지 않고 미적거리는 동안 톰슨은 스트레스 때문에 세상을 뜨고 말았다.
재무부 이 새끼들…….
그나마 다행히도 그의 죽음이 챌린저호의 활동과 보고서 작업에 호의적인 여론을 이끌어 냈다. 결국 재무부는 한발 물러설 수밖에 없었다.
우리 톰슨 형님을……!
부르르
깜짝이야!
휙
쾅!
옜다! 영수증!
톰슨의 뒤를 이은 머리는 톰슨과 달리 엄청난 정열과 추진력으로 보고서 작업에 속도를 올렸다. 재무부를 상대로도 굴하지 않고 강한 자세로 대처했다.
챌린저 보고서는 머리의 손으로 13년 만에 완성되었다. 톰슨이 맡았던 시기까지 합하면 장장 20년에 걸친 작업이었다. 여기에는 3만 장이 넘는 본문, 200개의 지도와 엄청난 분량의 판화가 들어갔으며 이 모든 것이 총 50여 권에 달하는 책으로 정리되어 *The Report on the Scientific Results of the Voyage of HMS Challenger during the Years 1873-76*이라는 제목으로 1895년 출간되었다.
톰슨 형님. 이제 편히 쉬시길…….
REPORT

챌린저호의 해양 탐사는 인류 최초의 거대 과학(big science)이었다.
당시 챌린저 프로젝트에 들어간 돈은 대략 20만 파운드였다. 현재로 치면 1000만 파운드, 한화로는 170억 원이 넘는 비용이다.
제2차 세계 대전 전까지 단일 과학 프로젝트로서는 규모가 가장 컸다.

너무 큰 비용에 시달렸던 영국 정부는 그 후 한동안 대규모 해양 조사를 시행할 엄두조차 내지 못했다고 합니다.

그렇다면 어떻게 챌린저호라는 거대 과학이 이 시기에 영국에서 출범할 수 있었을까?

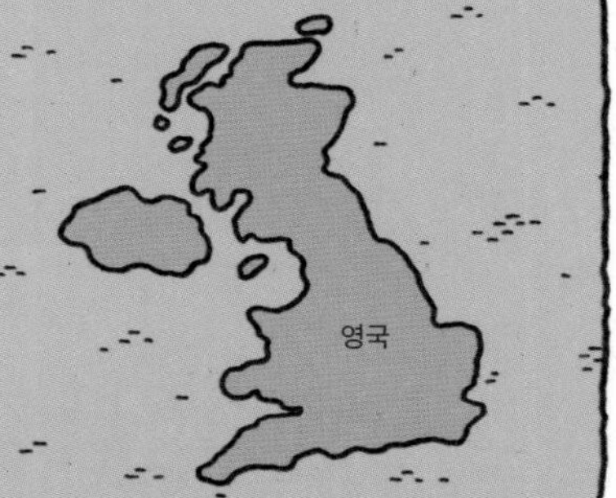
영국

19세기에 접어들며 세계는 바야흐로 해양을 탐사할 수 있는 기술 수준에 도달하기 시작했다. 경도를 측정할 수 있는 항해용 시계(marine chronometer)가 등장하여 먼바다로의 항해는 과거에 비해 크게 안전해졌다.

marine chronometer by Morris Tobias, London, 1835

산업 혁명을 거치며 증기 기관이 등장했다. 증기의 힘으로 깊은 바다를 준설할 수 있게 되었다. 그리고 해저 케이블 부설을 위해 해저 지형을 파악할 필요성이 대두되었다.
여기에 식민지 정복과 산업 혁명을 거치며 쌓아 온 영국의 풍부한 재정은 탐사를 위한 심리적 여유를 제공했다.

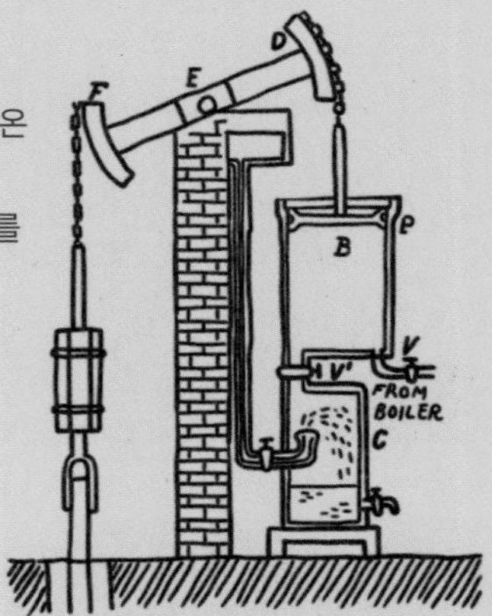

제임스 와트(James Watt, 1736~1819년)의 증기 엔진

마지막 결정적 촉매는 찰스 다윈이었다.*

19세기 영국에서 날 빼면 이야기가 안 되지~

다윈의 『비글호 항해기』는 생물학자들에게 탐사 항해에 대한 낭만을 꿈꾸게 만들었고 『종의 기원』은 사회 전반적으로 생물학에 관한 관심을 증폭시켰다. 이로 인해 심해에는 아직 발견하지 못한 고대의 생물이 있지 않을까, 더 나아가 생명의 기원을 밝힐 수 있지 않을까 하는 과학자들의 기대감은 고조되어 있었다.

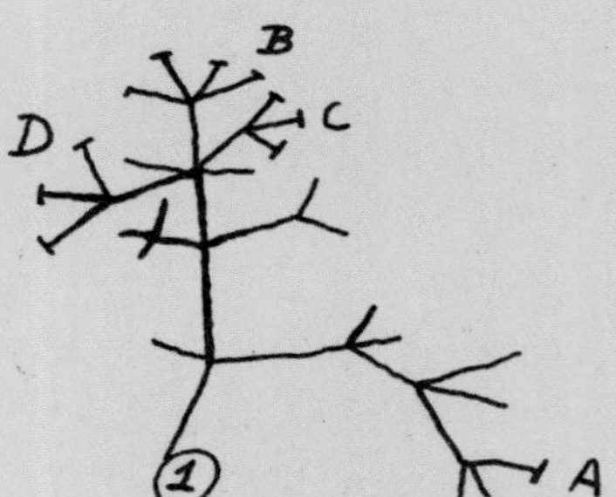

다윈이 자신의 노트에 그렸던 생명의 나무(Tree of life) 아이디어에 관한 스케치

* 사진을 참고로 그렸습니다.

챌린저호의 탐사 이후 해양에 관한 모든 것이 바뀌었다.
심해에 생물이 어떻게 살아.
50권에 이르는 챌린저 보고서에는 탐사에 관한 모든 것이 충실하게 기록되어 있었기 때문에 그 지식은 후세에 고스란히 전해졌다.
해양학은 챌린저호의 탐사 전후로 나뉜다고 해도 과언이 아닐 것이다.
HMS Challenger
무생대 이론은 더는 발붙이지 못하고 역사의 뒤안길로 사라졌다.
앞으로는 이런 걸로 날 부르지 마. 안녕~!
에드워드 포브스
이제 심해라는 가혹한 환경에서도 생물들이 살 수 있다는 것을 알게 되었다. 하지만 그렇다고 심해의 서식 여건이 바뀌지는 않았다. 추위와 어둠, 그리고 엄청난 수압 말이다.
으윽!
그렇다면 도대체 심해 생물들은 어떻게 압력을 이겨 내는 것일까?
과학자들 앞에 또 다른 숙제가 던져졌다.
*

* 중국 유인 심해 잠수정이 5,000미터 심해에서 찍은 바다나리 사진을 보고 그렸습니다.

작업 후기

이 원고를 작업하던 당시엔 미생물, 그중에서도 심해의 엄청난 압력을 견디며 살아가는 호압성 박테리아에 흥미를 가졌다. 호압성 박테리아는 어떻게 그 무시무시한 압력을 견디며 살 수 있을까? 너무나도 매력적인 주제로 다가왔다. 그러나 자료를 찾던 중 꽤 재밌는 사실을 알게 됐다. 19세기 중반만 해도 대부분의 사람은 심해를 어떠한 생물도 살 수 없는 곳으로 생각했다는 것이다.

이유는 간단했다. 엄청난 수압과 칠흑 같은 어둠, 매우 낮은 온도의 심해저는 생물이 살기 불가능한 환경이라고 판단했기 때문이다. 그러나 어업과 해양 탐사를 통해서 심심찮게 심해의 생물들이 잡혀 올라오지 않았을까? 사람들은 왜 그렇게 믿었을까? 어느 새인가 나는 호압성 박테리아는 뒷전으로 미루고 과학사를 뒤지고 있었다.

심해에는 어떠한 생물도 살지 않는다고 주장한 포브스의 무생대 이론은 그 자체로도 흥미로운 이야기지만, 그밖에도 과학의 다양한 측면들을 보여 준다. 실험 설계, 특히 실험 도구가 어떻게 결과에 영향을 미치는지, 가설이 등장하여 인정받고 다시 사라지는 과정에서 권위와 편견이 어떻게 작용하는지 엿볼 수 있다.

이밖에도 해양 대국의 면모를 과시하고 싶었던 영국 정부를 꼬드겨서(?) 3년간 전 세계의 해양 탐사를 시행한 챌린저호와, 거기서 수집한 표본과 자료를 책으로 엮어 내기 위한 연구자들의 인고의 세월 등 숨 가쁘게 이어지는 과학사에 푹 빠져들고 말았다. 결국 원래의 목적이었던 호압성 박테리아는 밀려나고, 원고에는 '심해 과학사'라는 제목을 적고 있었다.

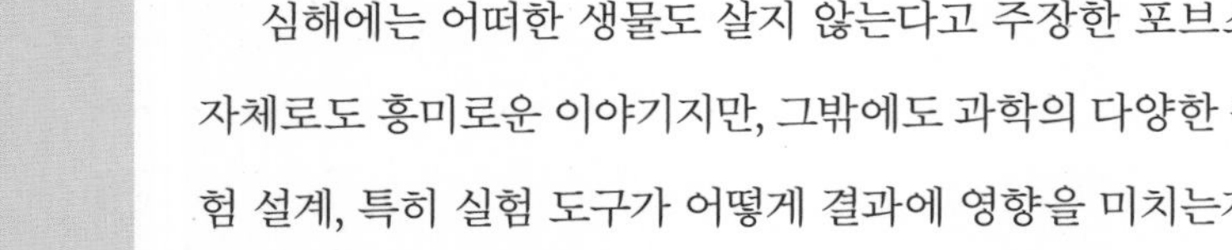

2장

바다나리

바다 속에서 피는 백합은 어떻게 진화하였나

심해에는 생물이 살 수 없다는 무생대 이론에 빠져 있던 영국 과학계에서 톰슨은 적극적으로 그 편견을 걷어 낸 사람들 중 하나였지만, 그도 처음에는 무생대 이론을 믿었다.

육지에서 조금 벗어난 해양의 한정된 지역에만 생물이 살 수 있으며 수심 550미터 이상 깊이에는 당연히 어떤 생명체도 없죠!
그런 톰슨의 머릿속에 꽉 박힌 편견을 걷어 내 준 것은 노르웨이에서 성실히 해양 표본을 수집하던 미카엘 사르스였다.
톰슨은 사르스의 연구실에서 수많은 심해 생물의 표본과 마주하게 되었다.
이렇게 톰슨을 사르스에게 인도해 준 것은 바로 바다나리라는 해양 생물이었다.
심해에 바다나리가 살고 있었다니~

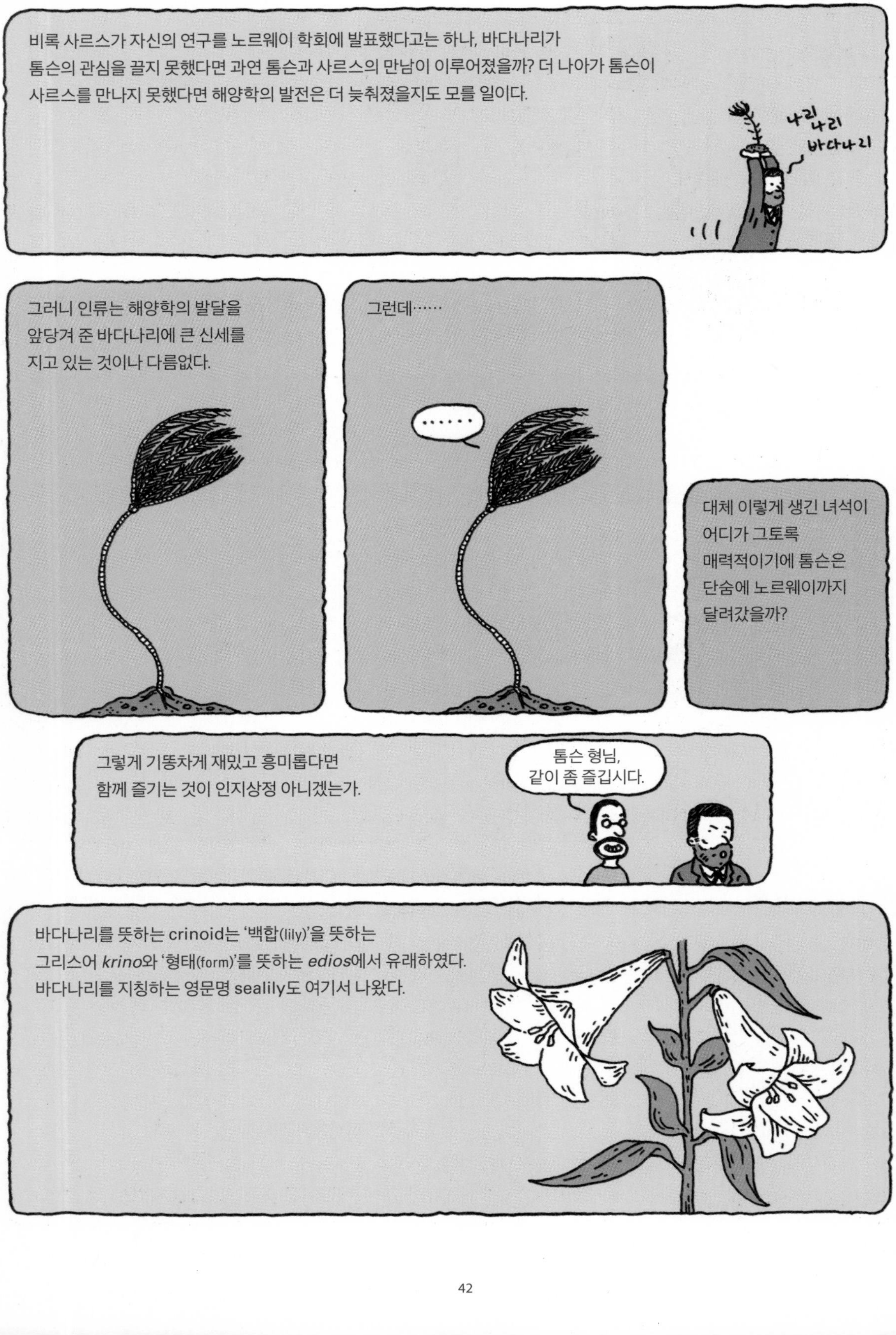
비록 사르스가 자신의 연구를 노르웨이 학회에 발표했다고는 하나, 바다나리가
톰슨의 관심을 끌지 못했다면 과연 톰슨과 사르스의 만남이 이루어졌을까? 더 나아가 톰슨이
사르스를 만나지 못했다면 해양학의 발전은 더 늦춰졌을지도 모를 일이다.
나리나리 바다나리
그러니 인류는 해양학의 발달을
앞당겨 준 바다나리에 큰 신세를
지고 있는 것이나 다름없다.
그런데……
……
대체 이렇게 생긴 녀석이
어디가 그토록
매력적이기에 톰슨은
단숨에 노르웨이까지
달려갔을까?
그렇게 기똥차게 재밌고 흥미롭다면
함께 즐기는 것이 인지상정 아니겠는가.
톰슨 형님,
같이 좀 즐깁시다.
바다나리를 뜻하는 crinoid는 '백합(lily)'을 뜻하는
그리스어 *krino*와 '형태(form)'를 뜻하는 *edios*에서 유래하였다.
바다나리를 지칭하는 영문명 sealily도 여기서 나왔다.

이름에서 느껴지듯 얘네들은 식물처럼 보인다. 겉모습은 영락없는 식물이다.
그러나 꽃은 광합성을 하는데 바다나리들은 고소한(?) 플랑크톤을 먹는다.
물론 식물 중에도 육식을 하는 식충 식물이라는 녀석들이 있기는 하다.

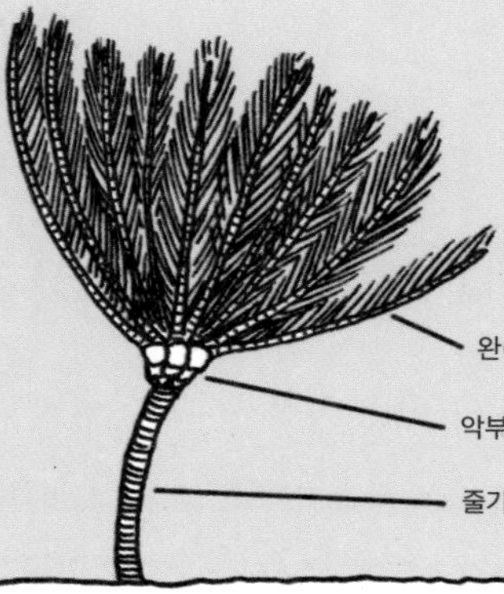
완(arm)
악부(calyx)
줄기(stem)

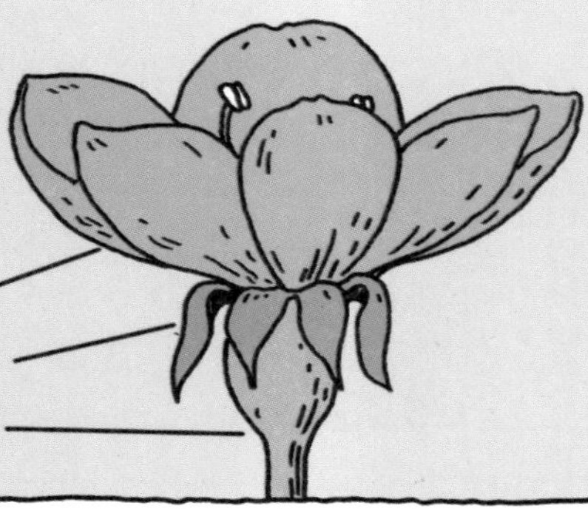
꽃잎
꽃받침
줄기

그러나 바다나리는 단지 먹이 취향뿐만 아니라 근육, 신경, 창자, 생식 시스템 등 동물의 특징을 가지고 있다. 즉 얘네는 동물이다!

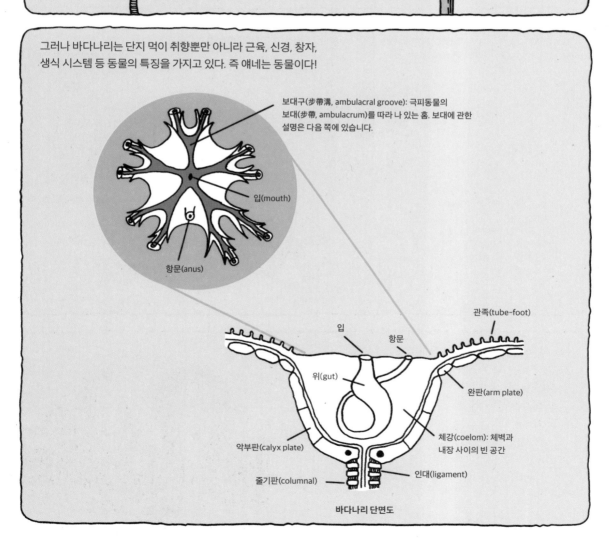

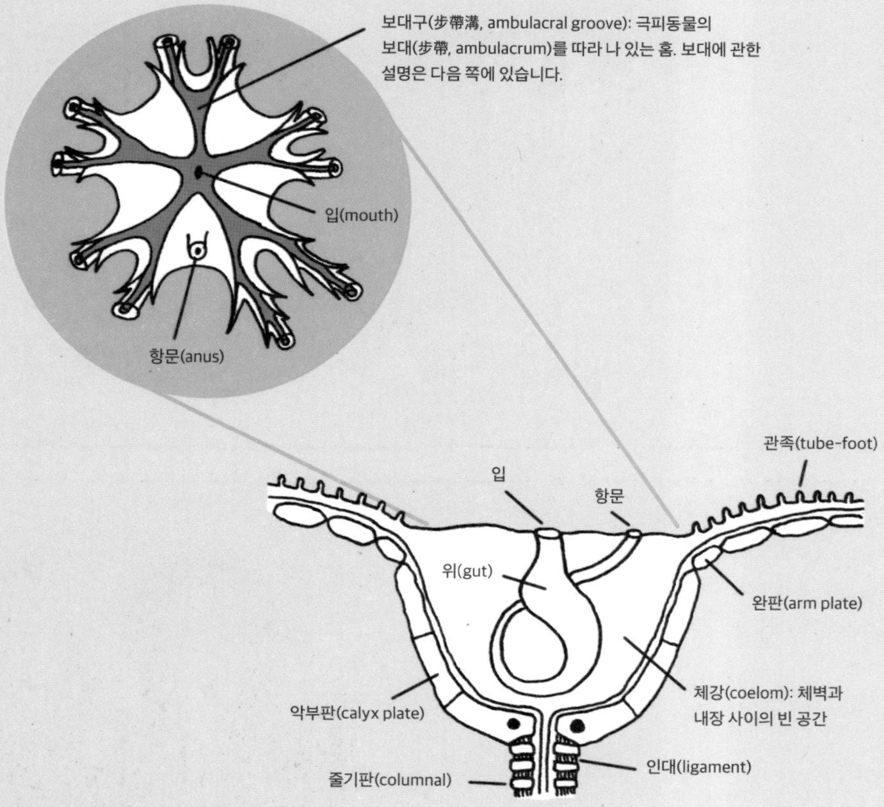
보대구(步帶溝, ambulacral groove): 극피동물의 보대(步帶, ambulacrum)를 따라 나 있는 홈. 보대에 관한 설명은 다음 쪽에 있습니다.
입(mouth)
항문(anus)
관족(tube-foot)
입
항문
위(gut)
완판(arm plate)
체강(coelom): 체벽과 내장 사이의 빈 공간
악부판(calyx plate)
인대(ligament)
줄기판(columnal)

바다나리 단면도

바다나리는 해양 무척추동물인 극피동물(echinoderm)의 일부를 이루는 해양 동물이다.

극피동물로는 불가사리, 성게, 해삼 등이 있는데 바다나리는 이러한 극피동물 중 가장 할아버지뻘 되는 생물이다.

바다나리는 5방사 대칭(pentameral symmetry)을 이루고 있다. 불가사리가 가진 5개의 팔과 같이 몸이 5개의 패턴으로 구성되었다는 뜻이다. 어디가 5방사 대칭인가 싶겠지만, 바다나리의 머리를 위에서 내려다보면 팔이 5배수로 가지를 뻗어 나가는 것을 볼 수 있다.*

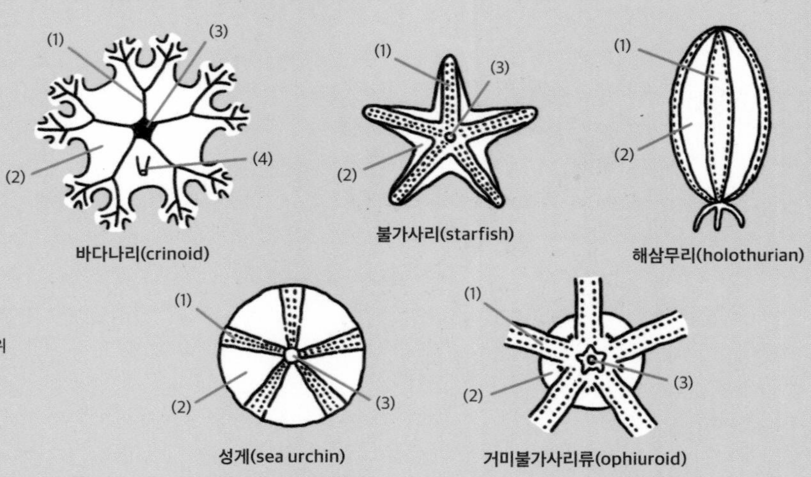

(1) 보대: 극피동물의 몸 표면에 있는 관족이 늘어서서 띠 모양을 이룬 5개의 부위
(2) 간보대(間步帶, interambulacrum): 보대와 보대 사이의 부분
(3) 입
(4) 항문

극피동물이라는 말은 '가시가 있는 피부'를 뜻한다.
이렇게 불리는 이유는 내골격이 골편(骨片, ossicle)이라는 단단하고 칼슘이 풍부한 판으로 구성되어 있어서다.
그러므로 불가사리의 표면을 만지면 까칠까칠한 느낌이 난다.
극피동물인 바다나리도 당연히 골편을 가지고 있다.**

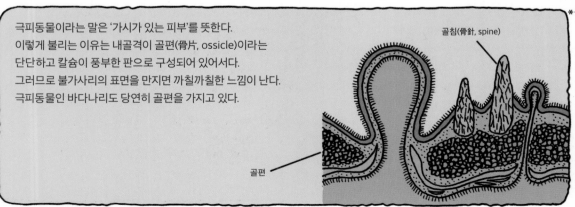

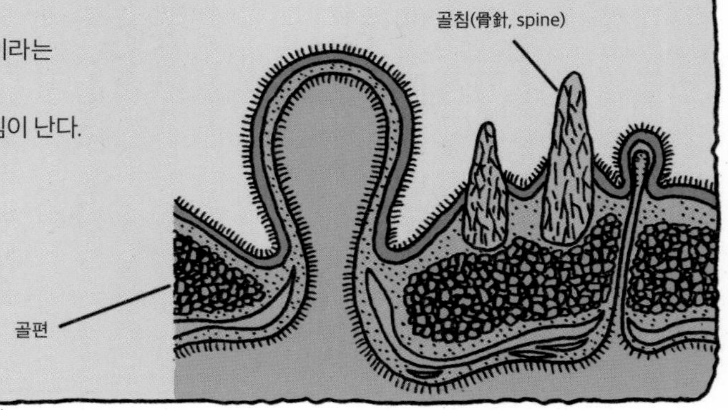

* *The Great Soviet Encyclopedia*(1979)에 실린 그림을 보고 그렸습니다.
** 생물학 일러스트 뱅크 BIODIDAC(http://biodidac.bio.uottawa.ca)에 실린 그림을 보고 그렸습니다.

바다나리는 고생대 캄브리아기 이후에 등장하여 번성했던 생물로 당시 5,000종이 넘었으며 화석 기록을 통해 팔의 모양, 가지의 배열과 크기 등이 매우 다양했던 것으로 밝혀졌다. 이것은 바다나리가 먹는 플랑크톤의 크기와 종류에 따라 적응하여 진화한 결과로 보고 있다.

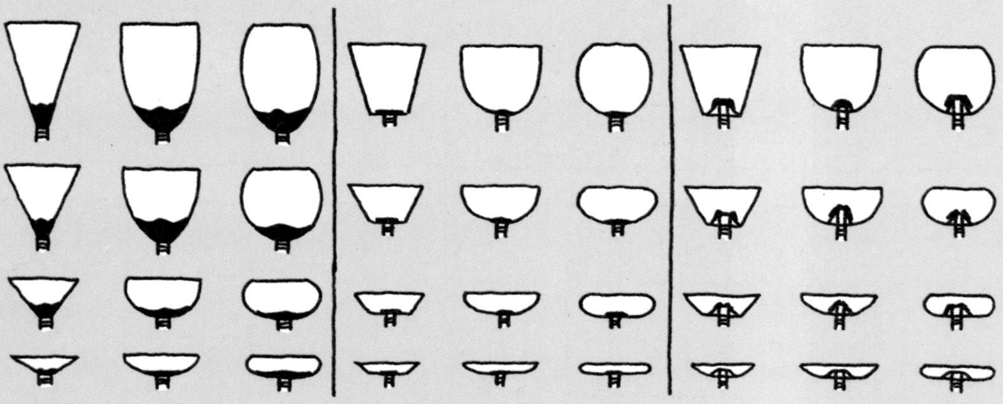

악부의 다양한 모양*

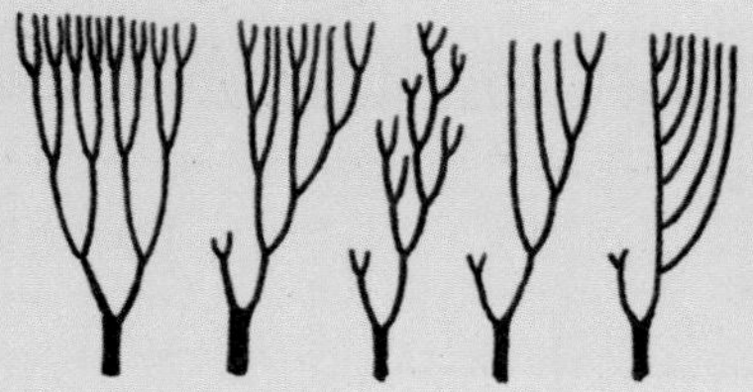

가지의 분기 유형

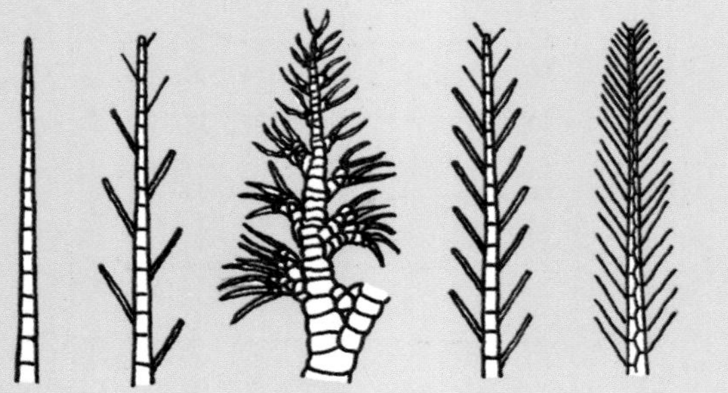

다양한 완의 종류

바다나리의 풍부한 화석 기록은 고생대 암석에서 발견 가능한 표준 화석이라 할 수 있다. 그러나 완벽하게 보존된 바다나리 화석을 찾기는 어렵다. 죽은 후에는 골격을 지탱하고 이어 주는 근육과 인대가 부패하면서 골격이 조각들로 허물어져 버리기 때문이다. 지질 현상으로 침전물에 빠르게 묻힌 경우가 아니면 살아생전의 온전한 모습을 유지할 수가 없다.

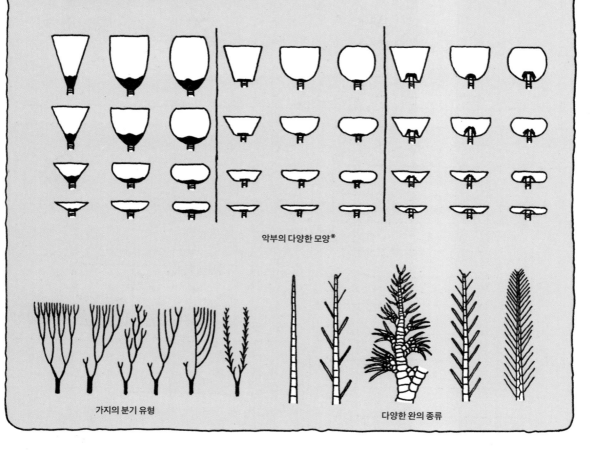

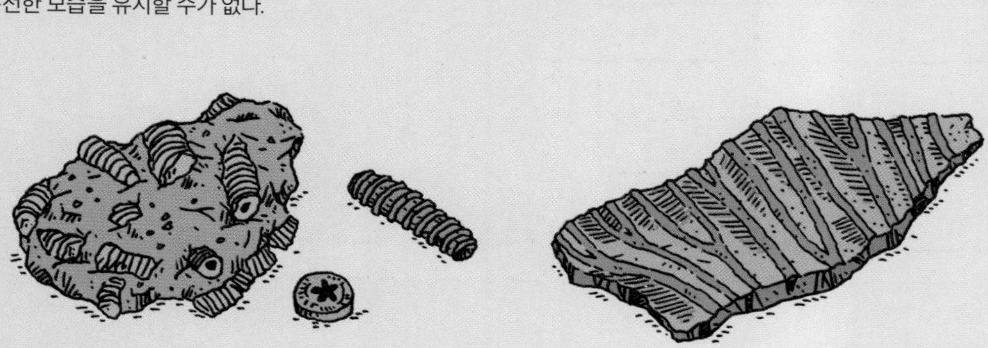

* F. E. Fearnhead. (2008). A systematic standard to describe fossil crinoids. *Scripta Geol*, 136에 실린 그림을 보고 그렸습니다.

그래서 원래의 모습대로 잘 유지된 바다나리의 화석은 고생물학자나 수집가에게 인기가 많다. 무척추동물의 화석 중 이렇게 예쁨을 받는 것으로는 삼엽충과 암모나이트도 있다.

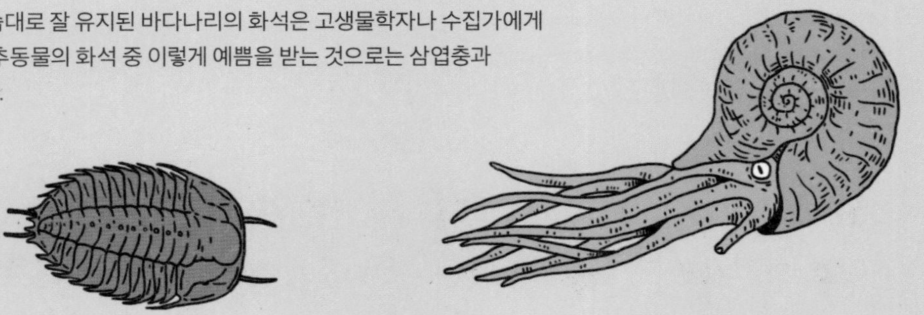

대	기		절대 연대 (단위: 100만 년 전)
신생대	제4기	홀로세	0.01
		플라이스토세	2.5~0.01
	제3기	플라이오세	7~2.5
		마이오세	26~7
		올리고세	38~26
		에오세	55~38
		팔레오세	65~55
중생대	백악기		136~65
	쥐라기		190~136
	트라이아스기		225~190
고생대	페름기		280~225
	석탄기		345~280
	데본기		395~345
	실루리아기		430~395
	오르도비스기		500~430
	캄브리아기		570~500
원생대 시생대	선캄브리아기		2500~570 2500 이전

고생대 바다에서 남부럽지 않게 살던 바다나리는 크기 또한 어마어마했다. 화석 기록에 따르면 무려 20미터나 되는 바다나리도 있었다고 한다.

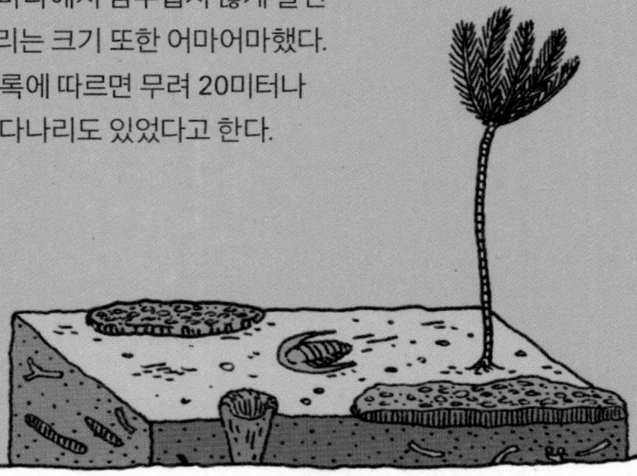

그러나 바다나리도 페름기-트라이아스기에 걸친 대멸종을 피해 갈 수 없었다.

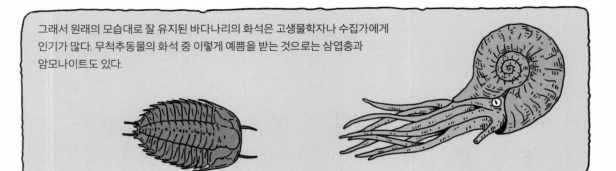

극단적 온난화를
원인으로 보고 있습니다.

다행히 바다나리는 중생대와 신생대를 거치며 다시 부활하지만 고생대의 영광(?)을 누릴 수는 없었다. 현재는 약 600여 종의 바다나리가 있으며 다 자라도 최대 1미터 정도의 크기로, 조상님들에 비하면 꼬꼬마 수준이라 할 수 있다.

중생대 이후부터 바다나리에게는 재미있는 변화가 일어났는데, 바로 줄기 없는 바다나리가 점점 많아지기 시작했다는 점이다.

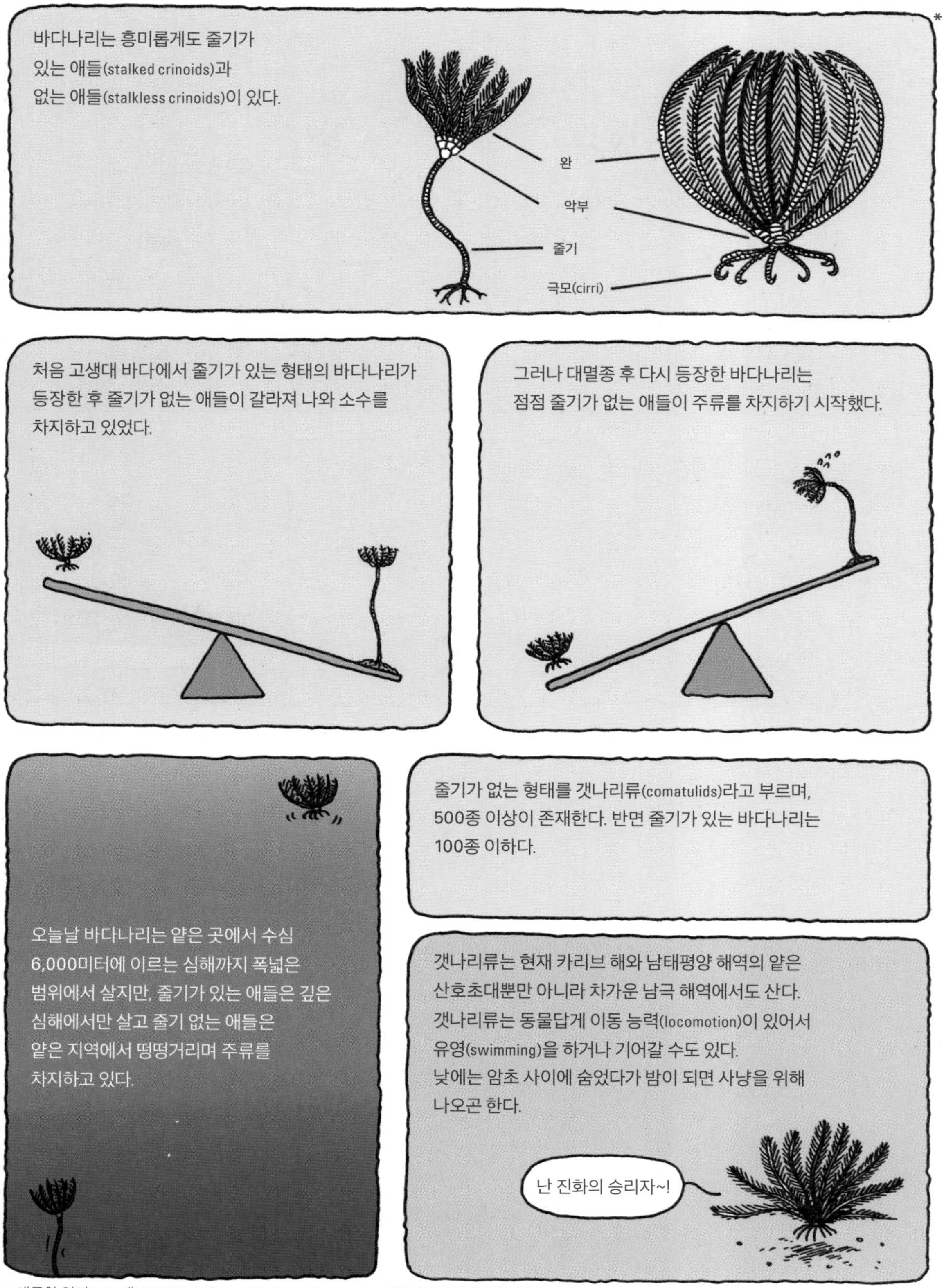
바다나리는 흥미롭게도 줄기가
있는 애들(stalked crinoids)과
없는 애들(stalkless crinoids)이 있다.
완
악부
줄기
극모(cirri)
처음 고생대 바다에서 줄기가 있는 형태의 바다나리가 등장한 후 줄기가 없는 애들이 갈라져 나와 소수를 차지하고 있었다.
그러나 대멸종 후 다시 등장한 바다나리는 점점 줄기가 없는 애들이 주류를 차지하기 시작했다.
오늘날 바다나리는 얕은 곳에서 수심 6,000미터에 이르는 심해까지 폭넓은 범위에서 살지만, 줄기가 있는 애들은 깊은 심해에서만 살고 줄기 없는 애들은 얕은 지역에서 떵떵거리며 주류를 차지하고 있다.
줄기가 없는 형태를 갯나리류(comatulids)라고 부르며, 500종 이상이 존재한다. 반면 줄기가 있는 바다나리는 100종 이하다.
갯나리류는 현재 카리브 해와 남태평양 해역의 얕은 산호초대뿐만 아니라 차가운 남극 해역에서도 산다. 갯나리류는 동물답게 이동 능력(locomotion)이 있어서 유영(swimming)을 하거나 기어갈 수도 있다. 낮에는 암초 사이에 숨었다가 밤이 되면 사냥을 위해 나오곤 한다.
난 진화의 승리자~!

* 생물학 일러스트 뱅크 BIODIDAC(http://biodidac.bio.uottawa.ca)에 실린 그림을 보고 그렸습니다.

줄기가 있는 바다나리의 경우 고생대에는 번성했던 만큼 풍부한 화석 기록이 있지만 현재는 사람의 힘만으로는 접근할 수 없는 심해에서 안락한 삶을 보내고 있다.
과거에 이렇게 흥미로운 생물이 살았다니.
그래서 심해를 준설할 수 없었던 과거에는 줄기가 있는 바다나리를 화석을 통해서만 관찰할 수 있었기 때문에 모두 멸종했다고 생각한 것이다. 당연히 톰슨도 마찬가지였다.
형님, 노르웨이에서 살아 있는 바다나리를 발견했다고 합니다!
뭐—!!!
이렇듯 멸종한 것으로 알았던 바다나리를 미카엘 사르스가 채집했다니 톰슨이 어찌 달려가지 않을 수 있었으랴! 바다나리는 그렇게 톰슨 형님을 심해로 인도하였다.
빠, 빠르다!
20세기에도 줄기가 있는 바다나리는 심해라는 서식 환경 때문에 제대로 연구할 수 없었다. 그래서 대부분의 연구는 얕은 곳에 사는 갯나리류를 대상으로 이루어졌다.
그러나 잠수함을 연구 목적으로 사용할 수 있게 되면서 바다나리에 관한 새로운 사실들이 밝혀지기 시작한다.
그중 하나는 줄기가 없는 바다나리류인 갯나리류에서만 가능하다고 알려졌던 움직임이 관찰된 것이다. 줄기가 있는 바다나리는 깊고 조용한 바다 아래에서 언제나 그래 왔다는 듯 천천히 기어다니고 있었다.
슥슥슥

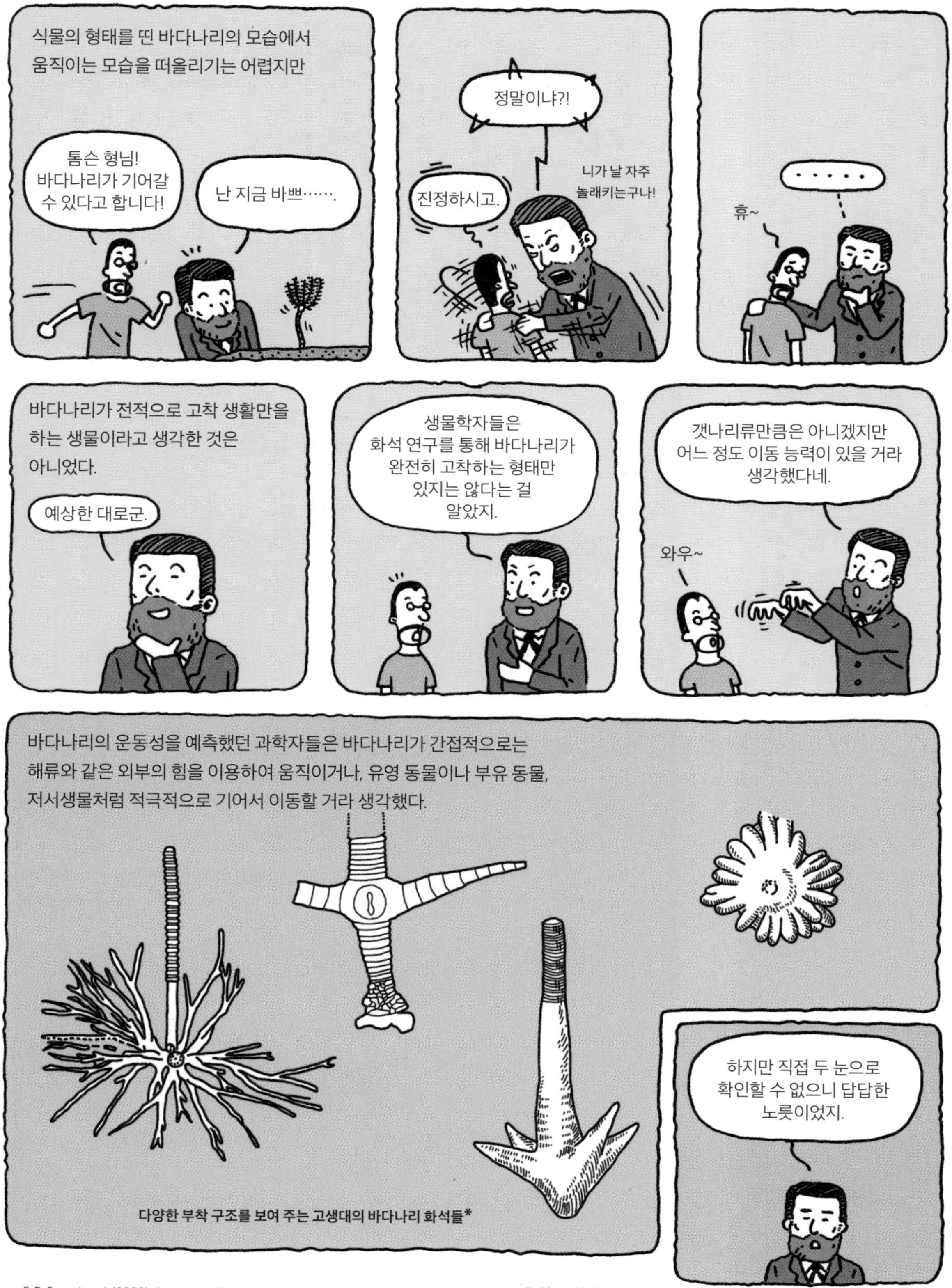

식물의 형태를 띤 바다나리의 모습에서
움직이는 모습을 떠올리기는 어렵지만
톰슨 형님! 바다나리가 기어갈 수 있다고 합니다!
난 지금 바쁘…….
정말이냐?!
진정하시고.
니가 날 자주 놀래키는구나!
휴~
……
바다나리가 전적으로 고착 생활만을 하는 생물이라고 생각한 것은 아니었다.
예상한 대로군.
생물학자들은 화석 연구를 통해 바다나리가 완전히 고착하는 형태만 있지는 않다는 걸 알았지.
갯나리류만큼은 아니겠지만 어느 정도 이동 능력이 있을 거라 생각했다네.
와우~
바다나리의 운동성을 예측했던 과학자들은 바다나리가 간접적으로는 해류와 같은 외부의 힘을 이용하여 움직이거나, 유영 동물이나 부유 동물, 저서생물처럼 적극적으로 기어서 이동할 거라 생각했다.
다양한 부착 구조를 보여 주는 고생대의 바다나리 화석들*
하지만 직접 두 눈으로 확인할 수 없으니 답답한 노릇이었지.

* F. E. Fearnhead. (2008). A systematic standard to describe fossil crinoids. *Scripta Geol*, 136을 참조하여 그렸습니다.

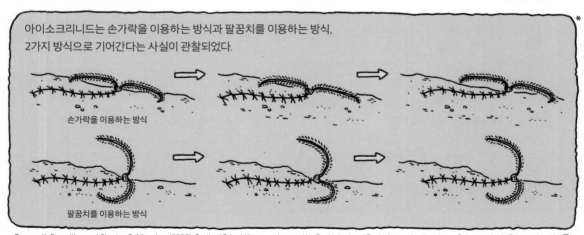

줄기에 섬모가 붙어 있으며 이동이 가능한 바다나리를 아이소크리니드(isocrinid)라고 한다. 이 종은 줄기가 있는 형태의 바다나리 중에서 다수를 차지한다.
섬모(cilia)
뭐야. 저 녀석은 내가 챌린저 탐사에서 수집했던 종들이잖아.
예. 아이소크리니드는 수심 400~500미터 정도에서 서식하기 때문에 당시 기술로도 채집할 수 있었습니다.
보통의 줄기 있는 바다나리가 6,000미터대의 수심에 서식하는 데 비해, 아이소크리니드는 상대적으로 얕은 곳에서 서식하는 덕분에 많은 연구가 가능했다. 그럼에도 거의 1990년대에 이르러서야 아이소크리니드의 운동성에 관해 제대로 된 연구가 시작되었다.
아이소크리니드는 손가락을 이용하는 방식과 팔꿈치를 이용하는 방식, 2가지 방식으로 기어간다는 사실이 관찰되었다.*
손가락을 이용하는 방식
팔꿈치를 이용하는 방식

* Tomasz K. Baumiller, and Charles G. Messing. (2007). Stalked Crinoid Locomotion, and its Ecological and Evolutionary Implications. *Palaeontologia Electronica*, 10.1을 참조해 그렸습니다.

허! 정말 놀랍군.
저도 보고서 깜짝 놀랐다니까요.
그런데 백합이라는 꽃 이름과는 달리……
움직임이…… 좀 괴상하구만.
동감……입니다.
그리고 저 모습을 보니 궁금한 게 하나 생겼는데.
일반적인 자세
기어갈 때
어떻게 엎드린 자세에서 몸을 일으킬 수 있는 거지?
어? 그러고 보니 그렇네요!
얘네가 아무리 동물이라지만 적극적으로 움직이기에는 근육이 충분치 않을 텐데 말이야.
오호라~
과학계는 바다나리가 몸을 일으켜 세우는 방법에 관한 3가지 메커니즘을 제안했다.

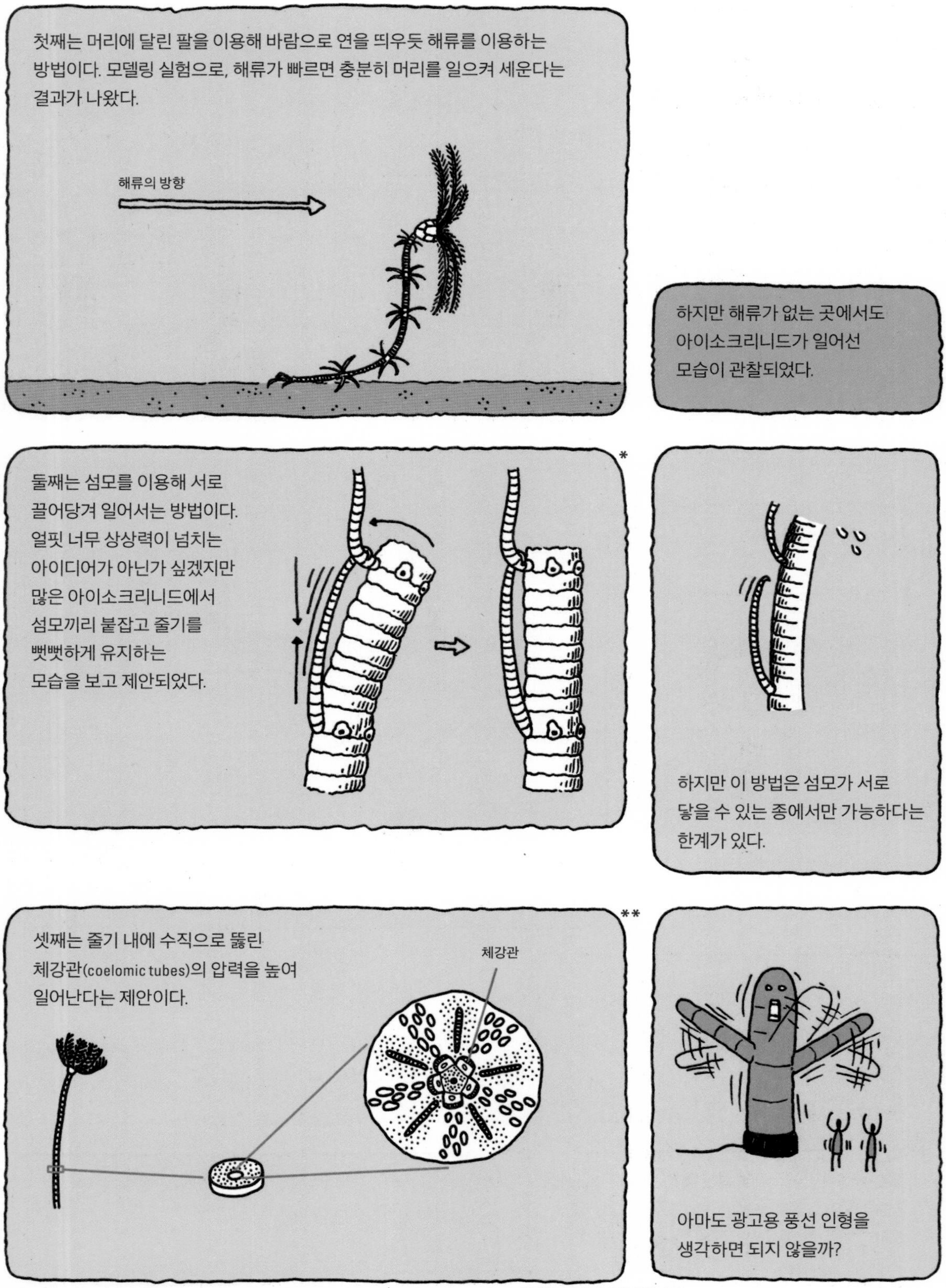
첫째는 머리에 달린 팔을 이용해 바람으로 연을 띄우듯 해류를 이용하는 방법이다. 모델링 실험으로, 해류가 빠르면 충분히 머리를 일으켜 세운다는 결과가 나왔다.
해류의 방향
하지만 해류가 없는 곳에서도 아이소크리니드가 일어선 모습이 관찰되었다.
둘째는 섬모를 이용해 서로 끌어당겨 일어서는 방법이다. 얼핏 너무 상상력이 넘치는 아이디어가 아닌가 싶겠지만 많은 아이소크리니드에서 섬모끼리 붙잡고 줄기를 뻣뻣하게 유지하는 모습을 보고 제안되었다.
*
하지만 이 방법은 섬모가 서로 닿을 수 있는 종에서만 가능하다는 한계가 있다.
셋째는 줄기 내에 수직으로 뚫린 체강관(coelomic tubes)의 압력을 높여 일어난다는 제안이다.
체강관
**
아마도 광고용 풍선 인형을 생각하면 되지 않을까?

* Tomasz K. Baumiller. (2008). Crinoid Ecological Morphology. *Annu. Rev. Earth Planet. Sci*, 36을 참조해서 그린 것입니다.

** J. C. Grimmer, N. D. Holland, C. G. Messing. (1984). Fine structure of the stalk of the bourgueticrinid sealily Democrinus conifer (Echinodermata: Crinoidea). *Marine*

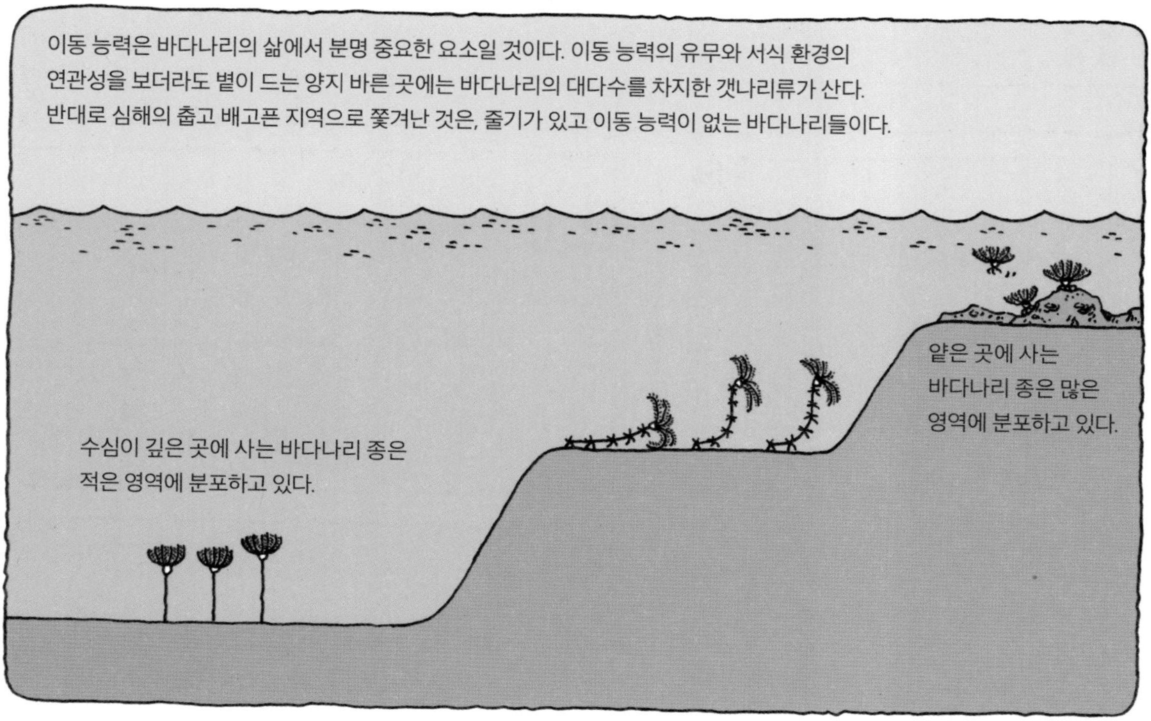
이동 능력은 바다나리의 삶에서 분명 중요한 요소일 것이다. 이동 능력의 유무와 서식 환경의 연관성을 보더라도 볕이 드는 양지 바른 곳에는 바다나리의 대다수를 차지한 갯나리류가 산다. 반대로 심해의 춥고 배고픈 지역으로 쫓겨난 것은, 줄기가 있고 이동 능력이 없는 바다나리들이다.
얕은 곳에 사는 바다나리 종은 많은 영역에 분포하고 있다.
수심이 깊은 곳에 사는 바다나리 종은 적은 영역에 분포하고 있다.

서식 환경이 좋다는 것은 바다나리뿐 아니라 다른 생물에게도 마찬가지다. 즉 먹을 것도 많지만 먹힐 위험도 크다는 이야기다. 그러므로 좋은 환경에서 서식할수록 위험에 적극 대처할 수 있는 능력이 필요하다. 바다나리의 운동성은 포식자에게서 벗어나기 위한 반응으로 해석되었다.

하지만 고생대에는 운동성이 없는, 줄기 있는 바다나리가 얕은 해안을 차지하고 있었다.

페름기-트라이아스기에 걸친 대멸종으로 지구 생물계가 사달이 났고, 그 후 다시 바다나리가 등장했지만 중생대를 거치면서 운동성이 있는 갯나리류가 점차 얕은 곳을 차지해 나갔다. 대체 바다나리 집안에는 그 사이에 무슨 일이 있었던 걸까? 이를 알기 위해서 삼엽충이 담배 피우던 고생대로 거슬러 올라가 보자.

Biology, 81.2을 참조해서 그린 것입니다. 아이소크리니드의 상세한 줄기 단면 그림을 찾을 수 없어 바다나리의 줄기 단면도를 실었습니다.

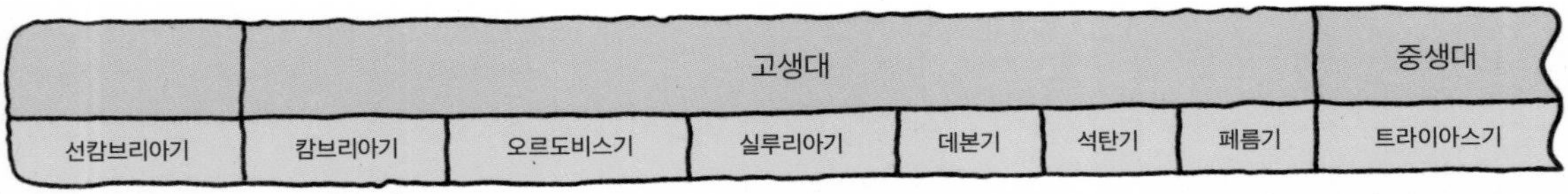

화석 자료는 고생대의 바다나리가 젖과 꿀이 흐르는 얕은 해안 지역에서 번성했던 일반적인 생물군이었음을 보여 준다.

바다나리가 배짱 좋게도 얕은 지역을 차지할 수 있었던 것은 그들의 몸이 딱딱한 골편으로 이루어졌기 때문으로 생각된다.

고생대 캄브리아기에는 포식자의 공격에 대처하기 위해 딱딱한 '갑옷'을 이용한 전략이 등장했고 포식자는 아직 이 갑옷을 제대로 공략하지 못했다.

고생대 캄브리아기의 생물들*

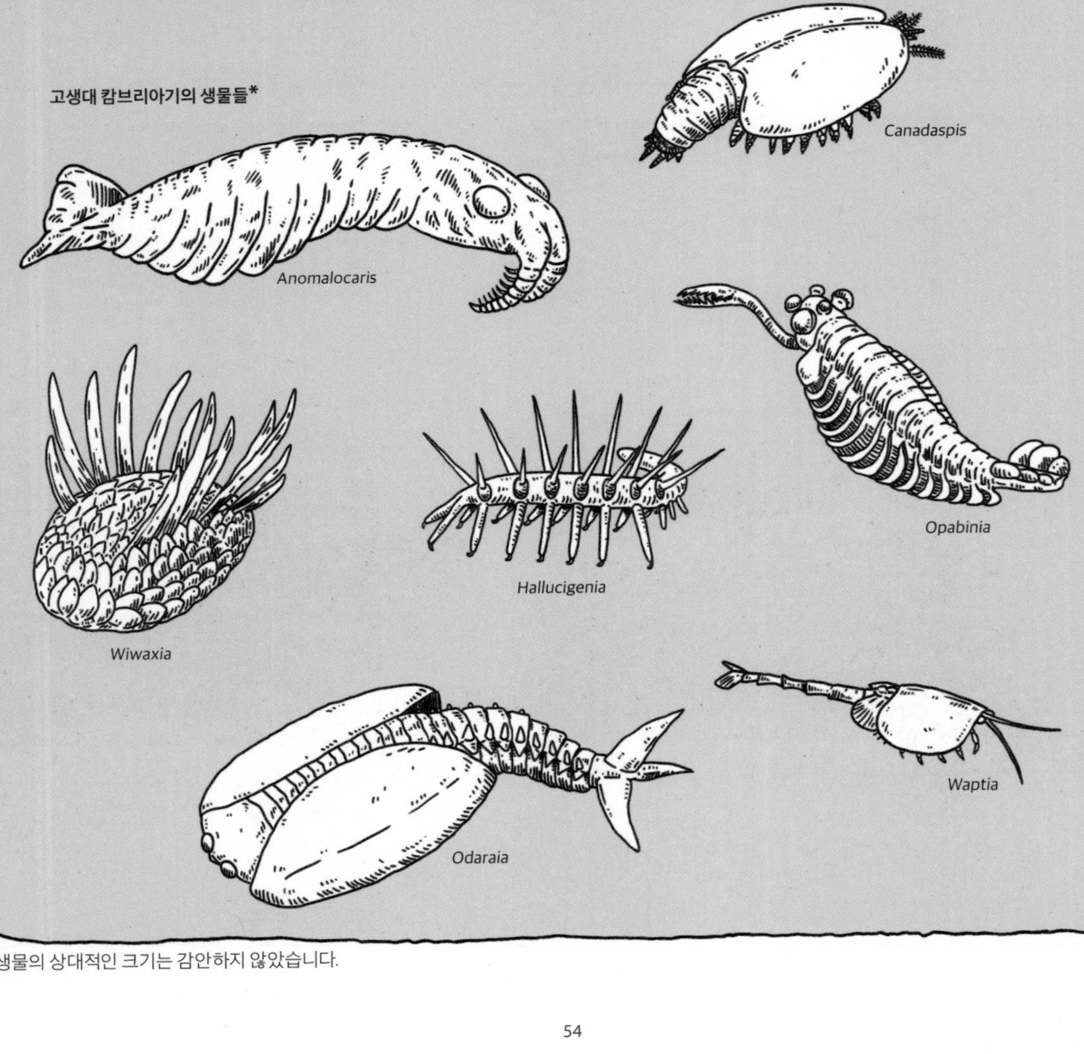

* 생물의 상대적인 크기는 감안하지 않았습니다.

하지만 어류의 시대라 할 수 있는 데본기에 접어들면서 '갑옷 전략'은 조금씩 흔들리기 시작했다.

갑옷을 부술 수 있는 강한 턱을 가진 어류 포식자들이 등장한 것이다. 이제 갑옷만 믿고 까불다가는 한 끼 식사로 전락할 수 있었다.

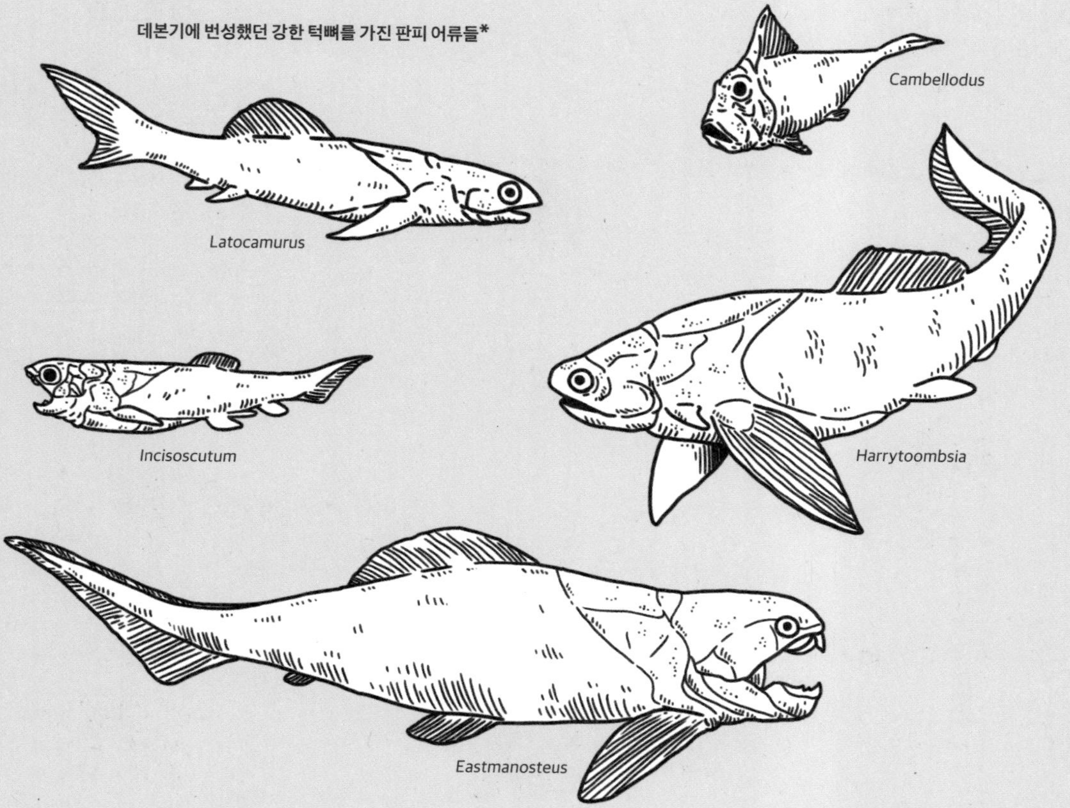

이제 생물들은 포식자에 대처하기 위해 무거운 갑옷을 벗어던지고 기동성으로 승부를 걸어야 하는 시대가 되었다.

비옥한 연안에 터를 잡은 바다나리는 이렇게 골편도 맛있게 씹어 먹을 수 있는 포식자의 위협에 더 많이 노출되었다. 바다나리는 끊임없이 이런 진화 압력에 시달렸을 것이다.

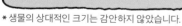

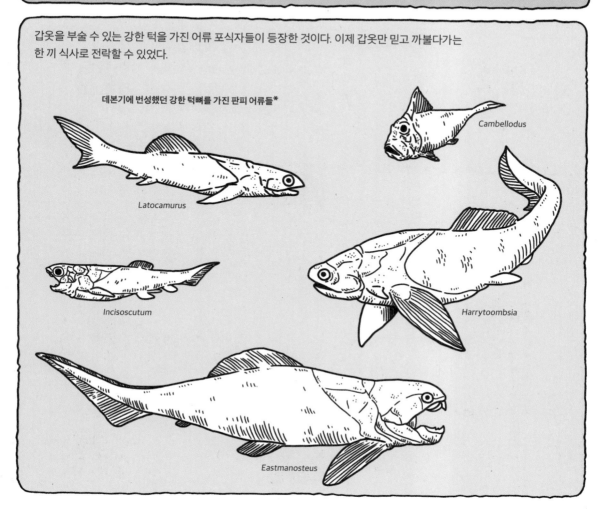

* 생물의 상대적인 크기는 감안하지 않았습니다.

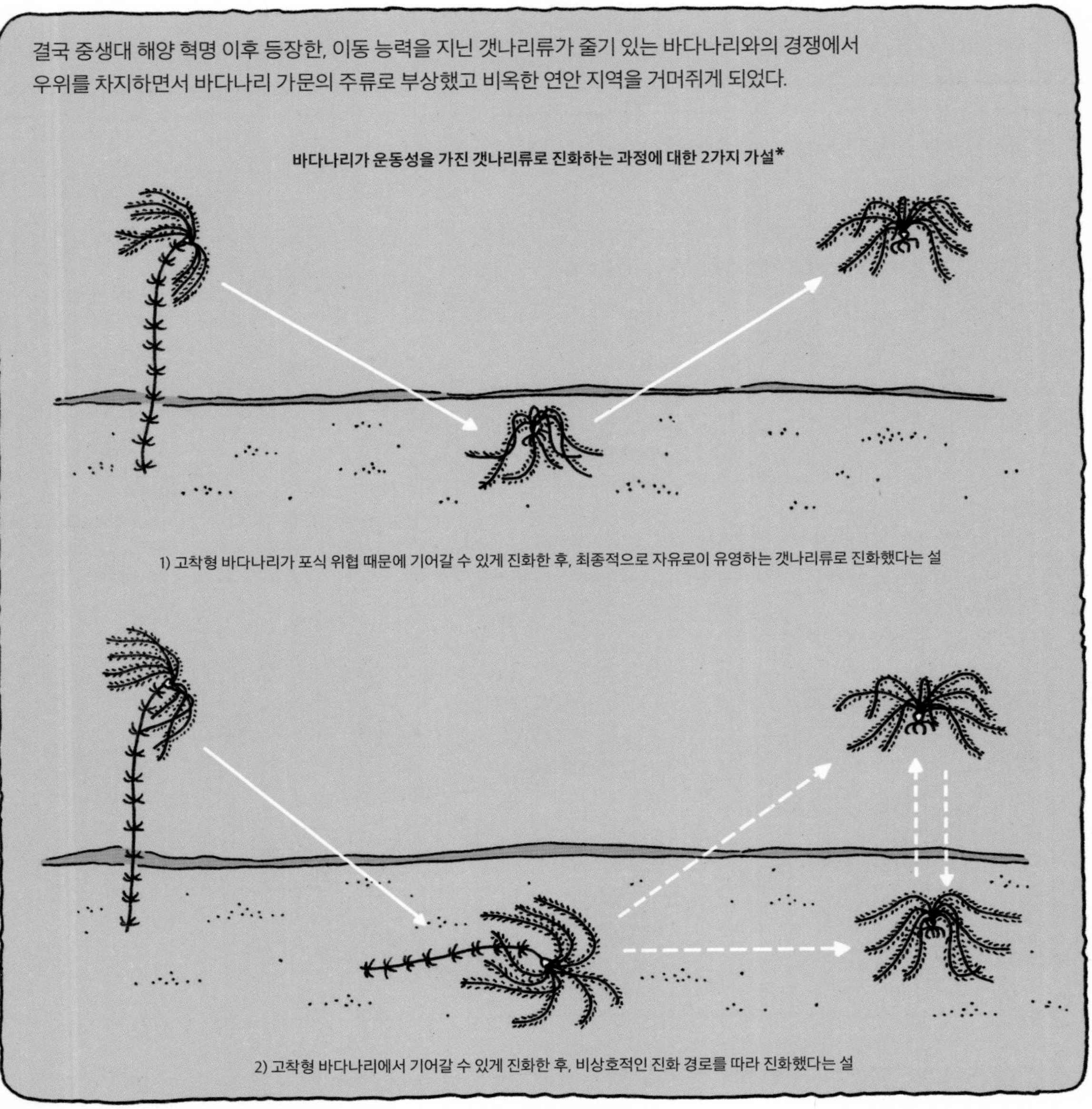
결국 중생대 해양 혁명 이후 등장한, 이동 능력을 지닌 갯나리류가 줄기 있는 바다나리와의 경쟁에서
우위를 차지하면서 바다나리 가문의 주류로 부상했고 비옥한 연안 지역을 거머쥐게 되었다.
바다나리가 운동성을 가진 갯나리류로 진화하는 과정에 대한 2가지 가설*
1) 고착형 바다나리가 포식 위협 때문에 기어갈 수 있게 진화한 후, 최종적으로 자유로이 유영하는 갯나리류로 진화했다는 설
2) 고착형 바다나리에서 기어갈 수 있게 진화한 후, 비상호적인 진화 경로를 따라 진화했다는 설

그러나 이 시나리오를 휴지통으로 투척시킬 만한 관찰 결과가
보고되었다. 실험실에 마련한 유량 탱크에서 처음 측정한
아이소크리니드의 기어가기 속도가 꼴랑 초당 0.1밀리미터였던 것이다.
너무 느려!!
끄…어…어…어

이렇게 느린 속도로
포식자에게서
도망칠 수
있었을까요?
그러게. 별로
도움이 되지
않았을 것 같은데.

* G. Alex Janevski and Tomasz K. Baumiller. (2010). Could a Stalked Crinoid Swim? A Biomechanical Model and Characteristics of Swimming Crinoids. *Palaios*. 25을 참조해 그렸습니다.

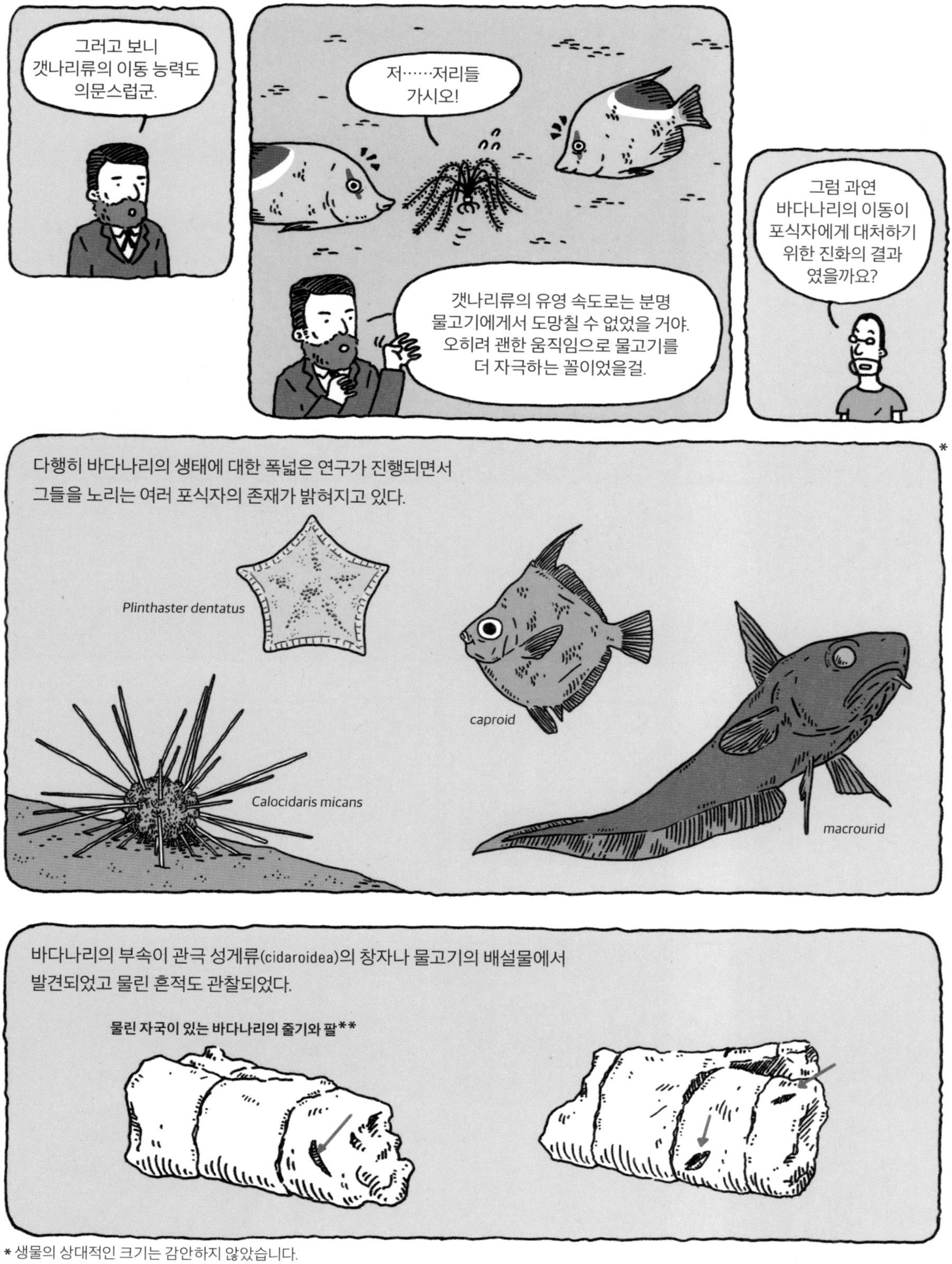
그러고 보니 갯나리류의 이동 능력도 의문스럽군.
저……저리들 가시오!
갯나리류의 유영 속도로는 분명 물고기에게서 도망칠 수 없었을 거야. 오히려 괜한 움직임으로 물고기를 더 자극하는 꼴이었을걸.
그럼 과연 바다나리의 이동이 포식자에게 대처하기 위한 진화의 결과였을까요?
다행히 바다나리의 생태에 대한 폭넓은 연구가 진행되면서 그들을 노리는 여러 포식자의 존재가 밝혀지고 있다.
*
Plinthaster dentatus
caproid
Calocidaris micans
macrourid
바다나리의 부속이 관극 성게류(cidaroidea)의 창자나 물고기의 배설물에서 발견되었고 물린 흔적도 관찰되었다.
물린 자국이 있는 바다나리의 줄기와 팔**

* 생물의 상대적인 크기는 감안하지 않았습니다.

** Tomasz K. Baumiller, et al. (2010). Post-Paleozoic crinoid radiation in response to benthic predation preceded the Mesozoic marine revolution. *PNAS*. 107.13에 실린 사진을 보고 그렸습니다.

아이소크리니드는 연구실에서의 터무니없이 느린 속도와는 달리, 현장 측정에서는 무려 초당 10~30밀리미터에 달하는 놀라운(?) 이동 속도를 보였다. 이 속도는 관극 성게를 피하기에 충분하다.

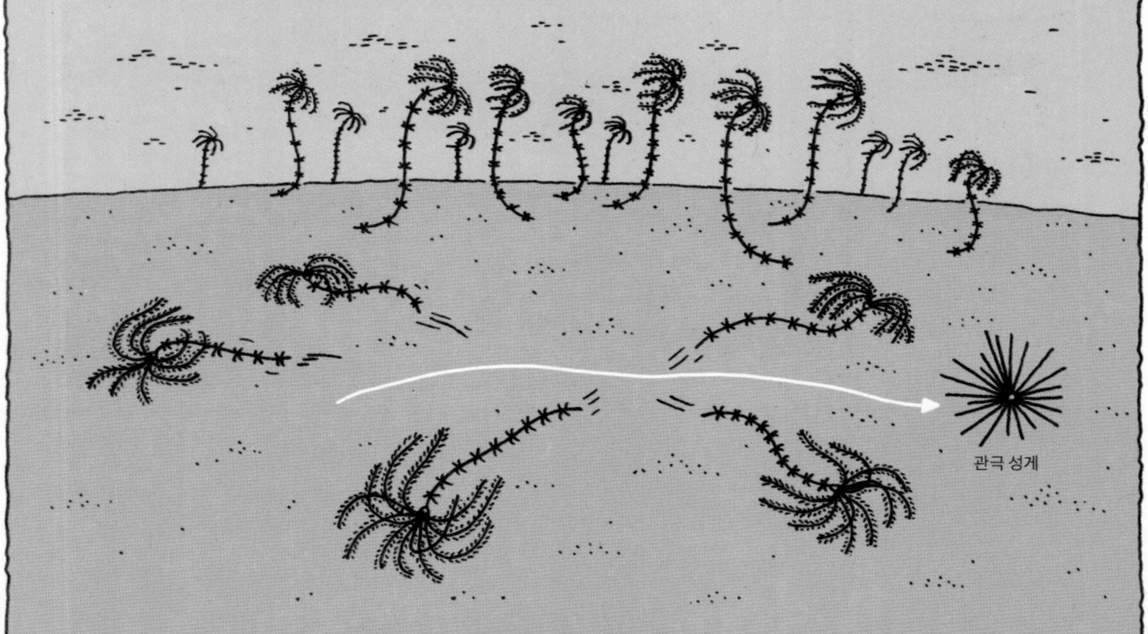

관극 성게를 피해 움직이는 아이소크리니드를 그린 도식화*

그럼 갯나리류는 어떨까? 1970년대까지 갯나리류를 잡아먹는 포식자는 없다고 생각했다. 왜냐하면 갯나리류를 보고서도 물고기들이 그냥 지나치거나 멀리 돌아가는 모습이 관찰되었기 때문이다. 하지만 지속적인 관찰 끝에 갯나리류 역시 물고기의 공격에서 예외는 아니라는 사실을 밝혀냈다. 물고기들은 갯나리류를 먹기 위해 공격하지만 대부분은 움직이는 것에 반응하는 습성 탓이거나 갯나리류의 팔에 공생하는 작은 생물들을 먹기 위한 것으로 밝혀졌다.**

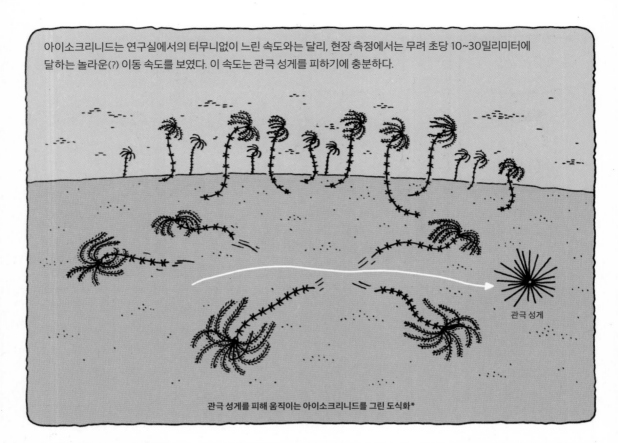

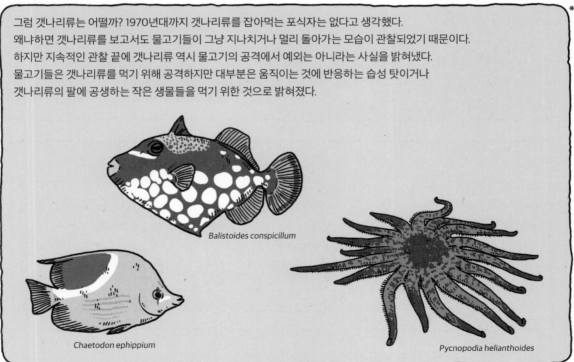

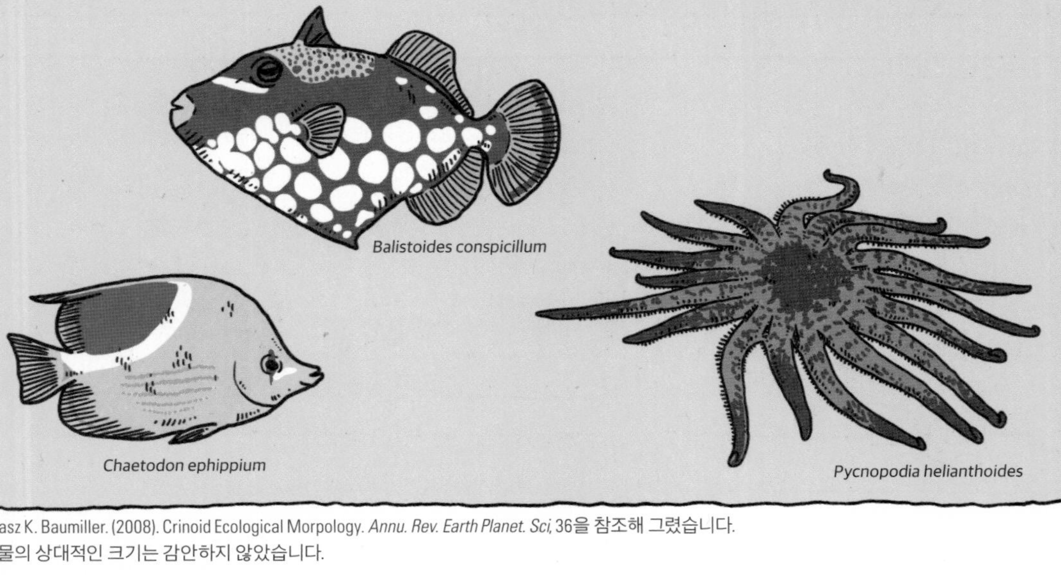

* Tomasz K. Baumiller. (2008). Crinoid Ecological Morpology. *Annu. Rev. Earth Planet. Sci,* 36을 참조해 그렸습니다.
** 생물의 상대적인 크기는 감안하지 않았습니다.

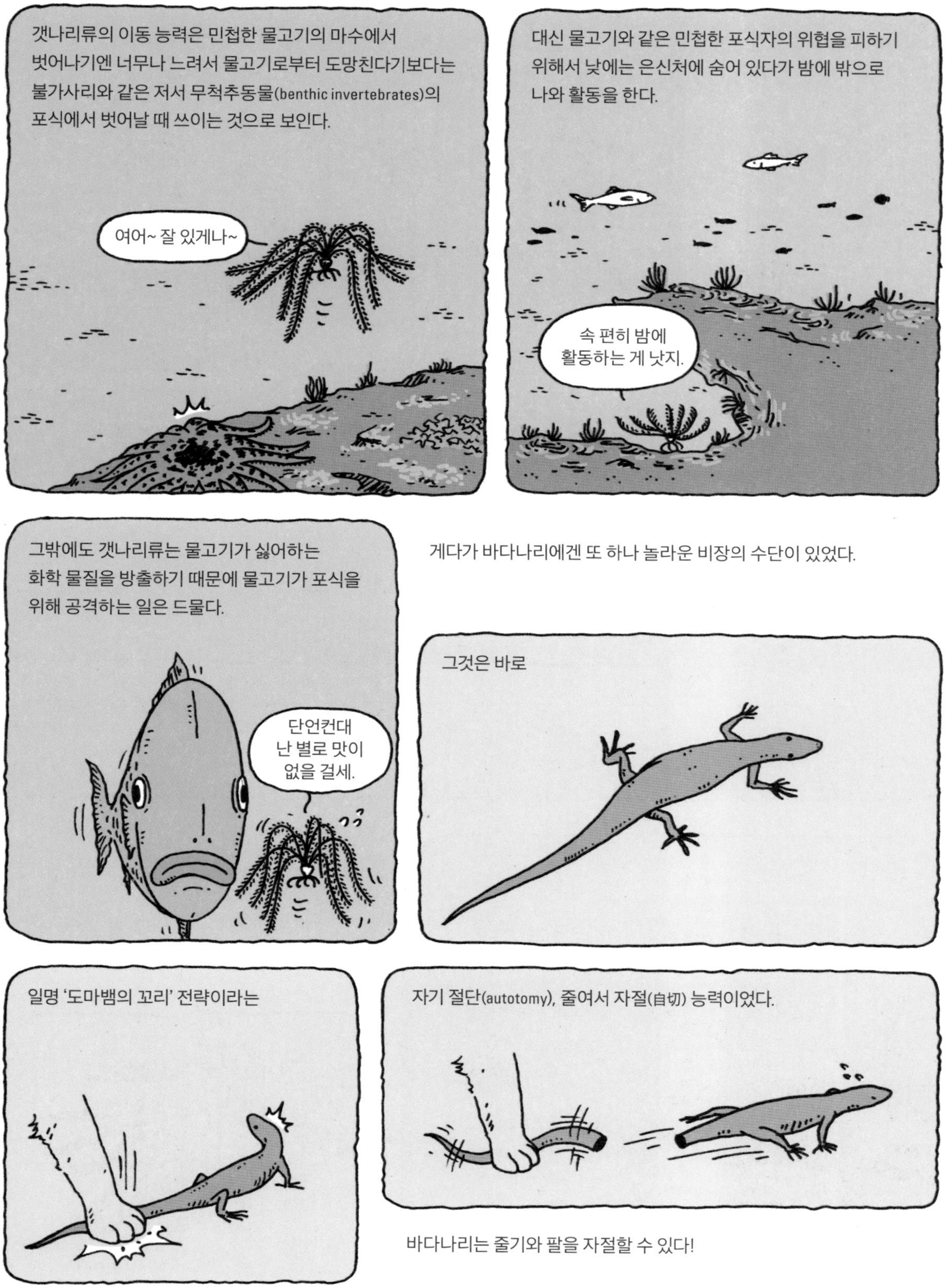
갯나리류의 이동 능력은 민첩한 물고기의 마수에서 벗어나기엔 너무나 느려서 물고기로부터 도망친다기보다는 불가사리와 같은 저서 무척추동물(benthic invertebrates)의 포식에서 벗어날 때 쓰이는 것으로 보인다.
여어~ 잘 있게나~
대신 물고기와 같은 민첩한 포식자의 위협을 피하기 위해서 낮에는 은신처에 숨어 있다가 밤에 밖으로 나와 활동을 한다.
속 편히 밤에 활동하는 게 낫지.
그밖에도 갯나리류는 물고기가 싫어하는 화학 물질을 방출하기 때문에 물고기가 포식을 위해 공격하는 일은 드물다.
단언컨대 난 별로 맛이 없을 걸세.
게다가 바다나리에겐 또 하나 놀라운 비장의 수단이 있었다.
그것은 바로
일명 '도마뱀의 꼬리' 전략이라는
자기 절단(autotomy), 줄여서 자절(自切) 능력이었다.
바다나리는 줄기와 팔을 자절할 수 있다!

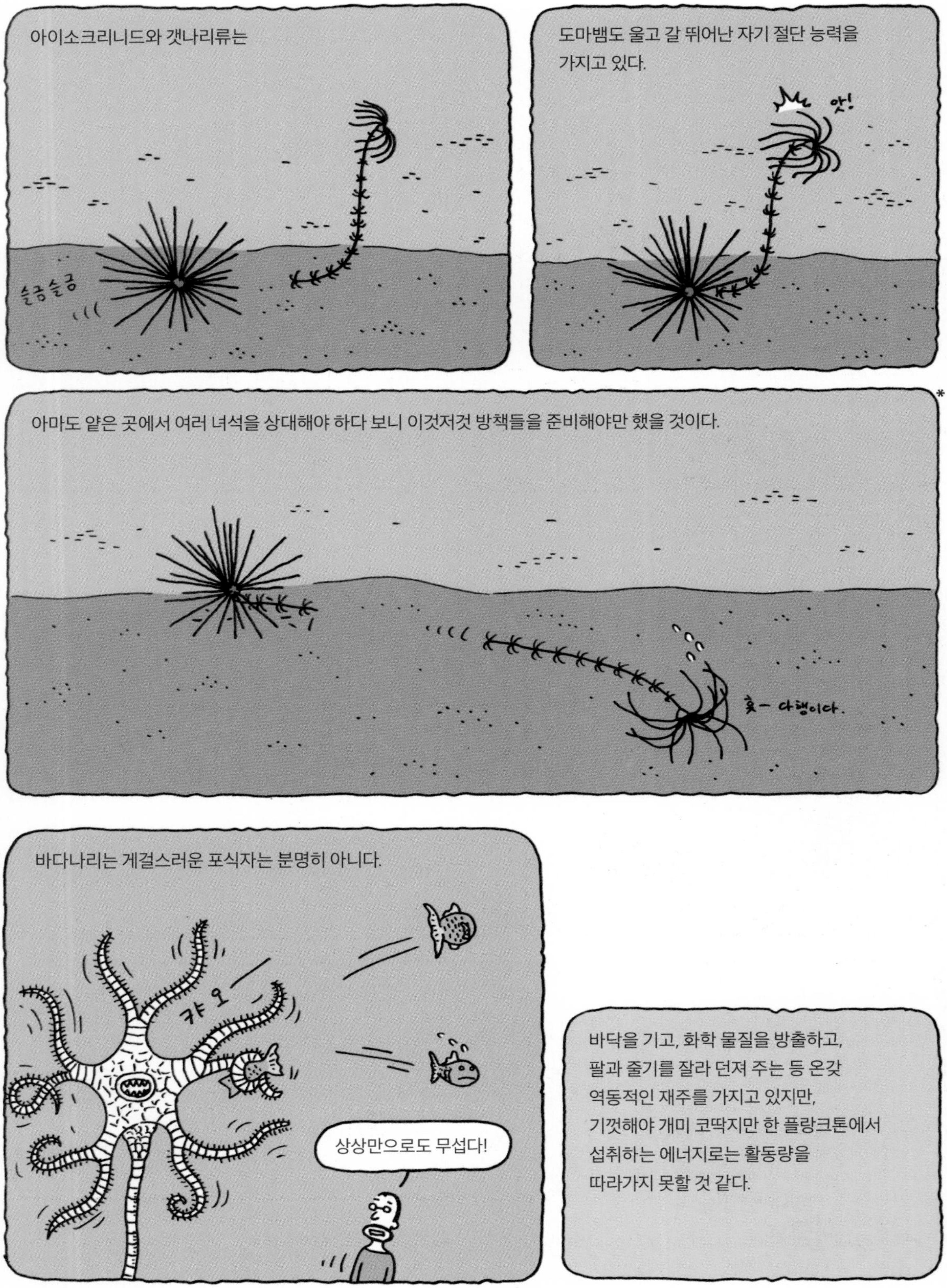
아이소크리니드와 갯나리류는
슬금슬금
도마뱀도 울고 갈 뛰어난 자기 절단 능력을 가지고 있다.
앗!
아마도 얕은 곳에서 여러 녀석을 상대해야 하다 보니 이것저것 방책들을 준비해야만 했을 것이다.
훗- 다행이다.
바다나리는 게걸스러운 포식자는 분명히 아니다.
캬오
상상만으로도 무섭다!
바닥을 기고, 화학 물질을 방출하고,
팔과 줄기를 잘라 던져 주는 등 온갖
역동적인 재주를 가지고 있지만,
기껏해야 개미 코딱지만 한 플랑크톤에서
섭취하는 에너지로는 활동량을
따라가지 못할 것 같다.

* Tomasz K. Baumiller. (2008). Crinoid Ecological Morphology. *Annu. Rev. Earth Planet. Sci*, 36을 참조해 그렸습니다.

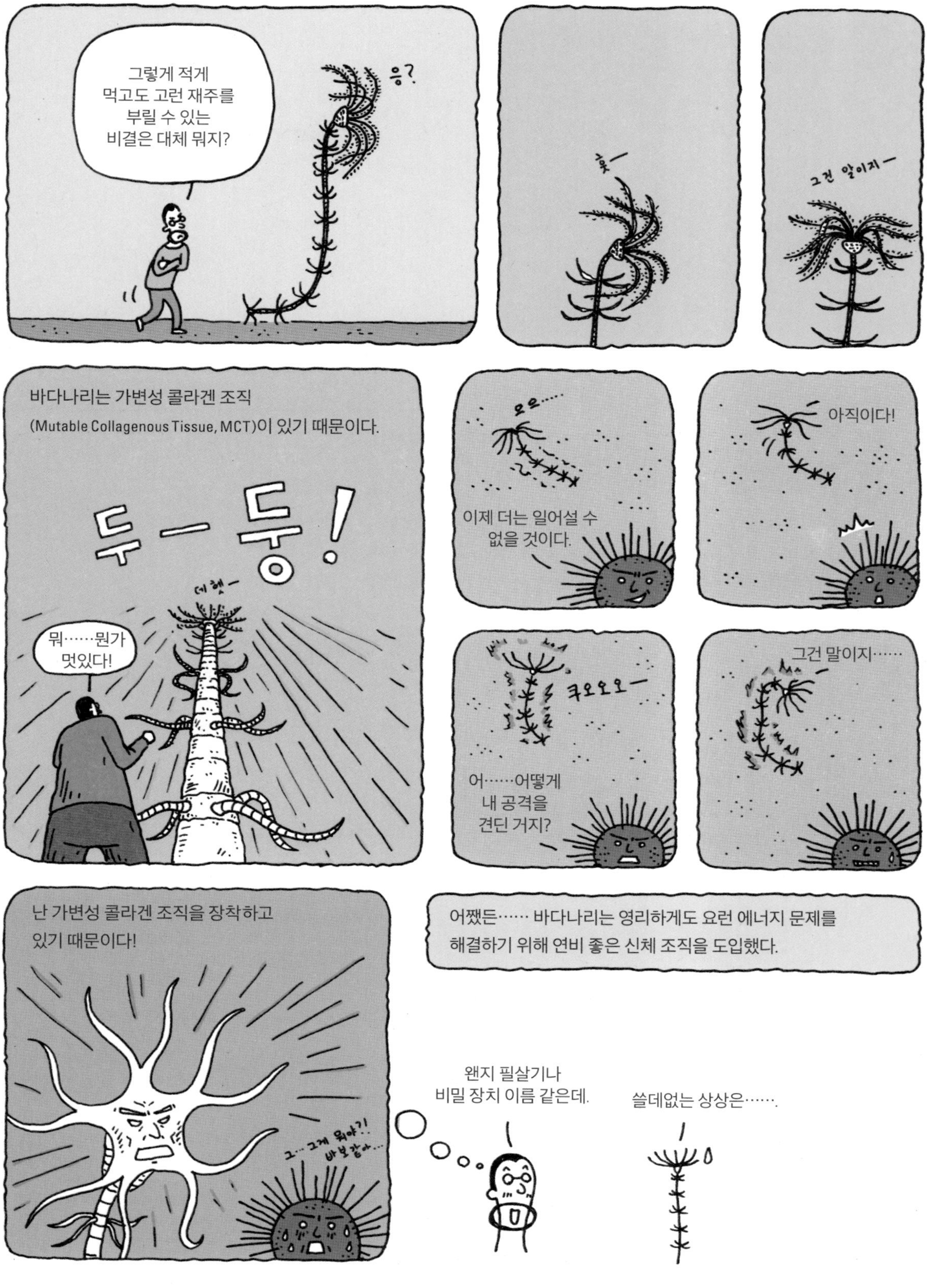

그렇게 적게 먹고도 고런 재주를 부릴 수 있는 비결은 대체 뭐지?
응?
훅—
그건 말이지—
바다나리는 가변성 콜라겐 조직
(Mutable Collagenous Tissue, MCT)이 있기 때문이다.
두—둥!
데헷—
뭐……뭔가 멋있다!
으으……
이제 더는 일어설 수 없을 것이다.
아직이다!
쿠오오오—
어……어떻게 내 공격을 견딘 거지?
그건 말이지……
난 가변성 콜라겐 조직을 장착하고 있기 때문이다!
그…그게 뭐야?! 바보같아…
어쨌든…… 바다나리는 영리하게도 요런 에너지 문제를 해결하기 위해 연비 좋은 신체 조직을 도입했다.
왠지 필살기나 비밀 장치 이름 같은데.
쓸데없는 상상은…….

가변성 콜라겐 조직이란 성게나 불가사리 같은 극피동물이 가진 특별한 성질의 인대 조직이다.

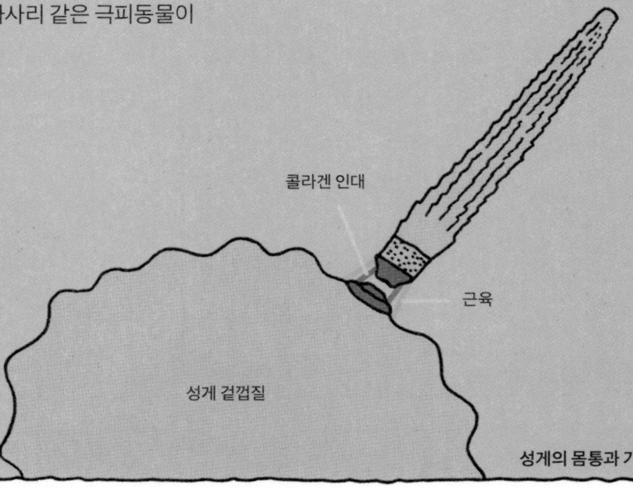
콜라겐 인대
근육
성게 겉껍질

성게의 몸통과 가시 연결 부위*

보통의 동물이 가진 인대는 노화의 경우를 제외하곤 강도나 탄성, 점도 같은 물리적 성질이 일정하다. 운동 중 과한 움직임으로 인대가 늘어나거나 파열되는 부상을 입는 이유다.

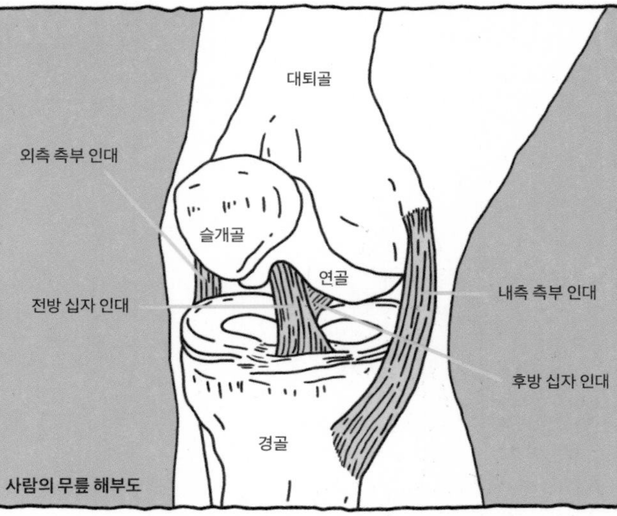
대퇴골
외측 측부 인대
슬개골
연골
전방 십자 인대
내측 측부 인대
후방 십자 인대
경골

사람의 무릎 해부도

반면 가변성 콜라겐 조직은 점도나 강도 등을 제어하여 순식간에 변화시킬 수 있다. 콜라겐 섬유 사이를 연결해 주는 단백질이 이어지거나 끊어져, 물리적 성질이 변한다는 정도로 이해하면 된다.

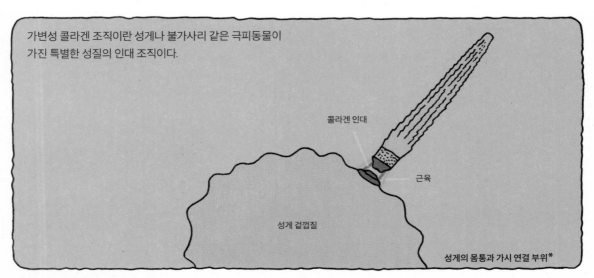

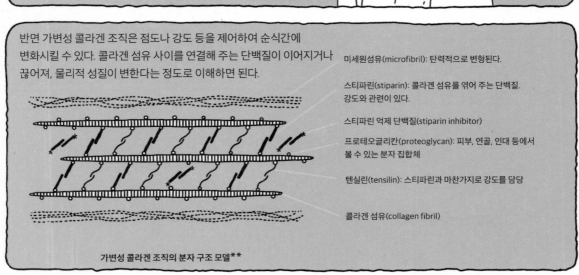

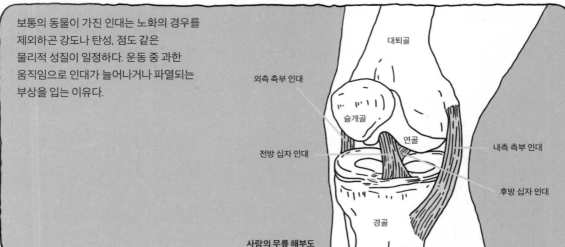

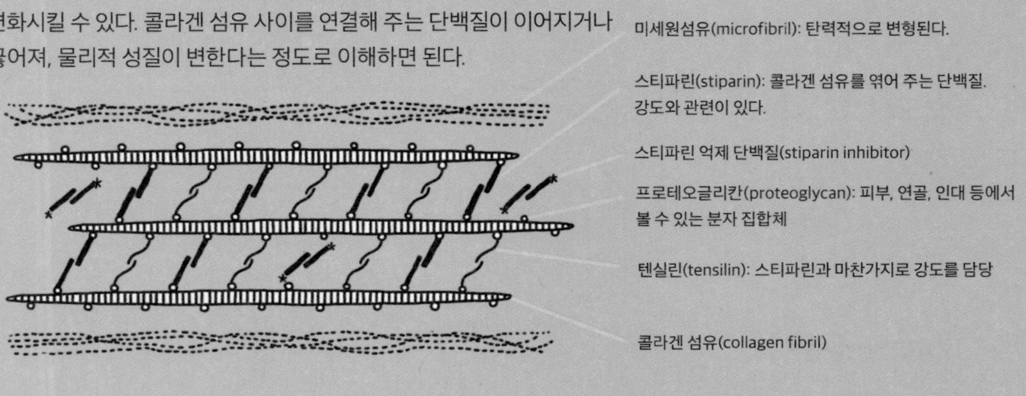
미세원섬유(microfibril): 탄력적으로 변형된다.
스티파린(stiparin): 콜라겐 섬유를 엮어 주는 단백질. 강도와 관련이 있다.
스티파린 억제 단백질(stiparin inhibitor)
프로테오글리칸(proteoglycan): 피부, 연골, 인대 등에서 볼 수 있는 분자 집합체
텐실린(tensilin): 스티파린과 마찬가지로 강도를 담당
콜라겐 섬유(collagen fibril)

가변성 콜라겐 조직의 분자 구조 모델**

* California Academy of Science website의 When it comes to echinoderm collagen, there is always a catch(2011. 5. 21)에 첨부된 그림을 참고해 그렸습니다.

** Tomasz K. Baumiller. (2008). Crinoid Ecological Morphology. *Annu. Rev. Earth Planet. Sci*, 36을 참고해 그렸습니다.

그럼 바다나리가 가변성 콜라겐 조직이라는 연비 좋은 인대 조직을 어떻게 활용하는지 보자.

아이소크리니드나 갯나리류처럼 움직이기 위해서는 근육이 필요하다.

영차영차~

그러나 이를 위해 근육을 덕지덕지 붙이면 더 빠르고 날쌔질지는 몰라도 에너지 소비가 엄청날 것이다.

박테리아 만으로는 배고프다고!

그렇다고 연비 좋은 가변성 콜라겐 조직의 인대만을 이용하자니 근육처럼 유연하지 못하고 힘도 전달할 수 없으므로 기어가기는커녕 가려운 곳도 못 긁을 판이다.

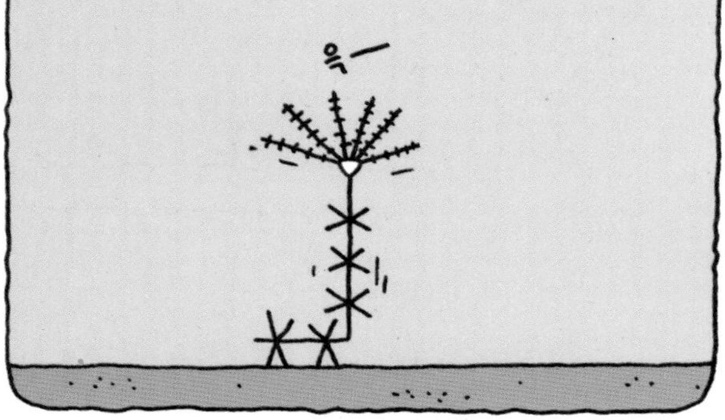

그래서 바다나리는 근육과 인대를 적절히 배치하여 에너지 효율과 움직임을 극대화했다.

바다나리는 기어가기와 같은 움직임을 위해 팔의 구면(口面, oral side) 쪽은 근육, 반구면(反口面, aboral side) 쪽은 인대를 배치하는 꼼수를 부렸다.*

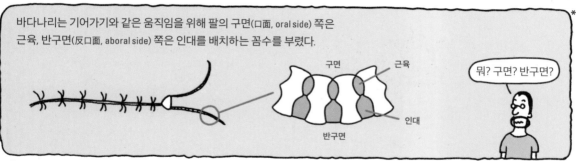

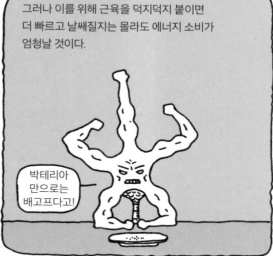

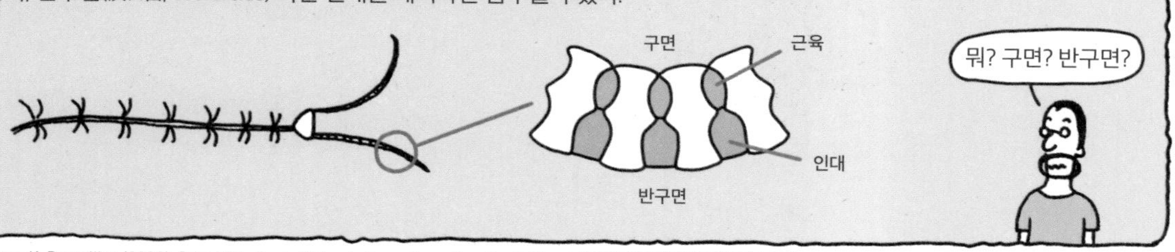

* Tomasz K. Baumiller. (2008). Crinoid Ecological Morphology. *Annu. Rev. Earth Planet. Sci*, 36을 참고해 그렸습니다.

잠깐만

말 그대로 구면이란 입과 가까운 쪽을 가리키고, 반구면이란 입과 먼 쪽, 즉 반대 면을 일컫는다. 복잡한 생물의 모습을 오해 없이 정확하게 전달하려면 각 부분을 정확하게 지칭하는 단어들이 필요하므로, 과학에는 이런 재미없고 생소한 단어들이 등장하게 되었다.

구면
반구면
구면과 반구면은 한자를 쓰지 않으면 의미를 알기 어렵지만 영어인 oral side는 단어의 뜻을 알면 오해의 소지가 없기 때문에 전공자들끼리는 영어 용어를 그대로 쓰는 경향이 있습니다.
서대문 자연사 박물관 백두성 학예사

바다나리의 팔을 아주 단순화해서 움직임의 원리를 자세히 살펴보자.
팔을 구면 쪽으로 펴며 근육을 수축하면, 반구면 쪽 인대는 스프링이 펴지는 것처럼 탄성 에너지가 저장된다.*

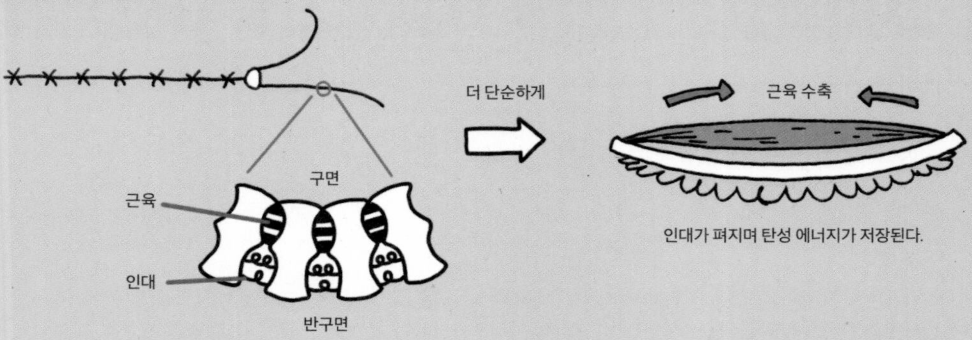

구면
근육
인대
반구면
더 단순하게
근육 수축
인대가 펴지며 탄성 에너지가 저장된다.

구면 쪽 근육이 이완되면 반구면 쪽 인대의 탄성 에너지로 인해 팔이 구부러지면서 바닥을 치고 나갈 수 있는 에너지가 생긴다.

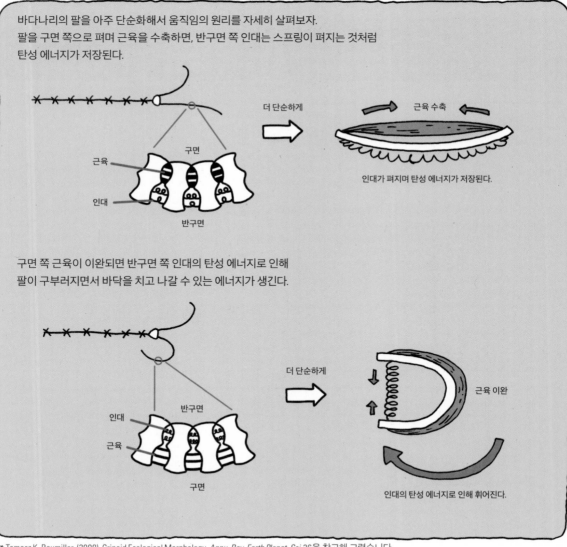

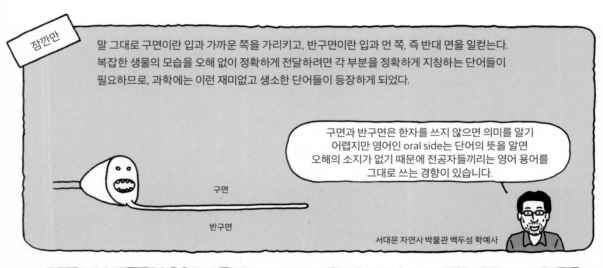

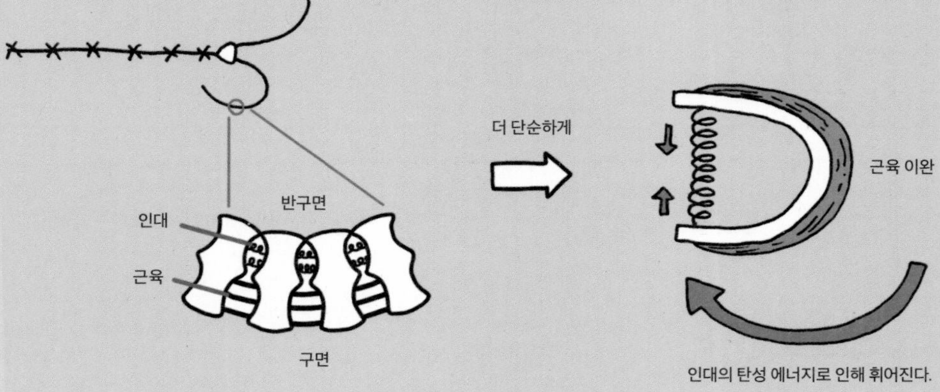

반구면
인대
근육
구면
더 단순하게
근육 이완
인대의 탄성 에너지로 인해 휘어진다.

* Tomasz K. Baumiller. (2008). Crinoid Ecological Morphology. *Annu. Rev. Earth Planet. Sci*, 36을 참고해 그렸습니다.

자절에서도 마찬가지다. 온몸을 전부 근육으로 감싼다면 몸은 유연해지겠지만 자절을 할 수 없고, 인대만 있으면 자절은 가능하지만 경직되어서 움직일 수 없다. 그래서 일정한 간격으로 인대와 근육을 배치하여 자절의 효율을 높였다. *

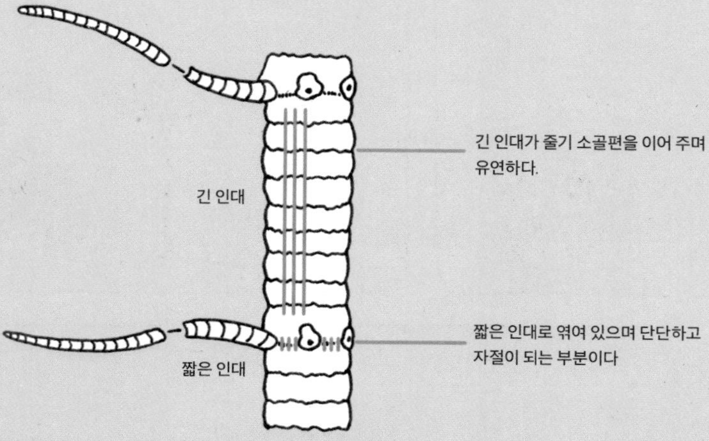
긴 인대가 줄기 소골편을 이어 주며
유연하다.
긴 인대
짧은 인대로 엮여 있으며 단단하고
자절이 되는 부분이다
짧은 인대

아이소크리니드의 줄기

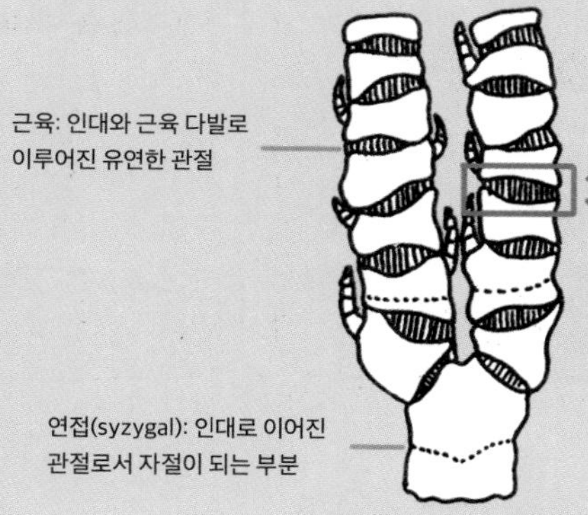
근육: 인대와 근육 다발로
이루어진 유연한 관절
연접(syzygal): 인대로 이어진
관절로서 자절이 되는 부분

갯나리류의 팔

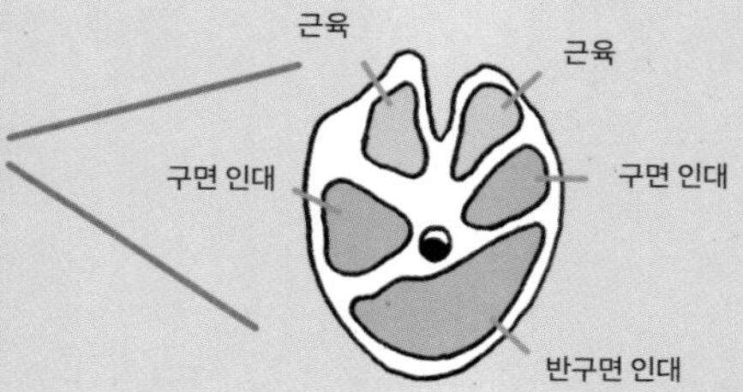
근육
근육
구면 인대
구면 인대
반구면 인대

갯나리류의 팔 단면도

이렇게 바다나리 가문은 유유자적한 겉모습과는 달리
몇 번의 멸종 위기를 넘기며 치열하게 삶을 이어 가고 있다.

* Tomasz K. Baumiller. (2008). Crinoid Ecological Morphology. *Annu. Rev. Earth Planet. Sci*, 36을 참고해 그렸습니다.

우와~ 단순해 보이는 바다나리지만 알고 보니 굉장한 재주꾼이었군요.
내가 왜 노르웨이까지 바다나리를 보러 갔는지 알겠지?
에이~ 그때는 바다나리에 관해 이 정도까지 연구가 진행되진 않았잖아요.
흠흠. 물론 그렇지만…….
그…… 학자의 감이란 게 있잖아. 감.
난 딱 하고 느꼈던 거지.
바다나리는
신통방통하구나……라고.

작업 후기

바다나리는 심해를 비롯해 연안에 이르기까지 수심과 환경에 따라 여러 종이 존재한다. 스킨스쿠버를 하는 이들은 얕은 바다에 사는 바다나리를 쉽게 볼 수 있다고 하지만 나는 해 본 적이 없으므로 바다나리를 직접 본 적도, 이름을 들어 본 적도 없었다. 만화를 그리기 전까지는 이 생물의 존재조차 알지 못했다.

바다나리가 내게 각인된 것은 1장 심해에서 보았듯 지금의 해양 생물학을 탄생시킨 챌린저 탐사의 주역이었던, 톰슨의 생각을 움직인 생물로 등장하기 때문이었다. 톰슨은 바다나리의 어떤 점에 흥미를 느꼈을까?

바다나리는 마치 식물과 같은 외견에도 불구하고 플랑크톤을 잡아먹는 극피동물이다. 즉 식물처럼 뿌리를 땅에 박고 평생을 같은 곳에서만 생활할 것 같지만, 동물이기 때문에 스스로 움직일 수 있다. 영상으로 본 심해 바다나리가 기어가는 모습은 가히 충격이었다. 단순해 보이는 외양과는 달리 놀라운 해부학적 구조, 생존을 위한 기나긴 진화의 역사를 공부하노라면 경외감이 든다.

멀리서 산을 바라보면 단순히 어떤 거대한 대상으로밖에는 보이지 않지만 가까이 다가갈수록 다양한 나무와 바위, 변화무쌍한 지형을 품고 있는 생태계가 보인다. 생물도 마찬가지다. 알아 가면 알아 갈수록 하나의 생물에서 하나의 우주가 보인다.

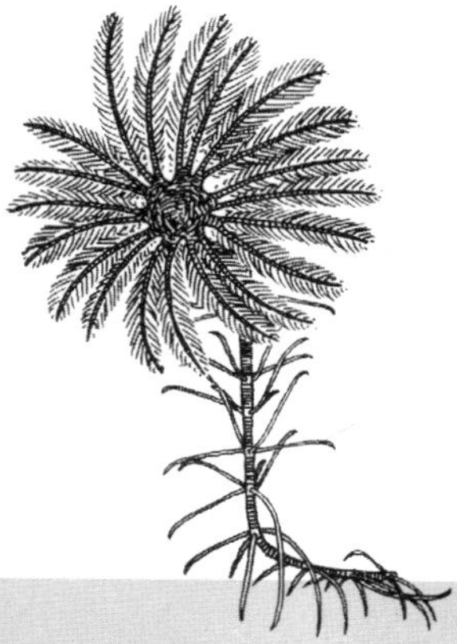

3장

유체 골격

남자의 음경이 지렁이가 아닌 이유

세상에는 우리의 창창한 앞길을 가로막는 무수한 장애물이 놓여 있다.
돈과 같은 재정적인 장애물
돈 따위!
대출금
연애와 같은 마음의 장애물
사랑 따위!
커다란 바위 같은 물리적인 장애물까지 다양하다.
바위 따위!
그리고 아주 가끔
아프리카코끼리 같은 것도 불쑥 등장한다.
잠깐…… 이런 게 등장할 리 없잖아!

인류는 물리 수업 한 번 받아 본 적 없는 까마득한 옛날부터 이러한 장애물에 대처하기 위해, 지렛대의 원리를 터득하고 있었다.
심지어 고릿적 그리스에 살던 아르키메데스는 지렛대의 물리학적 원리를 간파하고 적당한 지렛대와 받침대만 준다면 지구를 냅다 들어 버릴 수 있다며 인류를 위협하는 데도 이용하였다.
잇힝~
지렛대를 제대로 이용하려면 그 재질이 중요하다.
으랏차!
가하는 힘을 견딜 수 있을 만큼 지렛대가 아주 단단하지 않다면 아프리카코끼리는커녕 돌멩이 하나도 제대로 움직이지 못한다.
쿵
빠직
윽!
그런데 좀 더 생각해 보면 지렛대가 굳이 딱딱한 재질일 필요는 없다.
지렛대가 상당한 탄성력을 가진다면 이 역시 물체를 움직일 수 있다.
딩-
혹은 내부에 공기나 액체를 주입하여 단단하게 만들 수도 있다.
즉, 탄성 에너지와 내부 압력을 이용한다면 에너지를 전달하는 데 있어 단단한 재질이 필수 조건은 아니라는 것이다.

그러기 위해선
까다로운 조건들이
충족돼야 한다.
너무 팽팽하면 힘을 가하다
터질 수 있으며
힘
그렇다고 너무 유연하면
힘을 흡수할 것이다.
힘
내부 압력은 표면 막을 터트리지 않으면서 힘을 충분히
전달할 수 있어야 하며, 표면 막은 압력의 변화에
대처할 수 있게 가변적이면서도 질겨야 한다.
뭐가 그리 까다로워!
까다로운 만큼 물론 장점도 있다. 단단한 것은
공간을 차지해서 가지고 다니기 불편하다.
반면 부드러운 것은 필요할 때만 내부 압력을 가해
사용하기 때문에 휴대가 간편하다.
탁!
이렇게 좋은 것을 자연계가 가만 놔둘 리가 있을까! 생물계는 부드럽고
가변적이면서도 효과적으로 힘을 전달할 수 있는 이 시스템을 적극 활용하였다.
우리는 이것을 '유체 골격'이라고 부른다.
코끼리 코도
대표적인 유체 골격입니다.

유체 골격은 말랑말랑하지만 딱딱한 뼈 못지않게 힘을 발휘할 수 있으며, 뼈로 된 구조와는 다르게 유연한 움직임이 가능하다.

애벌레나 말미잘, 오징어같이 말랑말랑한 녀석들을 포함한 수많은 동식물들이 유체 골격을 활용하고 있다.

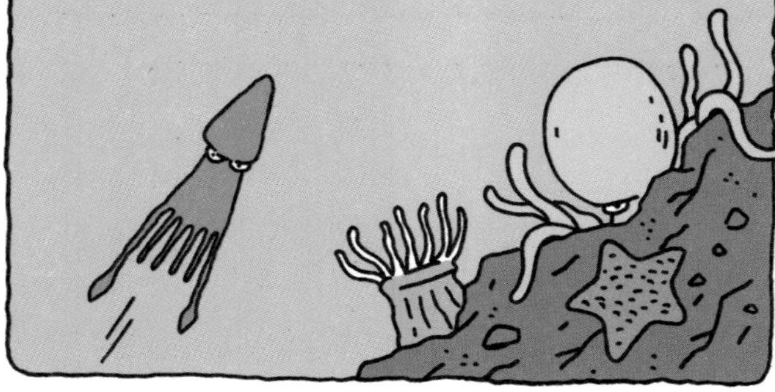

간단히 말해 유체 골격은 물로 채워진 원통 모양의 탄력 있는 물체를 생각하면 된다.

물은 압축할 수 없는 물질이며 부피 변화에 저항하는 힘(체적 탄성률)이 크다. 그래서 유체 골격에 제격이다.

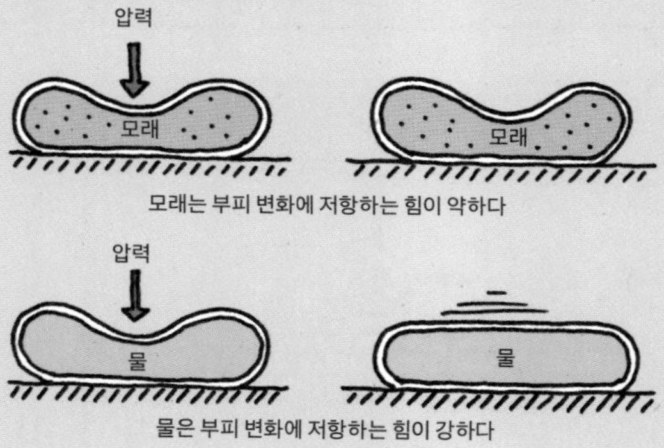
압력
모래
모래
모래는 부피 변화에 저항하는 힘이 약하다
압력
물
물
물은 부피 변화에 저항하는 힘이 강하다

그렇다고 유체 골격을 단순한 물풍선으로 생각하면 오산이다. 이 물건이 제대로 작동하기 위해서는 둘러싼 막과 내부 압력의 효과적인 상호 작용이 필수다. 기본적으로 유체 골격은 일정한 부피를 유지하는 기관의, 내부 공간 변화에 따른 압력으로 작동하기 때문이다.

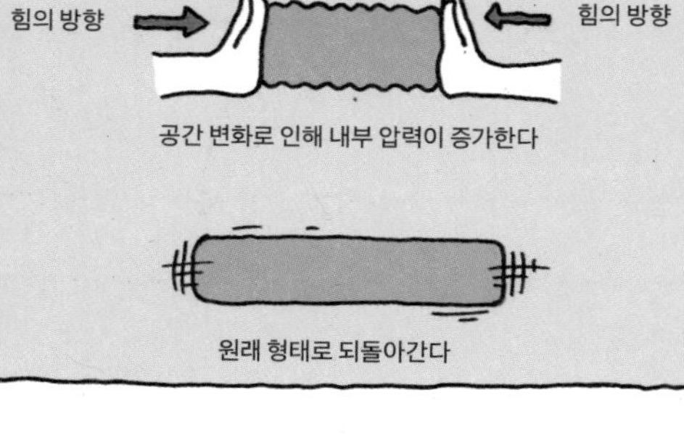
힘의 방향
힘의 방향
공간 변화로 인해 내부 압력이 증가한다
원래 형태로 되돌아간다

이런 상호 작용을 위해서는 유체 골격을 이루는 막이 하나이고 밋밋해서는 곤란하다. 단일한 막은 외부의 압력을 지탱할 힘이 없으며, 발생한 압력이 균등하게 퍼지지 못하기 때문에 모양이 안정적이지 못하고 오히려 터질 수 있다.

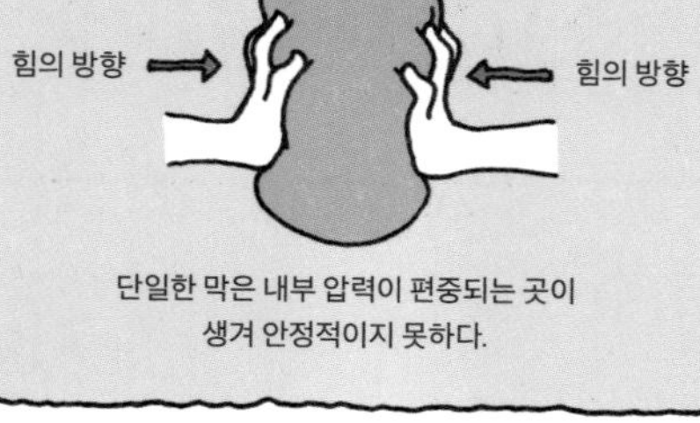
힘의 방향
힘의 방향
단일한 막은 내부 압력이 편중되는 곳이
생겨 안정적이지 못하다.

이러한 문제점을 극복하기 위해 유체 골격의 막은 섬유 조직으로 이루어져 있으며
이 섬유 조직의 배열 방식에 따라 특징이 달라진다.

원형으로 배열된 섬유는 유체 골격의 길이
확장과 단축에 관여한다.

직경이 커지면 길이는 짧아진다

직경이 작아지면 길이가 늘어난다

축으로 배열된 섬유는 유체 골격의 모양 변화에 저항한다.

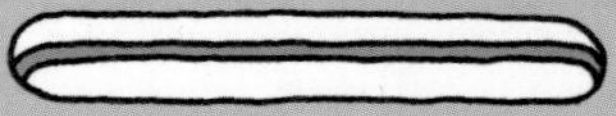

길이 방향의 확장과 단축에 저항한다

구부러짐에 저항한다

이 둘이 수직으로 교차 배열되면 길이 변화가 어렵고
잘 구부러지지는 않으며 꼬임이 가능한 특징을 보인다.

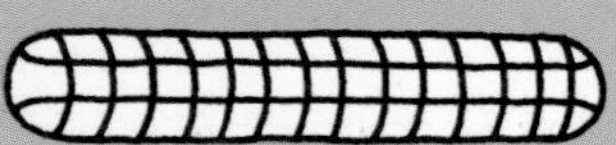

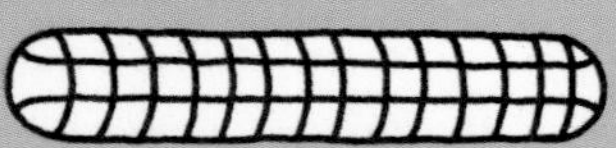

길이 변화가 일어나기 어렵다.

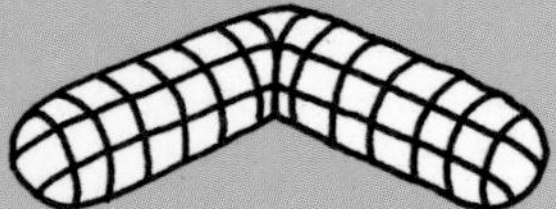

잘 구부러지지 않으며 한계를 넘어서면
큰 각도로 접혀 버린다.

비틀어짐이 가능하다.

X나선형으로 꼬인 관은 길이 방향으로 늘어나며
부드럽게 구부러지고 꼬임에 저항하는 특징을 보인다.*

길이 변화가 쉽다.

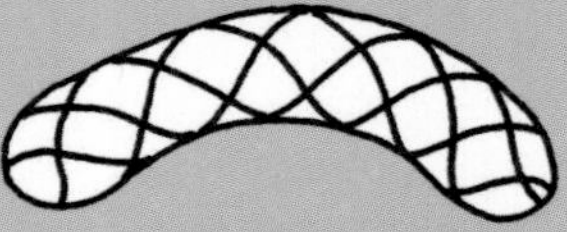

부드럽게 휘어진다.

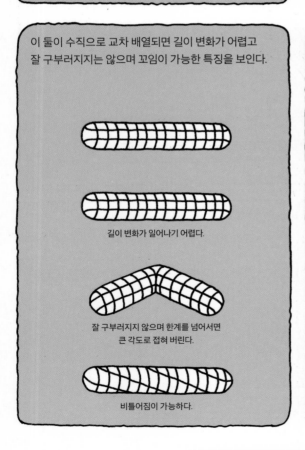

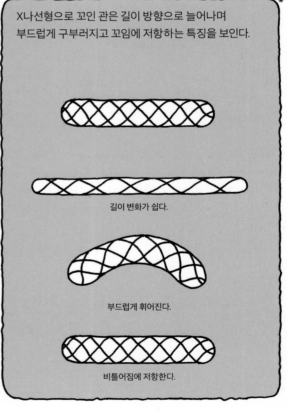

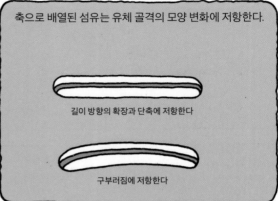

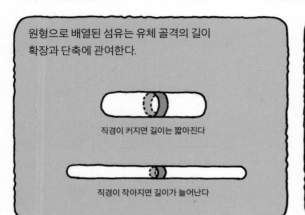

비틀어짐에 저항한다.

그럼 이러한 섬유 배열이 자연계에서 어떻게 쓰이는지 살펴보자.

* S. A. Wainwright. (1988). *Axis and Circumference. The Cylindrical Shape of Plants and Animals*, Havard University Press을 참고해서 그렸습니다.

오징어의 다리는 무시무시하게 늘어난다. 길이가 80퍼센트 가까이 증가하는 데 반해 지름은 단 25퍼센트만 감소한다. 이것은 일반적인 척추동물 근섬유의 길이 변형을 뛰어넘는 능력으로, 변형된 길이 방향 근육과 더불어 여러 방향의 근섬유가 겹쳐 있어서 가능하다.

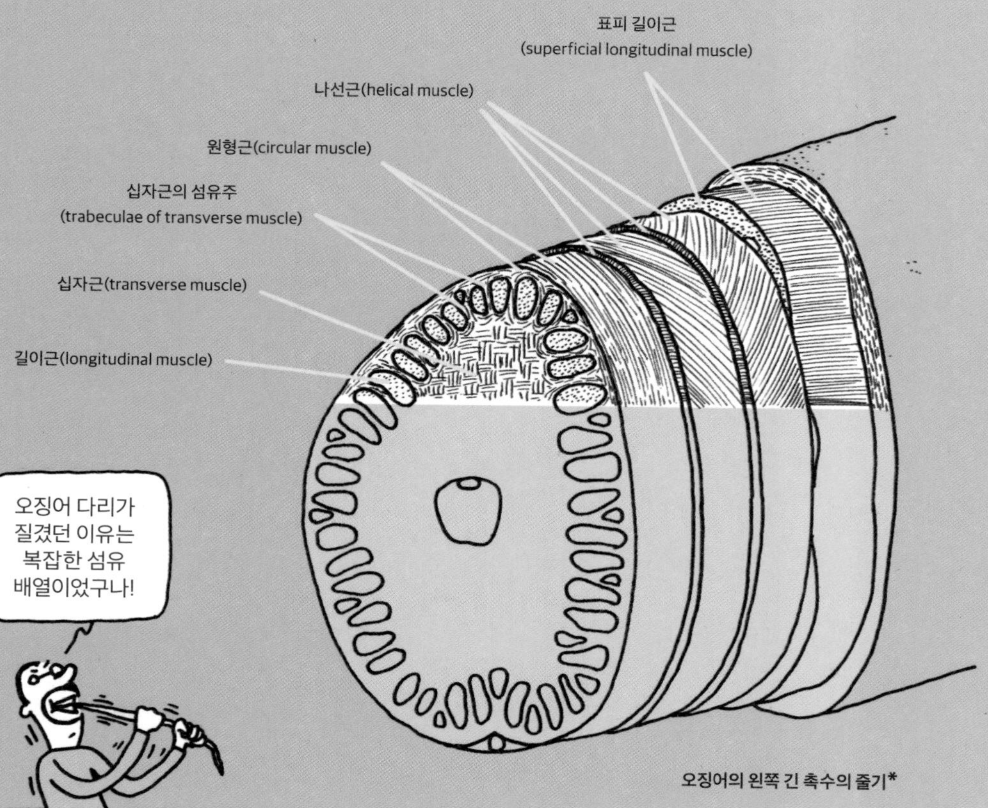

표피 길이근
(superficial longitudinal muscle)
나선근(helical muscle)
원형근(circular muscle)
십자근의 섬유주
(trabeculae of transverse muscle)
십자근(transverse muscle)
길이근(longitudinal muscle)
오징어 다리가 질겼던 이유는 복잡한 섬유 배열이었구나!

오징어의 왼쪽 긴 촉수의 줄기*

일반적으로 원통의 경우, 일정한 부피에서 지름이 감소하면 길이는 크게 증가한다.**

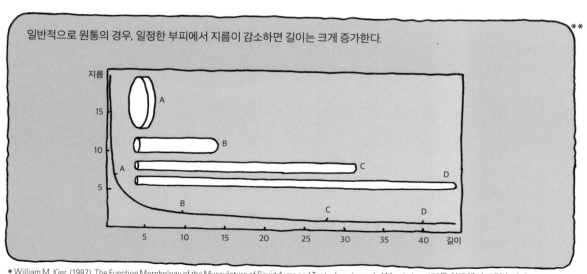

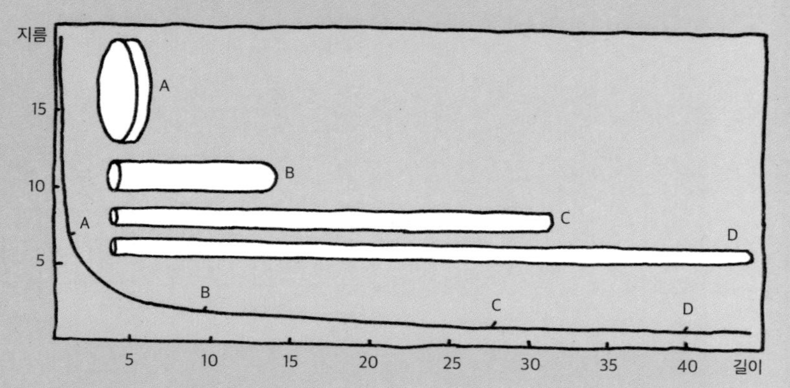

지름
15
10
5
A
B
C
D
5
10
15
20
25
30
35
40
길이

* William M. Kier. (1987). The Function Morphology of the Musculature of Squid Arms and Tentacles. *Journal of Morphology*, 172을 참고해서 그렸습니다.

** W. M. Kier and K. K.Smith. (1985). Tongues, tentacles and trunks: the biomechanics of movement in muscular-hydrostats. *Zool J Linn Soc*, 83을 참고해서 그렸습니다.

말미잘은 몸통 자체가 유체 골격으로 이루어져 있다.
몸 가운데가 빈 기둥 같지만 평소에는 입을 닫기 때문에
내부의 부피는 일정하게 유지된다. *

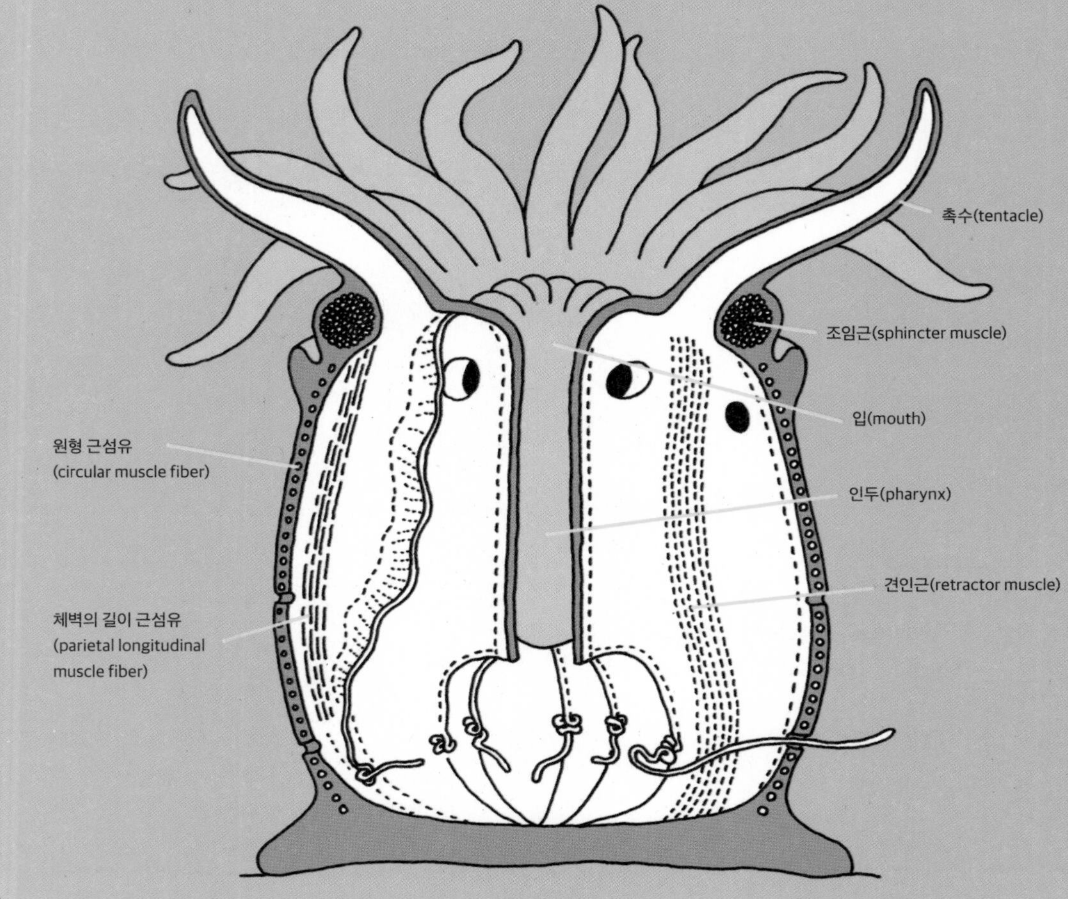
촉수(tentacle)
조임근(sphincter muscle)
입(mouth)
원형 근섬유
(circular muscle fiber)
인두(pharynx)
견인근(retractor muscle)
체벽의 길이 근섬유
(parietal longitudinal
muscle fiber)

원형근과 길이근이 유기적으로 배치되어서
다양한 움직임이 가능하다.

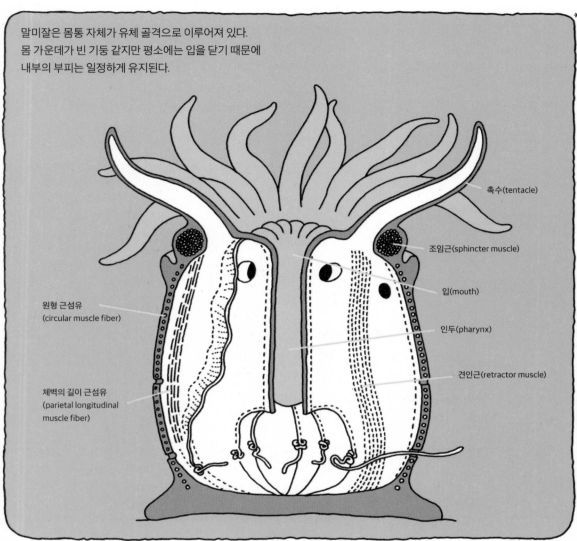

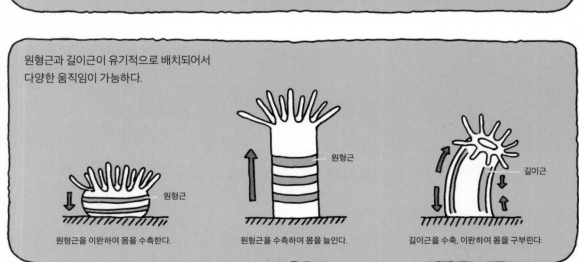

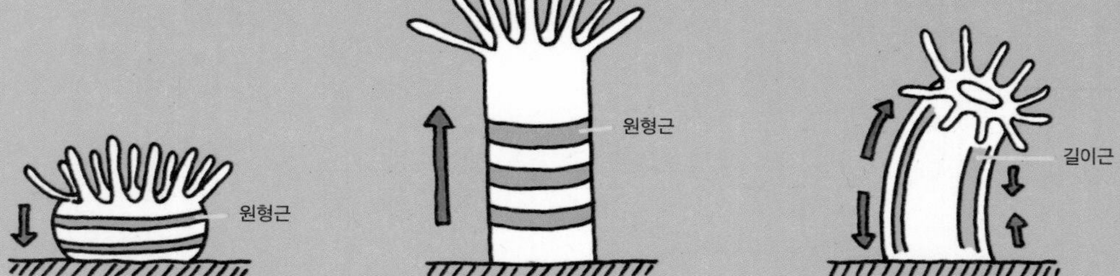
원형근
원형근
길이근

원형근을 이완하여 몸을 수축한다. 원형근을 수축하여 몸을 늘인다. 길이근을 수축, 이완하여 몸을 구부린다.

* E. E. Ruppert, R. S. Fox, and R. B. Barnes, (2004). *Invertebrate Zoology. A Functional Evolutionary Approach*, 7th ed. Brooks/Cole을 참고해서 그렸습니다.

지렁이는 원형근과 길이근을
조합하여 물결치듯 움직인다.

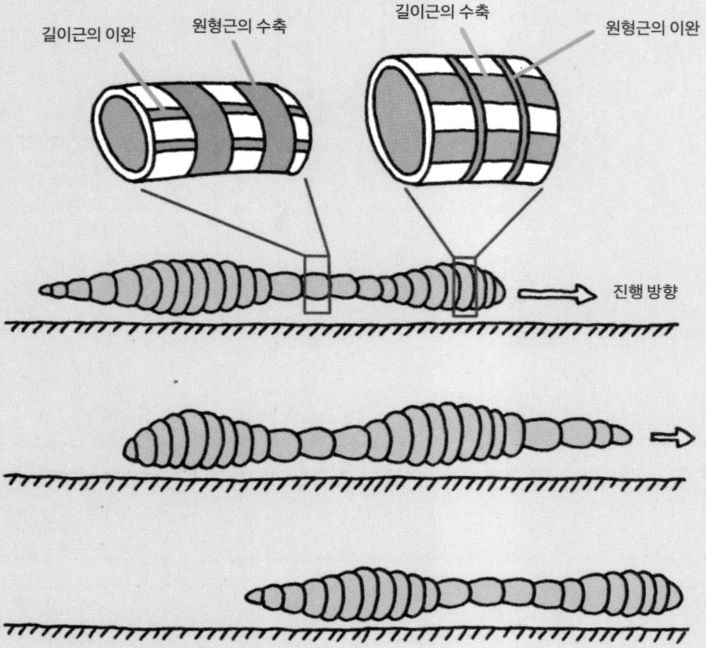

또한 지렁이는 특이하게 체강이라는 격막 근육으로 나뉘어 있다.
그래서 각 부분을 독립적으로 움직일 수 있으며, 더 복잡하고
다양한 움직임도 가능하다. 또한 심각한 부상으로부터도
몸을 보호할 수 있다. 만약 전체가 단일한 막이라면 작은 상처가
유체 골격 전체의 파열로 이어질 수 있을 것이다.

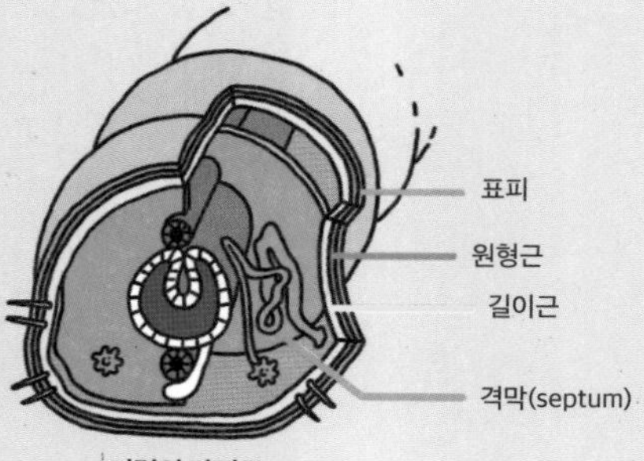

지렁이 단면도

물론 우리 몸도
유체 골격을 활용하고 있다.

혀가 그러하며

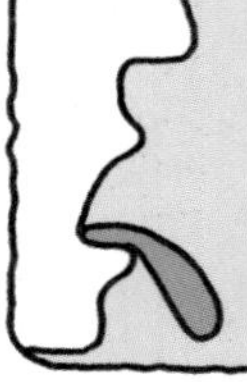

남성의 음경 역시
대표적인 유체 골격이다.

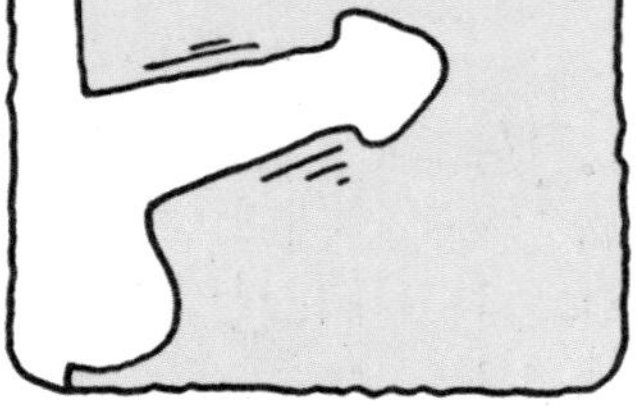

그렇다! 오징어 다리, 말미잘,
지렁이같이 꿈틀꿈틀하고
물컹물컹한 놈들과 단단함이
생명인 남자의 음경은 같은
시스템이다!

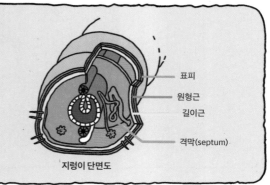

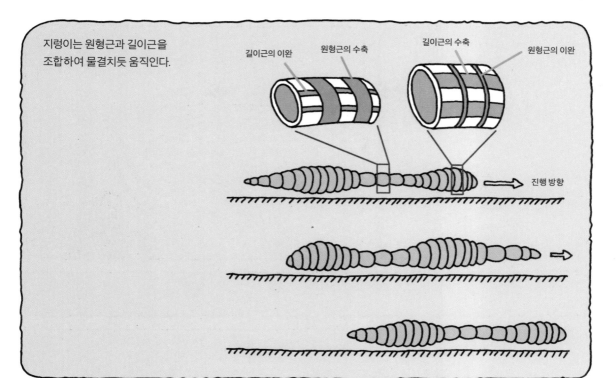

20세기, 음경에 관한 연구는 몇 가지 분야에 국한되어 있었다.
이런~
객관적이라는 과학계에서도 성기나 섹스와 같이 성과 관련된 연구에는 예외 없이 편견의 눈초리가 쏟아졌기 때문이다.
심지어 18세기 빅토리아 시대의 의사들은 남성 의사가 여성 성기를 보는 것이 부도덕한 일이라 생각해서 눈으로 보지 않고 부인과나 비뇨기과 환자를 진료했다고 합니다.
그래서 음경에 대한 연구도 대부분 해부학, 혈류, 신경, 생리학적 효과와 같은 분야에서만 이루어졌다.
저도 고지식한 학계 분위기 때문에 제 연구 제목을 '부드럽고 딱딱한 것을 만드는 방법에 관한 공학적 문제'라고 정해야 했죠.
이 만만치 않은 연구 대상에 도전장을 낸 다이앤 켈리(Diane Kelly, 매사추세츠 대학교 생물학과 연구 조교수)는 여성 과학자였다. 그녀는 처음으로 음경을 골격의 관점에서 보았고 유체 골격이라는 분야로 음경 연구를 확장했다.
다이앤 켈리
그녀가 여성이어서 음경과 유체 골격에 관한 신대륙을 개척할 수 있었을 것이다.
으흐흐흐
그녀는 살아생전 음경과 어떠한 공감대도 나눈 적이 없어서, 남자라면 차마 상상조차 거부하는 끔찍한(?) 연구를 거침없이 실행할 수 있었다.
물론 남성의 성기를 대상으로 직접 실험을 할 수는 없었기 때문에 비슷한 메커니즘을 가진 포유류를 이용했다.
아깝다…….

중세에는 발기한 음경 속에 압축된 공기가 들어 있다고 생각했다.
풍선?

그러나 발기한 음경의 내부를 혈액이 채우고 있음을 발견한 이가 바로 레오나르도 다빈치였다. 그는 시체를 해부하여 발기가 다량의 혈액에 의한 것임을 밝혔다.
이런, 이런~ 나란 사람은 정말. 내가 이룬 업적이 도대체 몇 개란 말인가~
레오나르도 다빈치

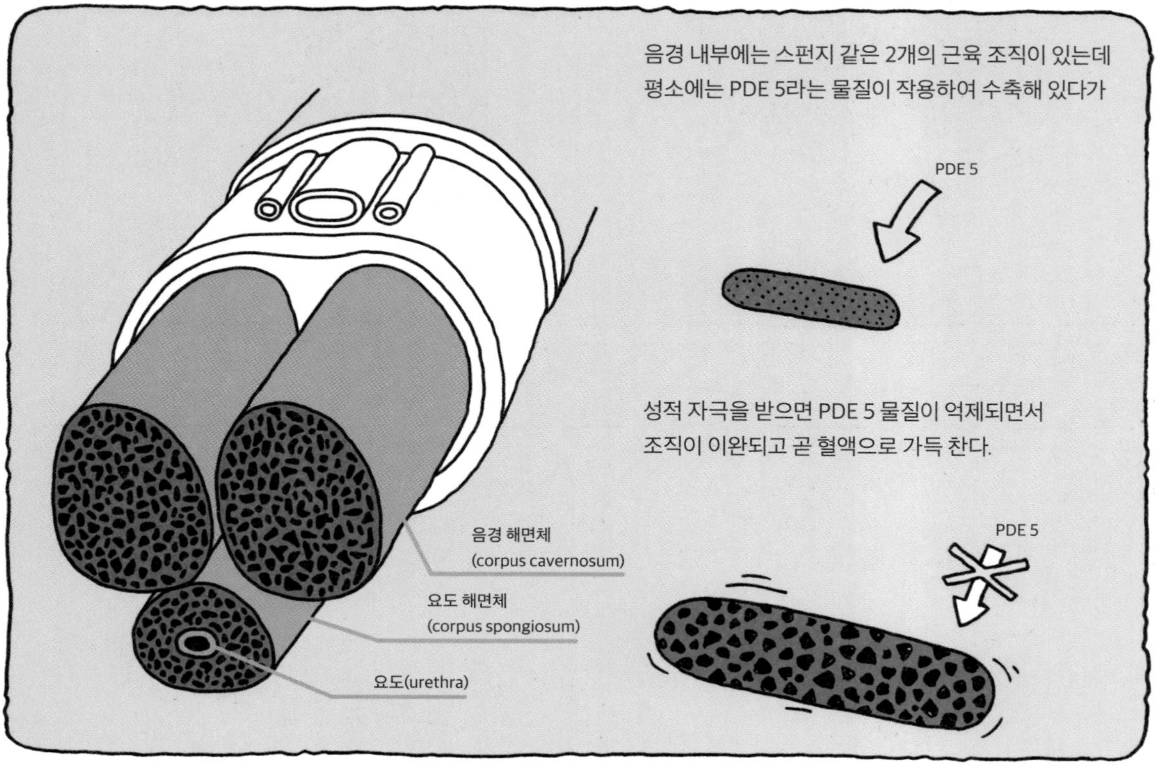
음경 내부에는 스펀지 같은 2개의 근육 조직이 있는데 평소에는 PDE 5라는 물질이 작용하여 수축해 있다가
PDE 5
성적 자극을 받으면 PDE 5 물질이 억제되면서 조직이 이완되고 곧 혈액으로 가득 찬다.
음경 해면체
(corpus cavernosum)
요도 해면체
(corpus spongiosum)
요도(urethra)
PDE 5

흔히 발기부전 치료제로 알려진 비아그라는 바로 PDE 5를 억제해 스펀지 조직을 이완시킨다.
비아그라를 PDE 5 억제제라 부르는 이유다.
VGR100
Pfizer
VGR100
Pfizer

발기 후에는 이 상태를 유지하는 시스템이 작동한다. 온몸을 순환하는 혈액이 특별히 음경에만 몰릴 이유가 없기 때문이다. 그럼 발기 상태를 어떻게 유지할까? 음경 외곽 쪽의 정맥 혈관은 발기 상태일 때, 밖으로 팽창한 조직들로 자연히 막혀서 압력을 유지할 수 있다.

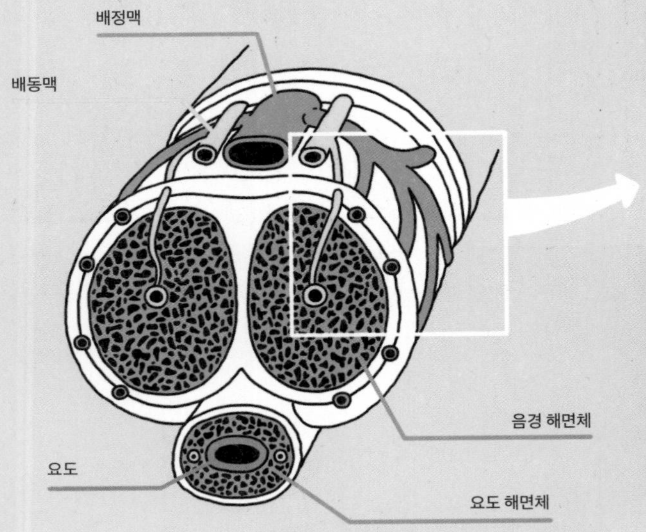

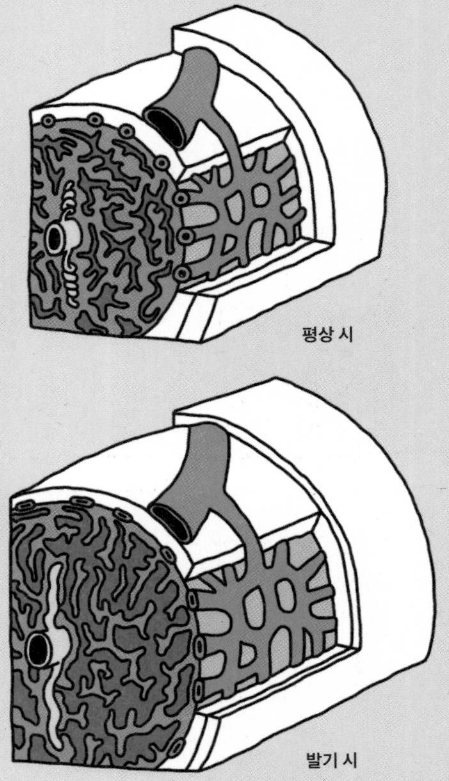

한편 음경을 둘러싼 막의 재질도 중요하다.

평소에는 가지고 다니기 쉽게 작고 유연해야 하지만 혈관에 무리가 가서 불능이 되어서는 절대(!) 안 된다.

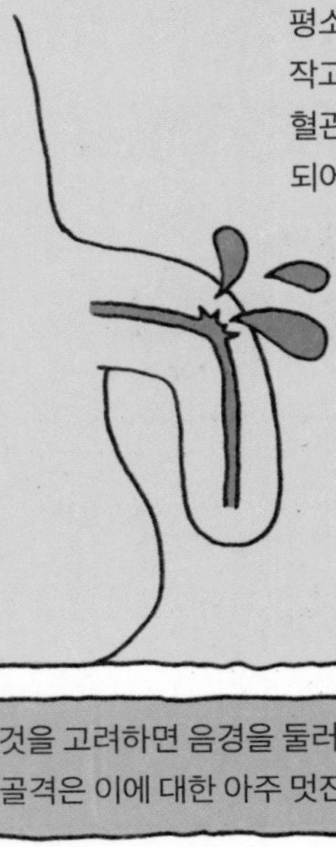

필요할 때는 발기해야 하지만 마냥 커져서는 곤란하며 단단함을 유지할 정도의 압력이 있어야 한다.

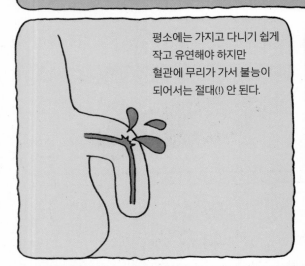

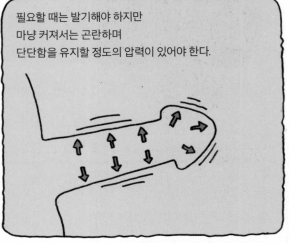

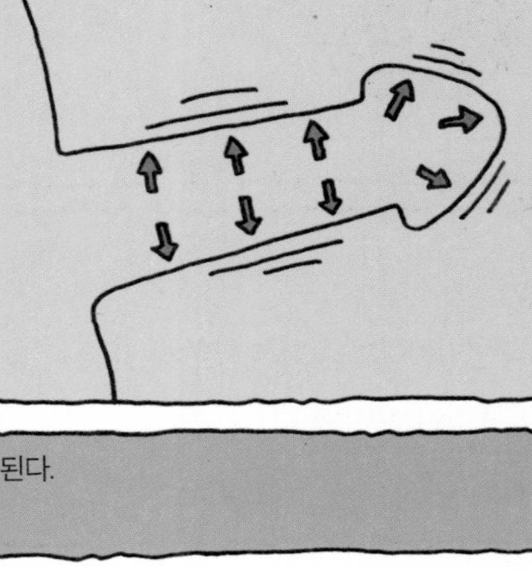

이런 것을 고려하면 음경을 둘러싼 막은 단순히 탄력만 있어서는 안 된다. 유체 골격은 이에 대한 아주 멋진 해결책이었다.

* 이해를 돕기 위해 간략하게 그렸습니다.

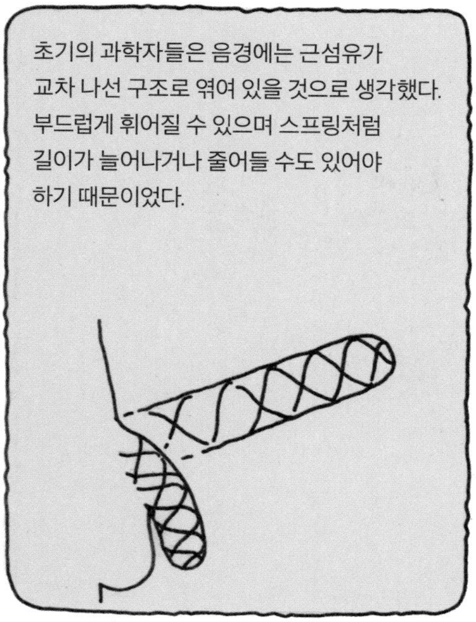
초기의 과학자들은 음경에는 근섬유가
교차 나선 구조로 엮여 있을 것으로 생각했다.
부드럽게 휘어질 수 있으며 스프링처럼
길이가 늘어나거나 줄어들 수도 있어야
하기 때문이었다.

마치 지렁이와 같은 유연성을
지니게끔 말이다.
?

그러나 음경은 지렁이와 전혀 비슷하지 않다.

만약 지나가는 남자를 붙잡고 "당신의 음경은
지렁이 같습니까?"라고 묻는다면 유체 골격이 아닌,
단단한 골격으로 이루어진 주먹이 날아올 것이다.
지렁이가 뭐 어떻다고?
아, 아뇨…….

자고로 음경은 단단해야 한다. 지렁이처럼 꿈틀거린다면 매우 곤란한 상황들이 펼쳐질 것이다.

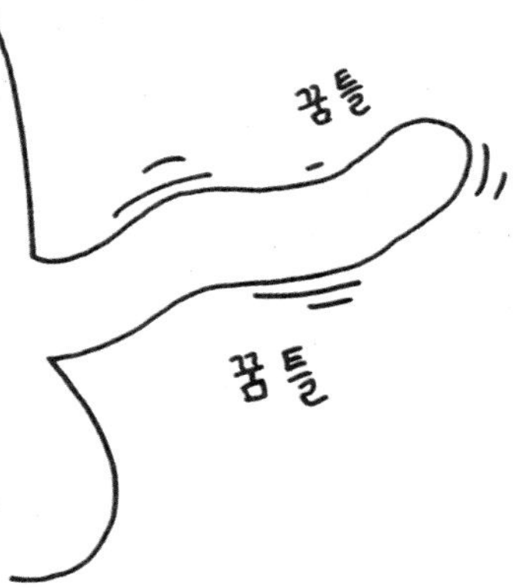
꿈틀
꿈틀

과학자들은 직교축 배열에 관해 알았지만, 그런 배열은 인위적으로 만들 수 있을 것이라 생각했다.

"두 가지의 강화 방법 중 단 하나만 자연에서 일어난다. 모든 알려진 경우……
유체 골격은 나선형 강화 섬유를 가지고 있다." *

* Mary Roach. (1999). Intimate Engineering. *Discover,* 20.2에서 발췌했으며, Vogel. (1988). *Life's Devices*에 실린 문장입니다.

켈리는 연구를 통해 포유류의 음경을 이루는 섬유가 나선형이 아닌
수직 교차형으로 배열되었음을 발견하였다. 앞서 이야기했듯 이런 방식의 배열은
길이축 압력에 강하기 때문에 발기한 음경의 삽입 운동을 가능하게 해 준다.

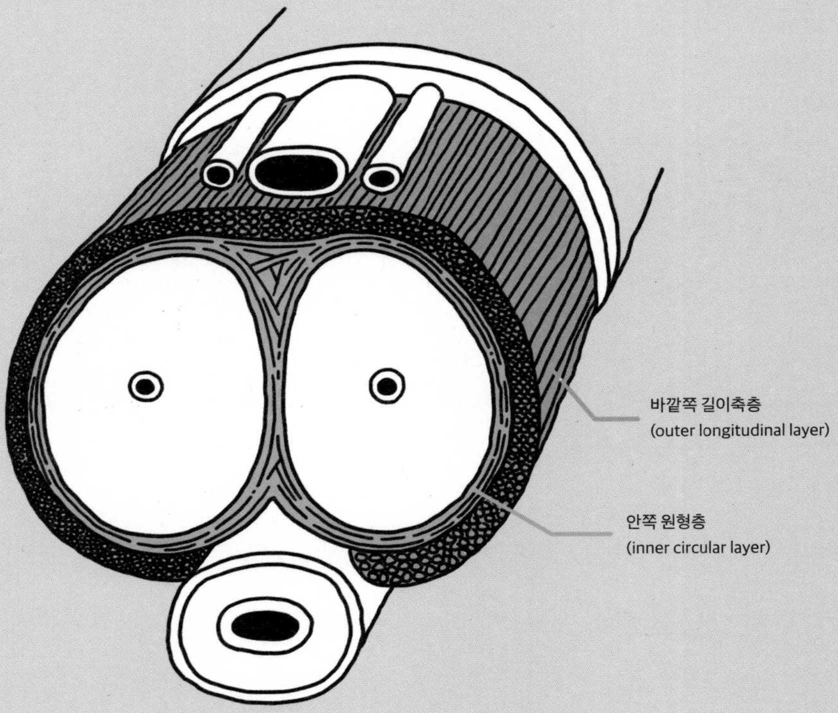

원형 섬유는 길이 방향으로 압력이 가해질 때
바깥 방향으로 늘어나지 않게 유지하고

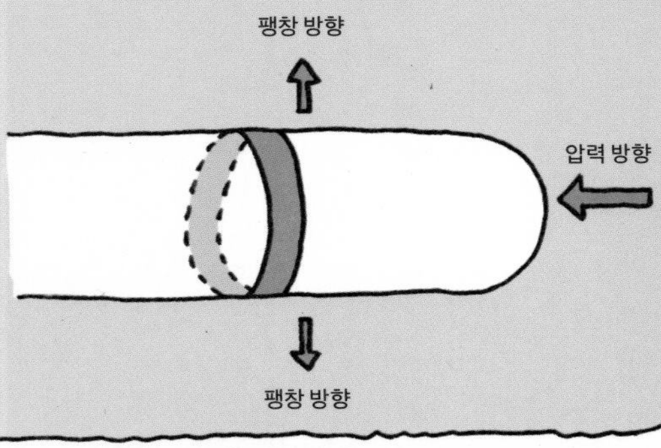

길이 방향 섬유는 음경을 꽉 쥘 때
길이 방향으로 늘어나지 않게 유지해 준다.

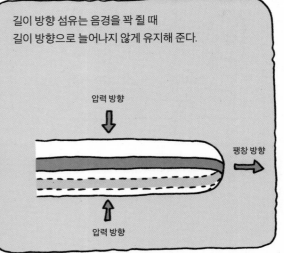

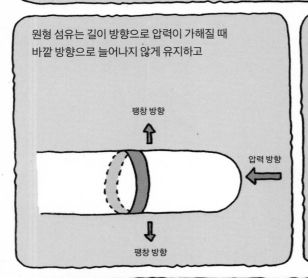

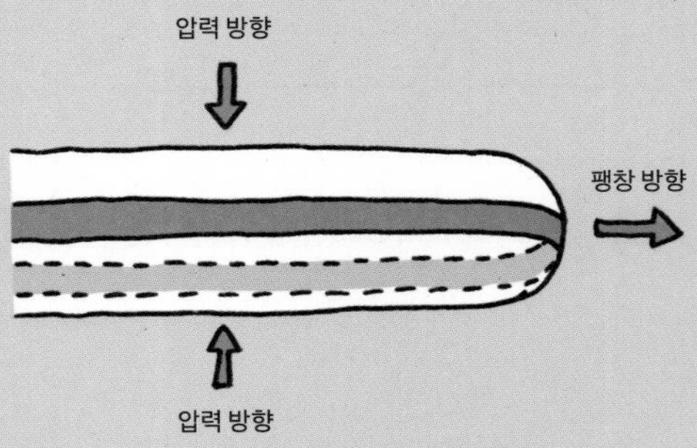

그럼으로써 지렁이도 오징어 다리도 아닌 늠름한 음경을 만드는 것이다.

* 근육층의 표현을 위해 간략하게 그렸습니다.

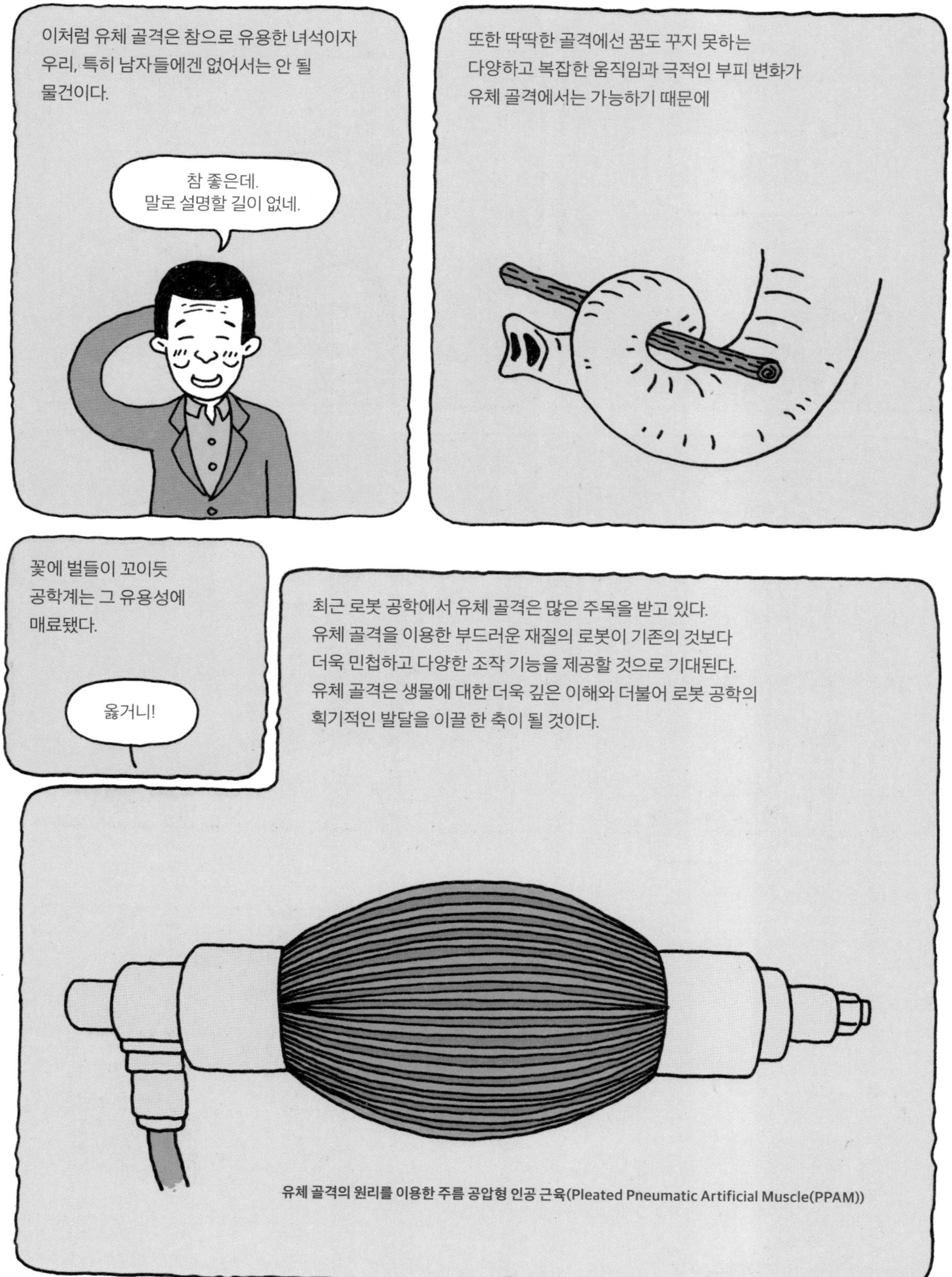
이처럼 유체 골격은 참으로 유용한 녀석이자 우리, 특히 남자들에겐 없어서는 안 될 물건이다.
참 좋은데. 말로 설명할 길이 없네.
또한 딱딱한 골격에선 꿈도 꾸지 못하는 다양하고 복잡한 움직임과 극적인 부피 변화가 유체 골격에서는 가능하기 때문에
꽃에 벌들이 꼬이듯 공학계는 그 유용성에 매료됐다.
옳거니!
최근 로봇 공학에서 유체 골격은 많은 주목을 받고 있다. 유체 골격을 이용한 부드러운 재질의 로봇이 기존의 것보다 더욱 민첩하고 다양한 조작 기능을 제공할 것으로 기대된다. 유체 골격은 생물에 대한 더욱 깊은 이해와 더불어 로봇 공학의 획기적인 발달을 이끌 한 축이 될 것이다.
유체 골격의 원리를 이용한 주름 공압형 인공 근육(Pleated Pneumatic Artificial Muscle(PPAM))

유체 골격의 문제는 정확하게 제어하기가 어렵다는 점이다.
우리 공학계도 이게 좋다는 것은 당연히 알고 있죠.
하지만 유체 골격의 다양한 움직임은 수많은 섬유층을 조합해야 가능하기 때문에, 그에 걸맞은 복잡한 신경 제어가 필수적입니다.
그에 반해 유체 골격의 신경 근육 조절에 관한 연구는 아직 많이 부족합니다.
구부림이나 길이 확장을 통한 근육 수축의 전달, 유체 골격의 비틀림 등의 메커니즘은 아직도 잘 이해하지 못하고 있습니다.
유체 골격은 힘의 전달이 반드시 뼈와 같이 단단한 물체로만 가능하다는 고정 관념을 무너뜨렸다.
살려 줘~!
그리고 크고 단단한 것보다 작고 부드러운 것을 알기가 훨씬 어렵다는 20세기의 깨달음 역시 다시금 일깨워 주었다.
내가 잘못했어.
뭘 잘못했는데?
어······ 그게······.
아직도 모르는구만!
마치 여자의 마음처럼 말이다.

작업 후기

'유체 골격'은 논란의 중심에 섰던 원고다. 《한겨레》의 과학 웹진 《사이언스온》에서 연재가 결정 나고, 그 첫 시작으로 준비했던 원고지만 너무 말초적인(?) 소재로 시작하는 게 아닌가 하는 《사이언스온》 오철우 기자의 노파심으로 인해, 결국 연재가 어느 정도 무르익은 후에야 선을 보일 수 있었다.

유체 골격이란 개념을 처음 알게 된 것은 다이앤 켈리 교수의 TED 강의에서였다. 그녀는 부교재(?)를 이용해 유체 골격, 그중에서도 음경에 관해 쉽고 재미있게 이야기를 전했다. 부드럽고 가변적이면서도 단단한 골격 못지않게 힘을 발휘할 수 있는 유체 골격이란 개념에 매력을 느꼈고, 좀 더 자세히 알고 싶다는 생각에 관련 논문들을 보충하여 원고를 완성했다.

유체 골격과 관련하여 참고한 자료 중에는 과학 저술가인 메리 로치가 켈리를 취재한 칼럼도 많은 도움이 되었다. 유머러스한 과학 글쓰기로 유명한 로치는 국내에도 여러 권의 저서가 번역, 출간되어 있다. 그중에 성과 과학을 다루는 『봉크』의 서문에서는 그녀가 책을 집필하기까지 민망함과 싸워야 했던 순간을 이야기한다. 나도 카페에서 원고를 준비하면서 자료를 찾거나 영어 단어의 뜻을 알기 위해 검색했다가, 화면 가득 쏟아져 나오는 살색 이미지들 때문에 매우 아찔했던 순간이 여러 번 있었다. 그녀가 느꼈을 당혹감을 10그램 정도 이해한 기분이었다.

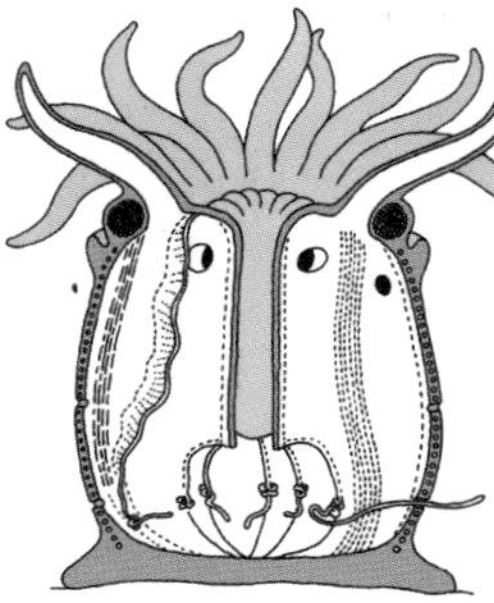

4장

박쥐의 난제

암흑 속을 비행하는 박쥐의 능력을 밝히기 위한 200년간의 방황

이탈리아 아펜니노(Apennino) 산맥 기슭에 위치한
작은 마을 스칸디아노(Scandiano).
휘익
파닥

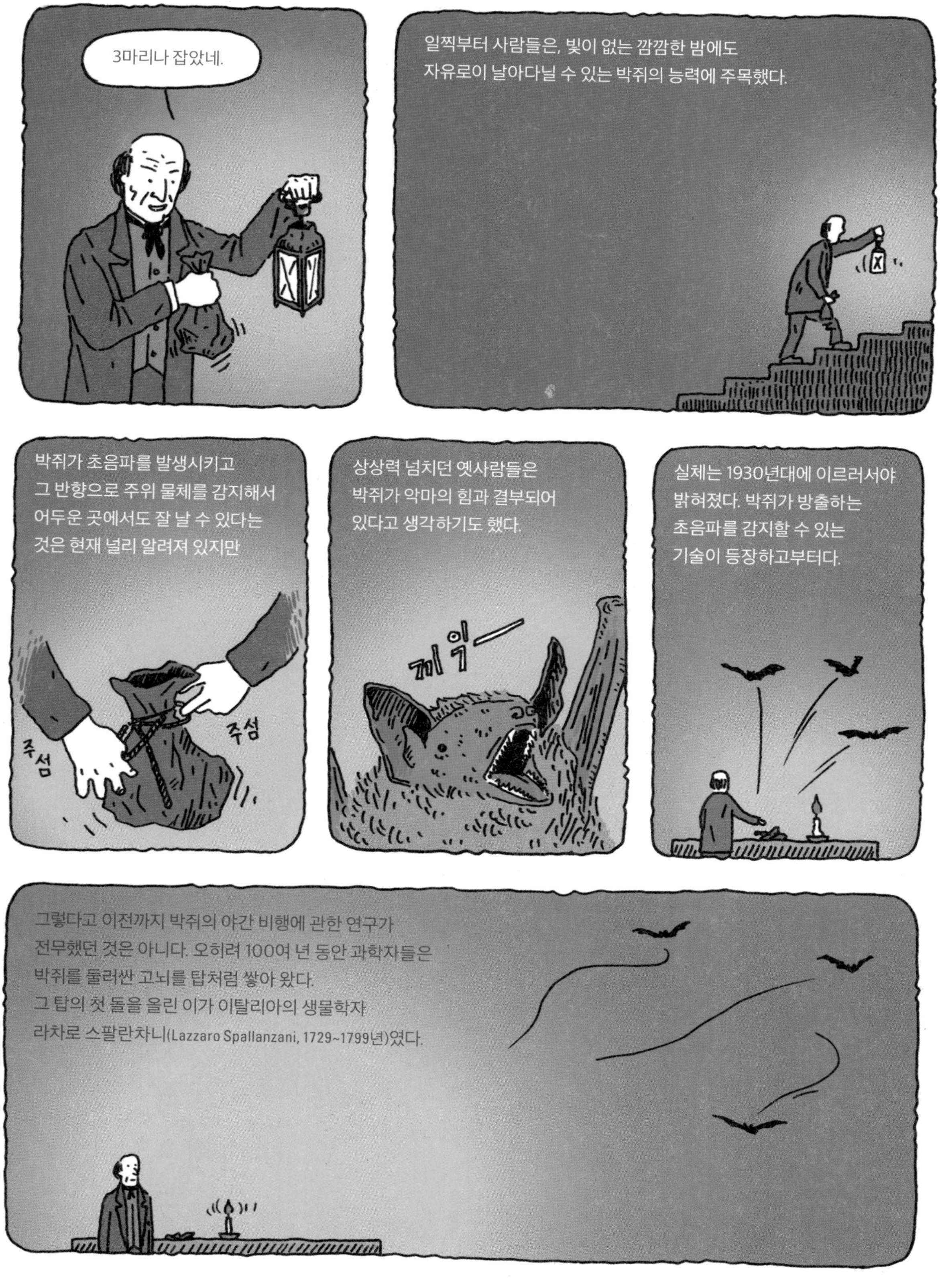

3마리나 잡았네.
일찍부터 사람들은, 빛이 없는 깜깜한 밤에도 자유로이 날아다닐 수 있는 박쥐의 능력에 주목했다.
박쥐가 초음파를 발생시키고 그 반향으로 주위 물체를 감지해서 어두운 곳에서도 잘 날 수 있다는 것은 현재 널리 알려져 있지만
주섬
주섬
상상력 넘치던 옛사람들은 박쥐가 악마의 힘과 결부되어 있다고 생각하기도 했다.
끼익—
실체는 1930년대에 이르러서야 밝혀졌다. 박쥐가 방출하는 초음파를 감지할 수 있는 기술이 등장하고부터다.
그렇다고 이전까지 박쥐의 야간 비행에 관한 연구가 전무했던 것은 아니다. 오히려 100여 년 동안 과학자들은 박쥐를 둘러싼 고뇌를 탑처럼 쌓아 왔다.
그 탑의 첫 돌을 올린 이가 이탈리아의 생물학자 라차로 스팔란차니(Lazzaro Spallanzani, 1729~1799년)였다.

빛이 있을 때는
정상적으로 비행하는 거야
알고 있었고…….
이제 불을 꺼 볼까?
역시 어둠 속에서도
비행 능력에는 아무 문제가
없구나.
혹시 우리가 어둡다고 느끼는
정도와 박쥐가 어둡다고 느끼는
정도가 다른 걸까?
연이은 실험들은
스팔란차니를 더욱
어리둥절하게 만들었다.
어둠 속에서는 잘 날던 박쥐가
머리를 덮개로 가리자 벽에 부딪혀
추락했다.
쿵
역시 훨씬 더
어두우니까 제대로
날지 못하는군.
투명한 재질의 덮개를
씌웠을 때도 마찬가지였다.
퍼덕 퍼덕
어라?
투명해서 앞이
잘 보일 텐데…….
그런데 박쥐의 두 눈만을 가렸을 때는
다시 잘 날았다.
눈을 가렸는데
왜 잘 날지?!!

급기야 스팔란차니는 박쥐의
두 눈을 제거하기에 이른다.
거참,
궁금하네~
박쥐는 완전히 눈을 잃었음에도 앞을 볼 수 있는 것처럼
안정적으로 비행했다.
그래도
잘 날아다니잖아!
스팔란차니는 박쥐 실험 내용을 편지로 정리해 이탈리아와 스위스의 저명한 과학자들에게 보냈다.
그들은 편지로 박쥐 실험에 관해 의견을 교환했다. 이 편지들은 훗날 『박쥐의 새로운 감각에 대한 편지
(Letters on a Supposed New Sense in Bats)』라는 제목으로 출판되었다.
토리노(Torino)의
안토니오 마리아 바살리에안
디(Antonio Maria Vassalli-Eandi,
1761~1825년)
피사(Pisa)의
피에트로 로시
(Pietro Rossi,
1738~1804년)
제네바(Geneva)의
장 세느비에
(Jean Senebier,
1742~1809년)
편지요~!
바살리에안디와 로시는 스팔란차니의 편지를 받고 그의 실험을 재현하여 같은 결과를 얻었다.
박쥐는 눈알을 제거해도 능숙하게 비행했다.
그들은 유력한 용의자로
촉각을 떠올렸다.
촉각?
맹인들이 민감한 촉각으로 주위를
인지하는 것처럼 박쥐 역시 눈이 보이지
않게 되면 촉각을 민감하게 만드는 것이
아닐까요?
그럴듯한데?
이들은 박쥐의 촉각이
정말 민감한지 확인에
들어갔다.

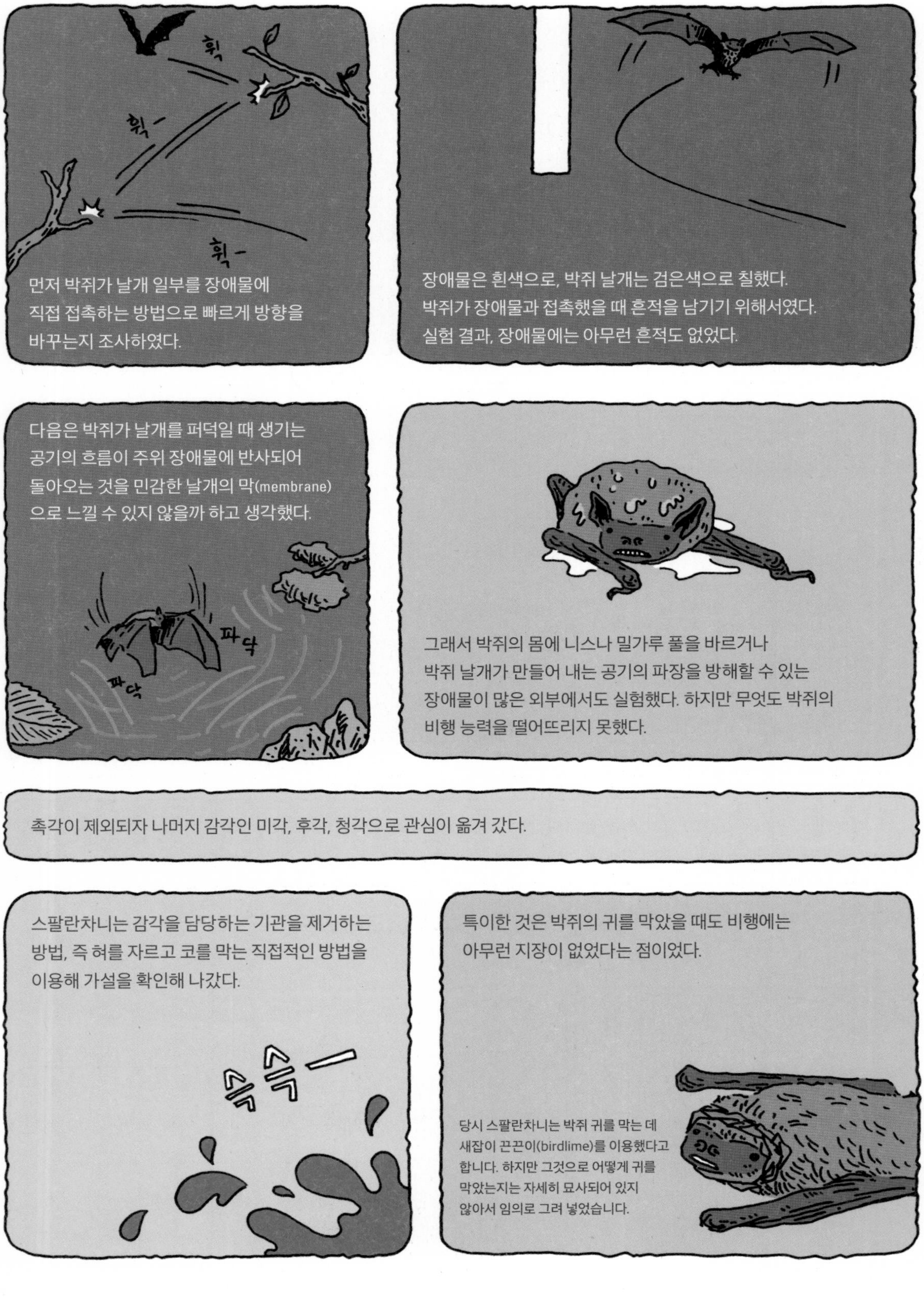
휙
휙-
휙-
먼저 박쥐가 날개 일부를 장애물에
직접 접촉하는 방법으로 빠르게 방향을
바꾸는지 조사하였다.
장애물은 흰색으로, 박쥐 날개는 검은색으로 칠했다.
박쥐가 장애물과 접촉했을 때 흔적을 남기기 위해서였다.
실험 결과, 장애물에는 아무런 흔적도 없었다.
다음은 박쥐가 날개를 퍼덕일 때 생기는
공기의 흐름이 주위 장애물에 반사되어
돌아오는 것을 민감한 날개의 막(membrane)
으로 느낄 수 있지 않을까 하고 생각했다.
파닥
파닥
그래서 박쥐의 몸에 니스나 밀가루 풀을 바르거나
박쥐 날개가 만들어 내는 공기의 파장을 방해할 수 있는
장애물이 많은 외부에서도 실험했다. 하지만 무엇도 박쥐의
비행 능력을 떨어뜨리지 못했다.
촉각이 제외되자 나머지 감각인 미각, 후각, 청각으로 관심이 옮겨 갔다.
스팔란차니는 감각을 담당하는 기관을 제거하는
방법, 즉 혀를 자르고 코를 막는 직접적인 방법을
이용해 가설을 확인해 나갔다.
슉슉-
특이한 것은 박쥐의 귀를 막았을 때도 비행에는
아무런 지장이 없었다는 점이었다.
당시 스팔란차니는 박쥐 귀를 막는 데
새잡이 끈끈이(birdlime)를 이용했다고
합니다. 하지만 그것으로 어떻게 귀를
막았는지는 자세히 묘사되어 있지
않아서 임의로 그려 넣었습니다.

현재 우리의 지식으로는 스팔란차니가 박쥐 귀를 막았을 때 당연히 비행 능력에 이상을 보여야 했지만
실험에 이용한 11마리의 박쥐 중 제대로 비행하지 못한 것은 오직 1마리뿐이었다.
탁
또한 스팔란차니는 박쥐가 내는 어떤 소리도 듣지 못했기 때문에 당연히 청각은 의심하지 않았다!
결국 박쥐의 비행 능력을 방해한 것은 덮개를 씌웠을 때뿐이군.
그렇다면 눈이 보이지 않아도 물체를 감지할 수 있는 어떤 민감한 감각이 머리 부위에 있단 말인가?
그리고 그것은 아마도 인간에게는 없는 감각이기 때문에 못 찾는 걸까?
탈
탈
해답의 실마리는 의외로 빠르게 스팔란차니 앞에 놓였다.
그와 박쥐 실험에 관해 편지를 주고받았던 세느비에는 그 내용을 제네바의 외과의였던 루이 쥐린(Louis Jurine, 1751~1819년)에게 알렸다.
재미있는 실험이네.
쥐린은 스팔란차니의 실험을 재현했고, 청각을 차단한 박쥐가 비행 능력에 이상을 보였다고 알렸다. 세느비에는 쥐린의 실험 결과를 스팔란차니에게 전했다.
스팔란차니 선생님, 편지요~!
하지만 스팔란차니의 박쥐 실험은 1794년 1월 바살리에안디가 출판했고, 스팔란차니가 쥐린의 실험 결과를 안 것은 그 후였다.
청각이 시각을 대신할 리 없어!

청각이라……
서성
서성
분명 박쥐의 귀를 막았을 때도 비행에는 문제가 없었는데.
1794년 스팔란차니는 2번째 실험에 뛰어들었다.
실험에 실수가 있었는지 다시 확인해 봐야겠어.
그는 역청(pitch)과 원뿔 모양의 마개를 사용하여 완벽하게 귀를 차단했고, 쥐린과 동일한 실험 결과를 얻을 수 있었다.
역시 박쥐의 귀를 막는 방법이 문제였구나.
끼익—
끼—
하지만 귀를 막은 스팔란차니의 박쥐 중 일부는 여전히 비행에 문제가 없었다.
돌겠네. 어떤 놈은 잘 날고 어떤 놈은 못 날고…….
스팔란차니는 자신의 실험에 이용한 종과 쥐린이 이용한 종의 차이에 주목했다.
아~ 박쥐 종에 따라 차이가 있는 건가?
탁!
쥐린이 이용한 회색귀박쥐 (*Plecotus austriacus*)
스팔란차니가 이용한 유럽기름박쥐 (*Pipistrellus pipistrellus*)
스팔란차니는 유럽기름박쥐가 유스타키오관(eustachian tube)을 통해서 입에서 내이로 소리를 전달할 수 있지만, 다른 종은 구조가 달라 소리가 충분히 전달되지 않는다고 설명했다.

귀를 막을 때 발생하는 통증 때문에 박쥐의 비행에 지장이 생긴 것은 아닌지도 의심했다.
통증이 원인이 될 수 있을까?
그래서 외이(external ear) 표면을 태우거나 잘라내고, 뜨겁게 달궈진 못을 이도(auditory canal)에 넣기도 하고, 긴 바늘이 목으로 나올 때까지 찔러 넣는 등 끔찍한 실험이 이어졌다.
끼익—
이런 고통에도 박쥐는 정상적으로 비행했다.
흠
쥐린의 의견에 전적으로 동의하는 건 아니지만…….
박쥐가 일정 부분 청각을 이용하는 것은 확실한 것 같군.
하지만 스팔란차니는 의문점이 아직 남아 있었다.
귀로 '본다'면 눈은 어디에 쓰려고 달고 있는 거람?
스팔란차니는 박쥐의 눈이 빛에 상처를 입기 때문에 낮에는 사용하지 않으며 가까운 것만 볼 수 있어서 먼 거리를 인식하는 데는 청각을 이용한다고 가정했다.
먼 거리를 인지할 때는 청각
가까운 거리의 먹이를 사냥할 때는 시각+청각+후각
박쥐가 밤에만 활동하는 이유로 짐작하건대, 눈이 빛에 취약하기 때문은 아닐까?

특히 밤에 사냥할 때는 청각과 시각만으로는 부족하고 후각까지 이용할 거야.
스팔란차니가 후각을 포기하지 않았던 것은 일부 박쥐에게서 코를 막았을 때도 비행 능력에 이상이 생겼기 때문이다. 실제로 최근 연구에서 관박쥐(horseshoe bat)는 다른 박쥐와는 달리 입이 아닌 콧구멍으로 소리를 방출한다는 사실이 밝혀졌다.
그는 가설을 확인하기 위해서 실험을 했다.
파비아 대성당의 종탑에서 52마리의 박쥐를 잡아 눈을 제거한 후 놓아 주었다. 4일 뒤 다시 같은 지점에서 박쥐를 잡았는데 그중에는 눈을 제거했던 박쥐도 있었다. 그는 잡은 박쥐의 배를 갈라 눈이 먼 박쥐의 위에도 정상적인 박쥐만큼 곤충이 가득 찬 것을 관찰했다. 그는 이 결과를 눈이 먼 박쥐는 시각이 없어도 후각과 청각을 이용한다는 근거로 삼았다.
그럼 박쥐는 청각을 비행에 어떻게 이용하는 걸까?
스팔란차니는 박쥐가 어떤 소리를 어떻게 이용해서 물체를 감지하는지 확실히는 알지 못했다.
파닥
사냥할 때는 벌레가 내는 소리를 듣고, 먼 거리의 장애물은 몸과 날갯짓에서 나는 소리가 반사되어 오는 것으로 감지하는 게 아닐까?

그런 이유에서 스팔란차니는 만약 시끄러운 소리로 반향을 방해한다면 비행 능력을 훼손시킬 수 있지 않을까 생각했다.
?
박쥐를 놓아주면 최대한 시끄러운 소리를 내세요.
악—
으아아
캬—
짝 짝
물론 별 소득은 얻지 못했다.
어라…… 아무런 변화가 없네.
켁켁
손 아퍼—
안타깝게도 당시 기술로는 초음파를 감지할 수 없었기 때문에 이 정도가 연구의 한계였다.
측정하지 못하는 것은 존재하지 않는 것이며, 존재하지 않는 것을 연구할 수는 없죠.
자넨 누군가?
지나가던 우편배달부입니다.
스팔란차니는 박쥐에 관한 다양한 실험을 반복하여 실행했으며 그 내용을 꼼꼼히 기록했다. 스팔란차니의 이런 자세는 다른 연구에서도 마찬가지였는데, 그 정도가 너무 심해서 오히려 비판을 듣기도 했다.
이런 미련한 사람을 봤나! 목적도 없이 너무 많은 실험을 반복하면 불필요한 정보만 증가시킨다는 걸 모르나!
흥~ 내가 100번을 하든 1,000번을 하든 상관 말게.
존 헌터*

* 존 헌터(John Hunter, 1728~1793년)는 당대의 가장 유명한 과학자이자 외과의 중 한 사람으로 총상을 비롯하여 질병과 인간 생리에 관한 다양한 연구를 했습니다.

스팔란차니는 박쥐에 관한 2번째 실험 결과를 출판하지 않았다.
그는 실험 내용을 체계적으로 정리하지 않았고,
여러 연구 노트 사이에 드문드문 기록을 남겨 놓았을 뿐이었다.
이 수상한 녀석은 뭐야?
스팔란차니 선생님은 발생학, 심장학 등 여러 분야에 관심이 많았습니다. 그래서 박쥐 문제에 관한 실험 결과를 정리할 시간이 없었던 걸까요?
자연 발생? 이것 보라고! 수프를 끓인 유리관을 완벽히 차단하니까 미생물이 안 생기잖아.
그건 높은 온도 때문에 생명력이 파괴됐기 때문이야!
존 터버빌 니덤*
쥐린도 자신의 실험 결과를 출판하지 않았기 때문에
결국 후세에 스팔란차니는 자신의 첫 번째
연구 결과인, 박쥐가 6번째 감각을 지녔다는
결론을 내린 사람으로 알려졌다.
억울해~! 난 박쥐가 청각을 이용한다는 의견에 동의했단 말일세.
그의 박쥐 연구는 '스팔란차니의
박쥐 문제(Spallanzani's Bat Problem)'라 이름 붙여져
과학사의 서랍 한 칸을 차지하게 되었다.
Spallanzani's Bat Problem
스팔란차니의 박쥐 연구가
잘못 알려진 데는 또 다른 결정적인
이유가 있었다.
뭐? 박쥐 문제?
까짓 거 내가 나서서 정리해 주지!
그건 바로 당대의
거물 과학자 중 한 사람인 조르주 퀴비에
(Georges Cuvier, 1769~1832년)의
참견 때문이었다.

* 존 터버빌 니덤(John Turberville Needham, 1713~1781년)은 영국의 생물학자입니다. 플라스크에 수프를 넣고 가열한 뒤 입구를 막았음에도 미생물이 생긴 것을 증거로 자연 발생설을 주장했습니다.

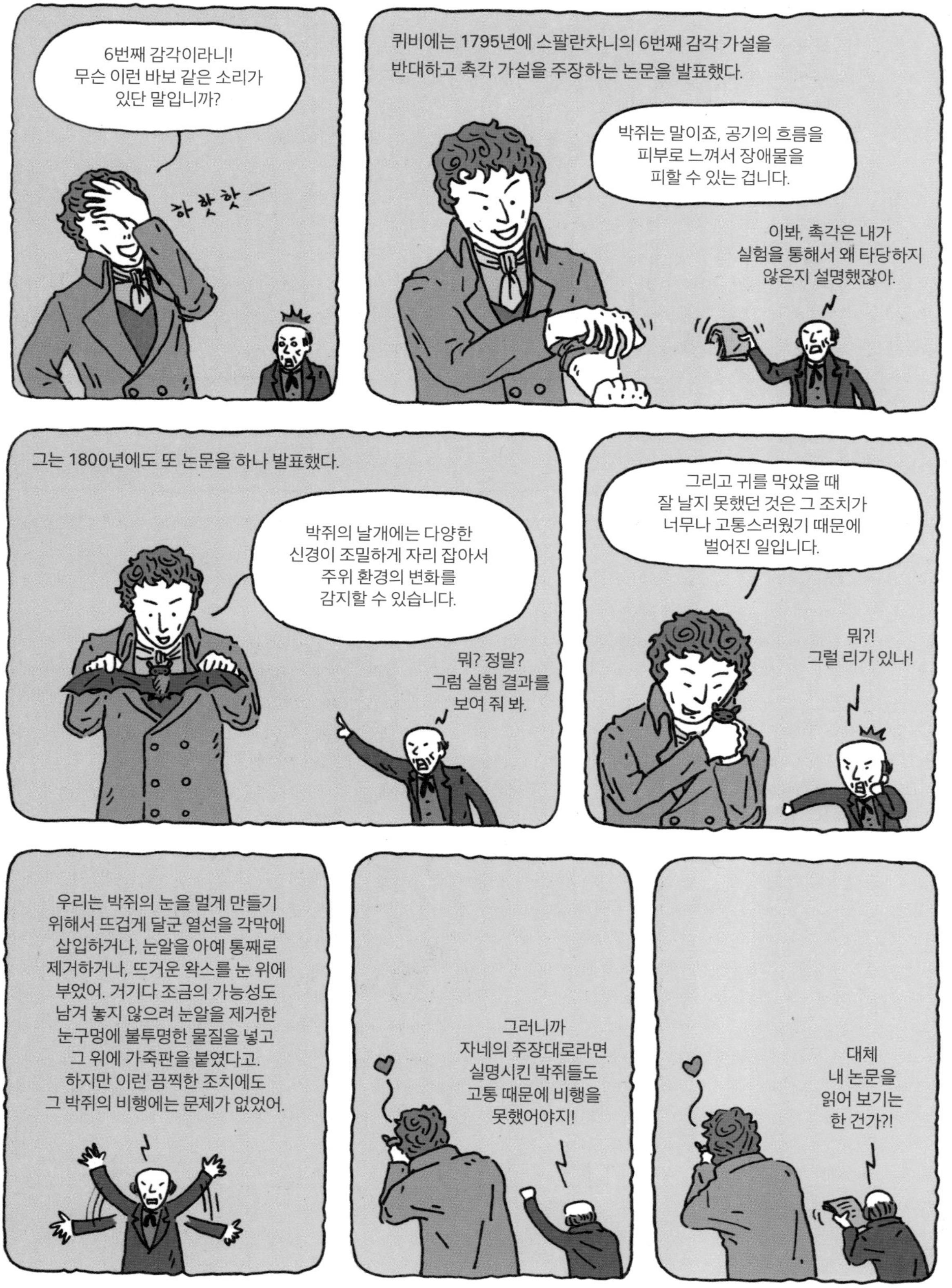

6번째 감각이라니! 무슨 이런 바보 같은 소리가 있단 말입니까?
하핫핫
퀴비에는 1795년에 스팔란차니의 6번째 감각 가설을 반대하고 촉각 가설을 주장하는 논문을 발표했다.
박쥐는 말이죠, 공기의 흐름을 피부로 느껴서 장애물을 피할 수 있는 겁니다.
이봐, 촉각은 내가 실험을 통해서 왜 타당하지 않은지 설명했잖아.
그는 1800년에도 또 논문을 하나 발표했다.
박쥐의 날개에는 다양한 신경이 조밀하게 자리 잡아서 주위 환경의 변화를 감지할 수 있습니다.
뭐? 정말? 그럼 실험 결과를 보여 줘 봐.
그리고 귀를 막았을 때 잘 날지 못했던 것은 그 조치가 너무나 고통스러웠기 때문에 벌어진 일입니다.
뭐?! 그럴 리가 있나!
우리는 박쥐의 눈을 멀게 만들기 위해서 뜨겁게 달군 열선을 각막에 삽입하거나, 눈알을 아예 통째로 제거하거나, 뜨거운 왁스를 눈 위에 부었어. 거기다 조금의 가능성도 남겨 놓지 않으려 눈알을 제거한 눈구멍에 불투명한 물질을 넣고 그 위에 가죽판을 붙였다고. 하지만 이런 끔찍한 조치에도 그 박쥐의 비행에는 문제가 없었어.
그러니까 자네의 주장대로라면 실명시킨 박쥐들도 고통 때문에 비행을 못했어야지!
대체 내 논문을 읽어 보기는 한 건가?!

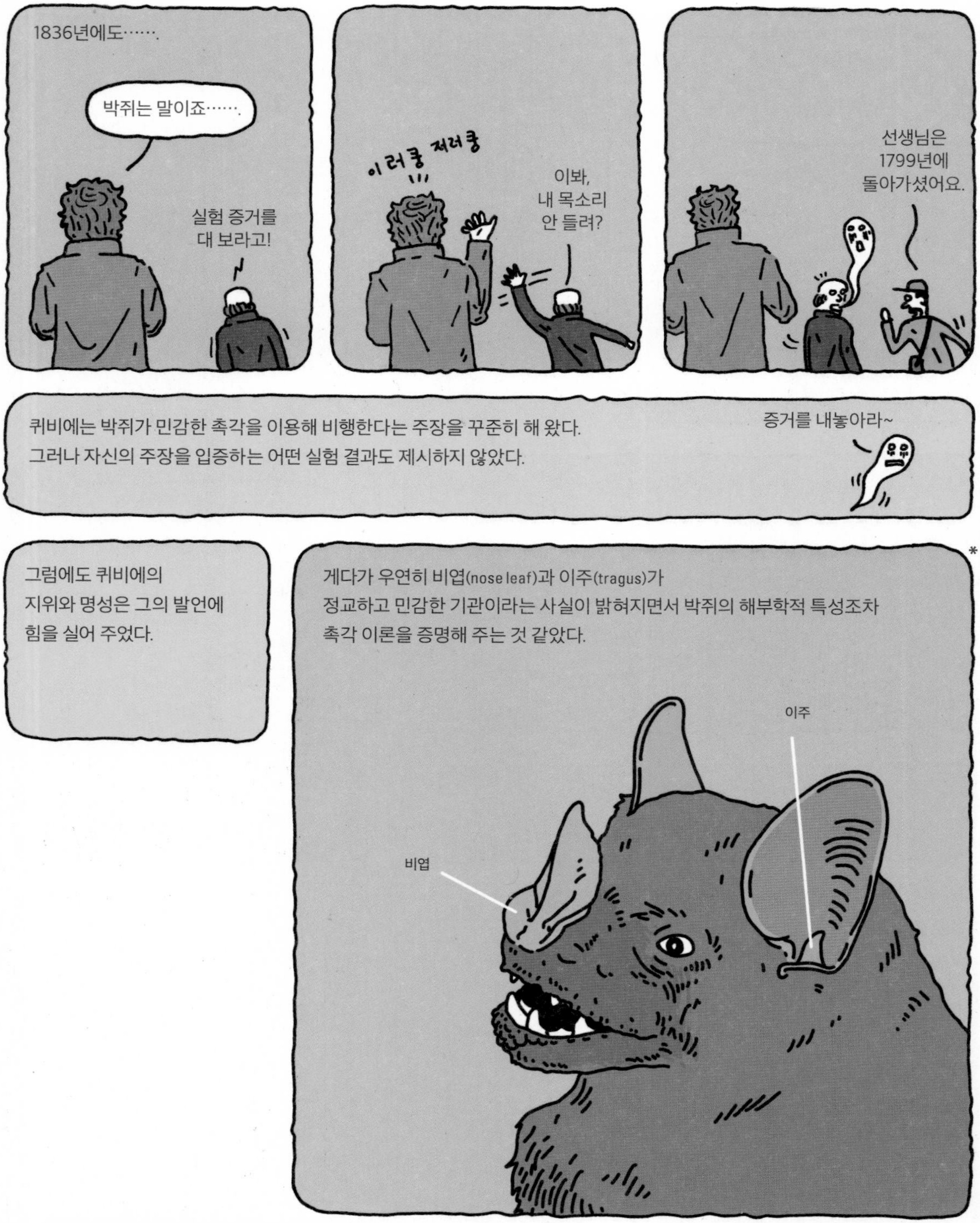
1836년에도…….
박쥐는 말이죠…….
실험 증거를 대 보라고!
이러쿵 저러쿵
이봐, 내 목소리 안 들려?
선생님은 1799년에 돌아가셨어요.
퀴비에는 박쥐가 민감한 촉각을 이용해 비행한다는 주장을 꾸준히 해 왔다.
그러나 자신의 주장을 입증하는 어떤 실험 결과도 제시하지 않았다.
증거를 내놓아라~
그럼에도 퀴비에의 지위와 명성은 그의 발언에 힘을 실어 주었다.
게다가 우연히 비엽(nose leaf)과 이주(tragus)가 정교하고 민감한 기관이라는 사실이 밝혀지면서 박쥐의 해부학적 특성조차 촉각 이론을 증명해 주는 것 같았다.*
이주
비엽
그래서 19세기 내내 퀴비에의 촉각 이론은 기정 사실로 받아들여졌고
박쥐의 비행에 관한 실험은 거의 이루어지지 않았다.

* 박쥐는 종류에 따라 비엽과 이주의 크기와 모양이 다릅니다. 그리고 둘 중 하나만 있는 종, 혹은 둘 다 가지지 않은 종도 있습니다.

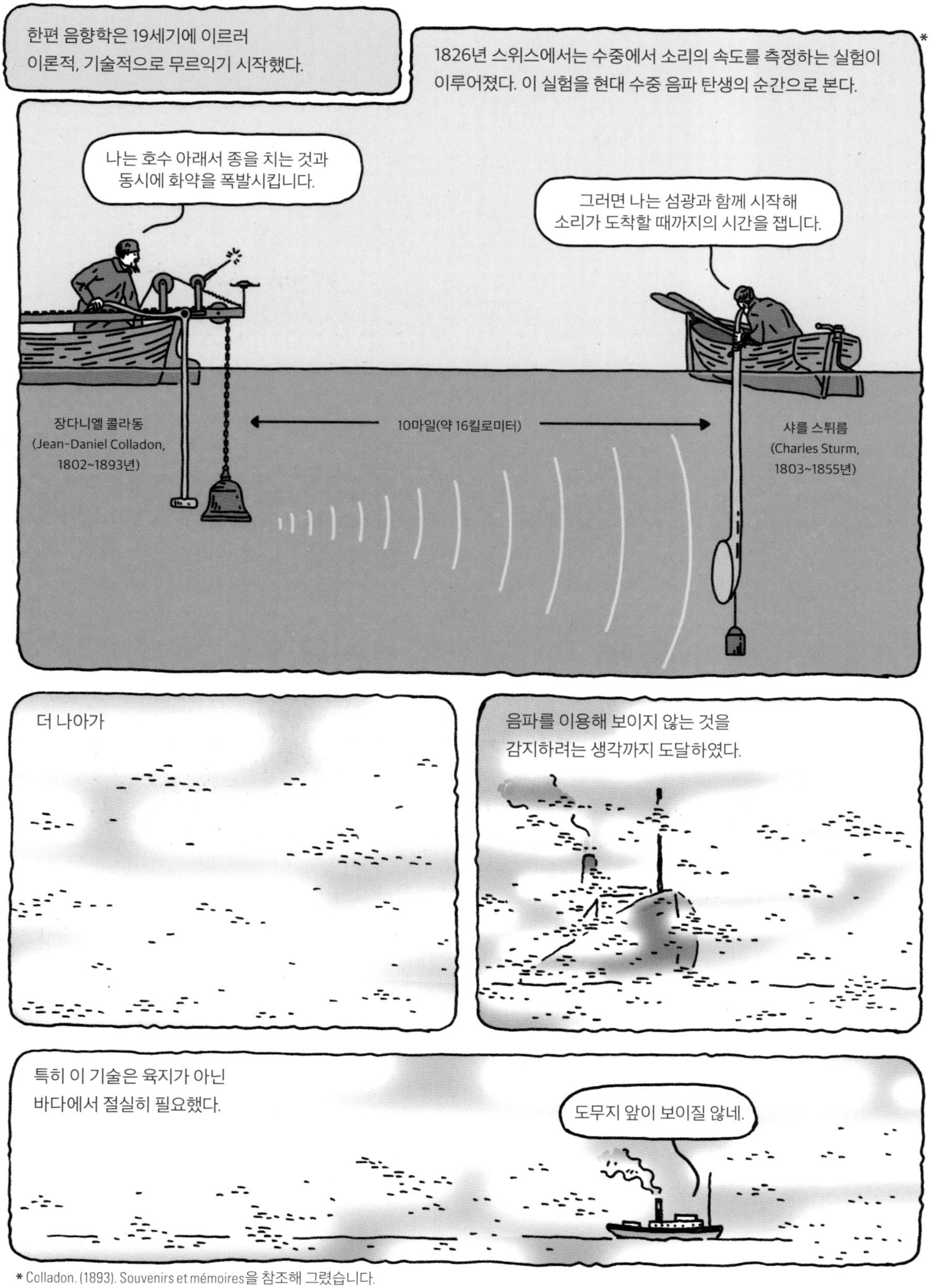
한편 음향학은 19세기에 이르러
이론적, 기술적으로 무르익기 시작했다.
1826년 스위스에서는 수중에서 소리의 속도를 측정하는 실험이
이루어졌다. 이 실험을 현대 수중 음파 탄생의 순간으로 본다.
나는 호수 아래서 종을 치는 것과
동시에 화약을 폭발시킵니다.
그러면 나는 섬광과 함께 시작해
소리가 도착할 때까지의 시간을 잽니다.
장다니엘 콜라동
(Jean-Daniel Colladon,
1802~1893년)
10마일(약 16킬로미터)
샤를 스튀름
(Charles Sturm,
1803~1855년)
더 나아가
음파를 이용해 보이지 않는 것을
감지하려는 생각까지 도달하였다.
특히 이 기술은 육지가 아닌
바다에서 절실히 필요했다.
도무지 앞이 보이질 않네.

* Colladon. (1893). Souvenirs et mémoires을 참조해 그렸습니다.

안개는 항해에서 골치 아픈 문제였다.
해안에는 자주 짙은 안개가 꼈기 때문에 선박끼리, 혹은 암초에 충돌하는 일이 잦았다.
쿵
결국 1912년 4월 15일 한 선박이 안개 때문에 빙하와 충돌해 침몰하는 사고가 일어났다. 무려 1,500명 이상이 희생된 최대의 해양 참사였다. 그 배가 바로 타이태닉호였다. 이 사건에 대중의 관심이 집중되었고, 또 다른 해양 참사를 막기 위한 기술 개발이 필요하다는 목소리가 높아졌다.
내가 바로 기관총을 개발한 사람이야.
투다다다
맥심의 기관총(1882년)
당시 이 사고를 접한 미국의 발명가 하이럼 맥심(Hiram Maxim, 1840~1916년)은 항해 시 안개 등으로 인해 시야를 확보할 수 없는 상황에서도, 장애물을 감지할 수 있는 장치를 개발하기로 마음먹었다.

일반적으로 시야를 가리는 문제의 해결책은 '시야'에 집중하기 마련이다.
여자?
장애물을 제거하려 하거나
쾅 쾅 쾅
여자! 여자!
시야를 확보해 주는 장치 같은 것을 고안하려 한다.
오~여자
하지만 맥심이 주목한 것은 흥미롭게도 눈이 아닌 귀-음향이었다.
그가 음향으로 시선을 돌린 것은 19세기 영국의 물리학자 존 틴들*(John Tyndall, 1820~1893년)의 소리에 관한 연구 때문이었다.
존 틴들
19세기 영국에서도 안개는 골치 아픈 문제였다. 그래서 영국 정부는 더 나은 무적(霧笛, foghorn: 항해 중인 배에게 안개를 조심하라는 뜻에서 부는 고동)을 개발하는 프로젝트를 진행했고 틴들은 여기에 참여한다.
증기를 이용한 틴들의 무적

* 존 틴들은 반자성(diamagnetism) 연구를 비롯해서 적외선과 공기의 물리적 특성에 관해 많은 발견을 이룬 인물입니다.

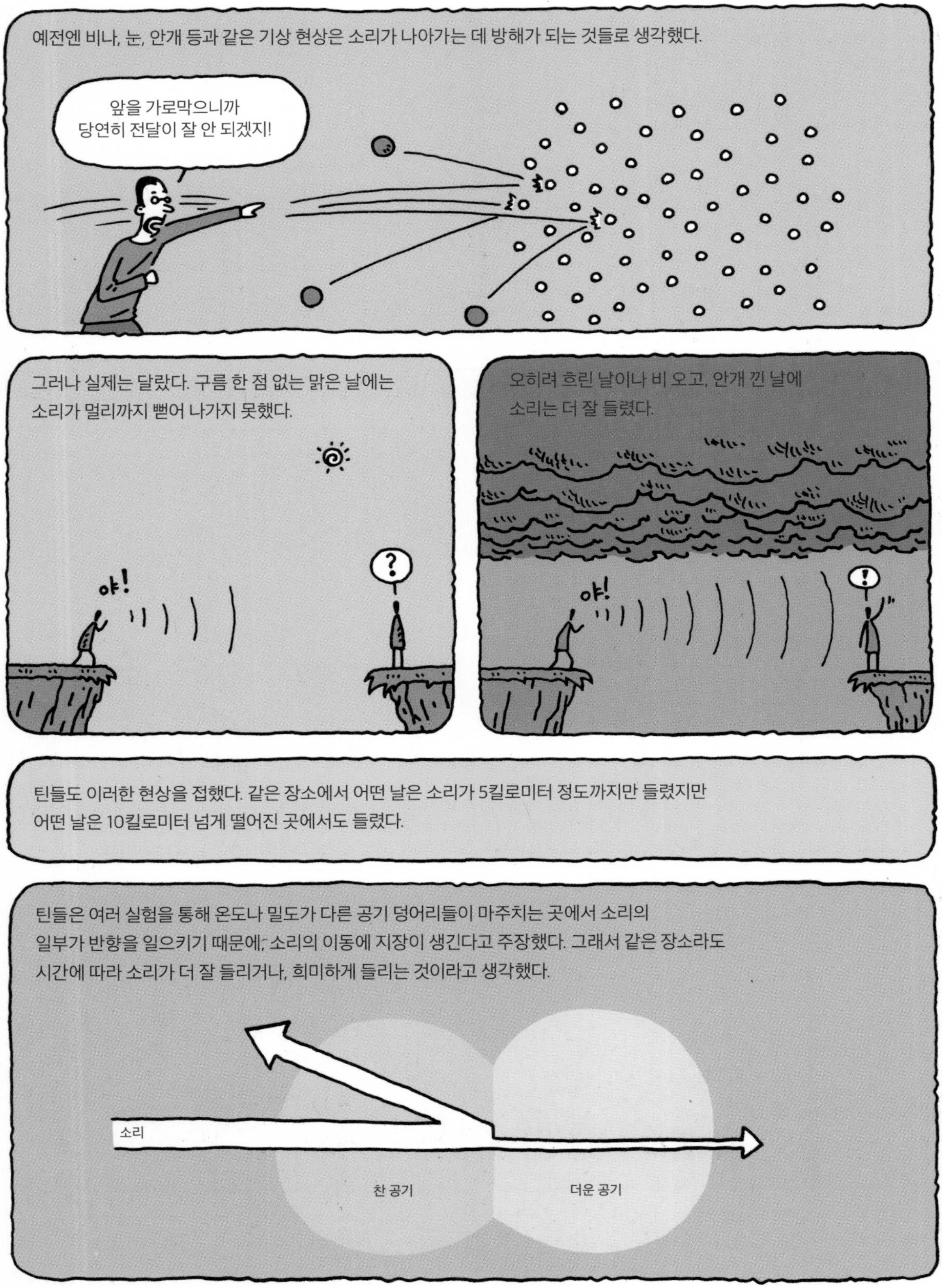

예전엔 비나, 눈, 안개 등과 같은 기상 현상은 소리가 나아가는 데 방해가 되는 것들로 생각했다.
앞을 가로막으니까 당연히 전달이 잘 안 되겠지!
그러나 실제는 달랐다. 구름 한 점 없는 맑은 날에는 소리가 멀리까지 뻗어 나가지 못했다.
야!
?
오히려 흐린 날이나 비 오고, 안개 낀 날에 소리는 더 잘 들렸다.
야!
!
틴들도 이러한 현상을 접했다. 같은 장소에서 어떤 날은 소리가 5킬로미터 정도까지만 들렸지만 어떤 날은 10킬로미터 넘게 떨어진 곳에서도 들렸다.
틴들은 여러 실험을 통해 온도나 밀도가 다른 공기 덩어리들이 마주치는 곳에서 소리의 일부가 반향을 일으키기 때문에 소리의 이동에 지장이 생긴다고 주장했다. 그래서 같은 장소라도 시간에 따라 소리가 더 잘 들리거나, 희미하게 들리는 것이라고 생각했다.
소리
찬 공기
더운 공기

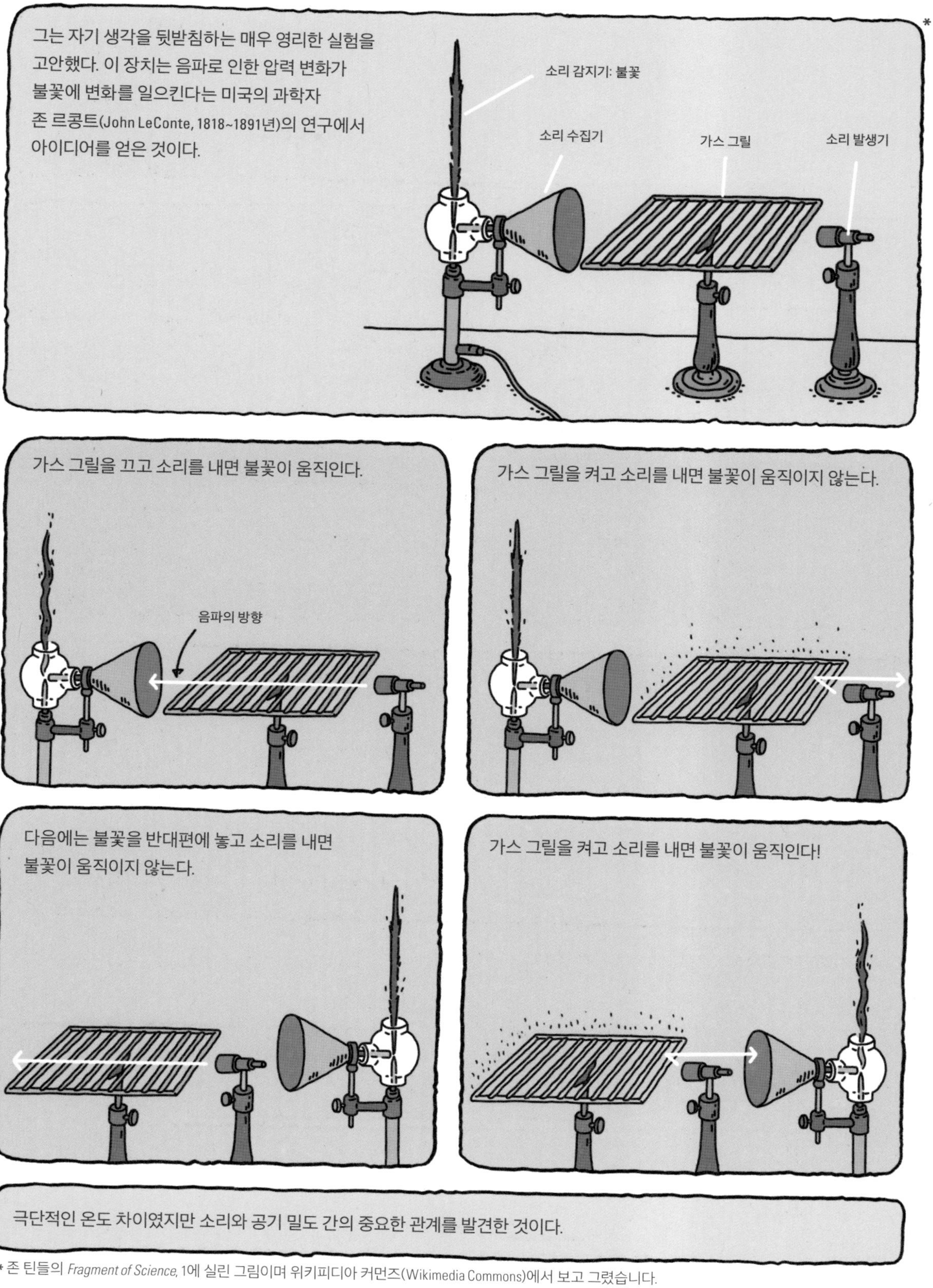
그는 자기 생각을 뒷받침하는 매우 영리한 실험을 고안했다. 이 장치는 음파로 인한 압력 변화가 불꽃에 변화를 일으킨다는 미국의 과학자 존 르콩트(John LeConte, 1818~1891년)의 연구에서 아이디어를 얻은 것이다.
*
소리 감지기: 불꽃
소리 수집기
가스 그릴
소리 발생기
가스 그릴을 끄고 소리를 내면 불꽃이 움직인다.
음파의 방향
가스 그릴을 켜고 소리를 내면 불꽃이 움직이지 않는다.
다음에는 불꽃을 반대편에 놓고 소리를 내면 불꽃이 움직이지 않는다.
가스 그릴을 켜고 소리를 내면 불꽃이 움직인다!
극단적인 온도 차이였지만 소리와 공기 밀도 간의 중요한 관계를 발견한 것이다.

* 존 틴들의 *Fragment of Science*, 1에 실린 그림이며 위키피디아 커먼즈(Wikimedia Commons)에서 보고 그렸습니다.

틴들은 완전한 결론에 도달하진 못했지만, 소리와 대기 밀도의 관계를 비롯하여 안개나 비, 눈과 같은 기상 현상이 있을 때 소리가 더 멀리 전달된다는 것을 알아냈다.
아하!
틴들은 항해에서 안개 문제를 해결할 수 있는 것은 소리라고 판단했다.
해를 가리는 구름을 봐도 알 수 있습니다.
구름 윗부분을 보면 빛이 통과하지 못하고 반사되어 밝은 것을 볼 수 있다.
태양 빛은 구름을 뚫지 못하고 반사됩니다.
맥심이 안개 속에서 물체를 감지하기 위해 빛이 아닌 소리를 이용한 기계를 구상한 데는 틴들의 연구가 이론적 바탕이 되었다.
맑은 날에는 광학적 방법을, 안개 낀 날에는 음향을 이용하는 것이 최선이겠군~!
맥심의 시선을 끈 또 하나의 연구는 바로 스팔란차니의 박쥐 비행에 관한 실험이었다.
시각을 이용하지 않고서 장애물을 감지하다니…… 바로 이거야!
맥심은 스팔란차니의 6번째 감각 이론과 퀴비에의 촉각 이론을 적절히 섞어서 받아들였다.

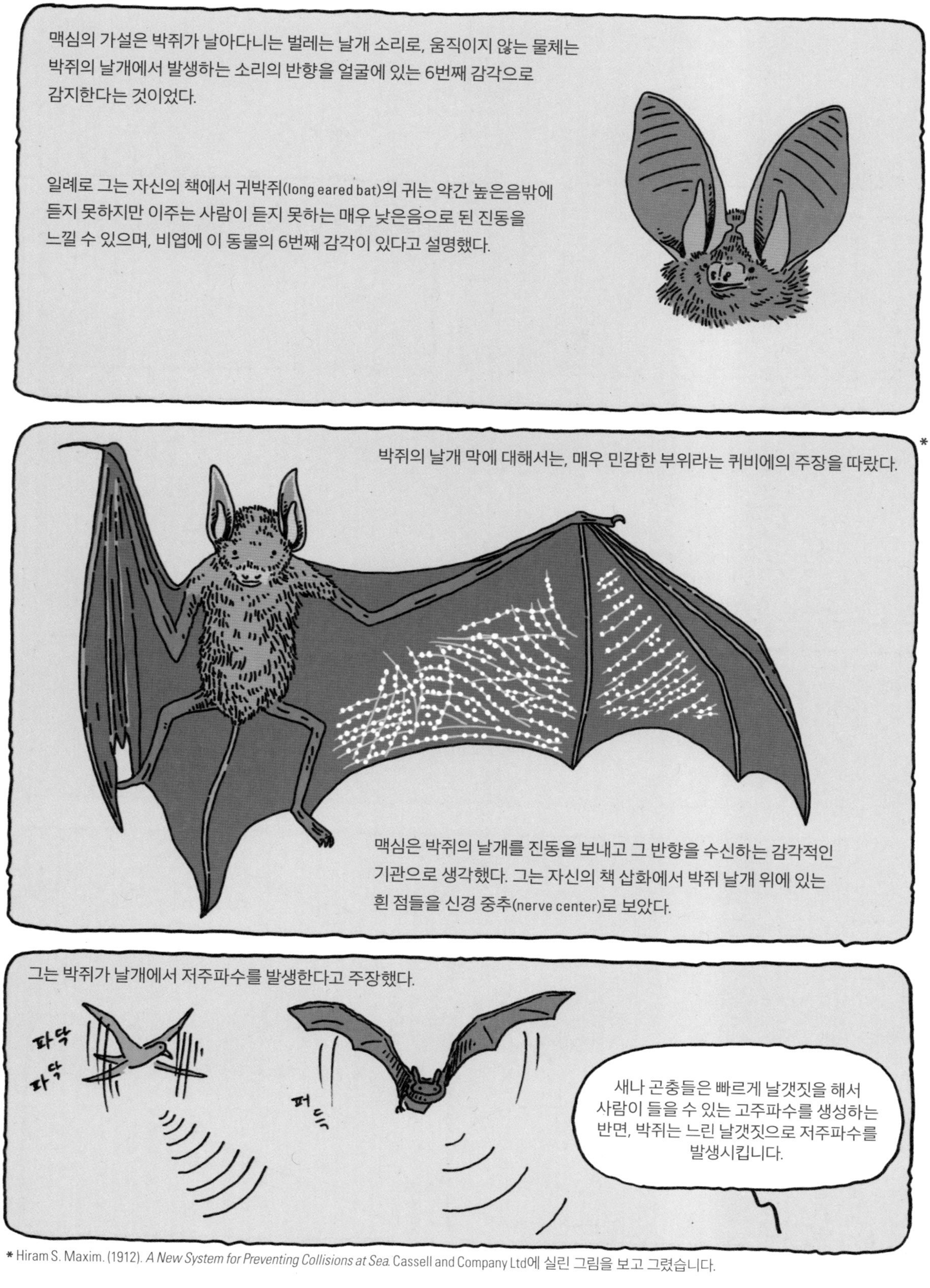
맥심의 가설은 박쥐가 날아다니는 벌레는 날개 소리로, 움직이지 않는 물체는 박쥐의 날개에서 발생하는 소리의 반향을 얼굴에 있는 6번째 감각으로 감지한다는 것이었다.
일례로 그는 자신의 책에서 귀박쥐(long eared bat)의 귀는 약간 높은음밖에 듣지 못하지만 이주는 사람이 듣지 못하는 매우 낮은음으로 된 진동을 느낄 수 있으며, 비엽에 이 동물의 6번째 감각이 있다고 설명했다.
박쥐의 날개 막에 대해서는, 매우 민감한 부위라는 퀴비에의 주장을 따랐다.
맥심은 박쥐의 날개를 진동을 보내고 그 반향을 수신하는 감각적인 기관으로 생각했다. 그는 자신의 책 삽화에서 박쥐 날개 위에 있는 흰 점들을 신경 중추(nerve center)로 보았다.
그는 박쥐가 날개에서 저주파수를 발생한다고 주장했다.
파닥 파닥
퍼득
새나 곤충들은 빠르게 날갯짓을 해서 사람이 들을 수 있는 고주파수를 생성하는 반면, 박쥐는 느린 날갯짓으로 저주파수를 발생시킵니다.

* Hiram S. Maxim. (1912). *A New System for Preventing Collisions at Sea*. Cassell and Company Ltd에 실린 그림을 보고 그렸습니다.

그가 저주파수를 택한 데는 더 멀리까지 전달된다는 특성도 한몫했다.

고래는 저주파수를 이용해서 아주 멀리 떨어진 상대와 대화를 할 수 있죠.

맥심은 1912년 6월에 이런 내용을 담아 책을 출간하고, 그해 7월 27일 미국의 과학 주간지 《사이언티픽 아메리칸(*Scientific American*)》에 이에 관한 글을 기고했다.

한편 1914년부터 1918년까지 4년 동안 벌어진 제1차 세계 대전에서는 독일 잠수함 유보트의 공격을 탐지하기 위한 소나(SONAR, SOund Navigation And Ranging) 기술의 개발이 진행되었다.

제1차 세계 대전에 등장했던 U-9 타입의 유보트

이 기술은 생리학자이며 음파 이론 전문가인 해밀턴 하트리지(Hamilton Hartridge)가 1920년에 행한 박쥐 실험에서 올바른 결론을 내리는 데 도움을 주었다.

그는 2개의 방 사이에 문을 설치하고 박쥐 실험을 했다. 특히 문의 폭에 따라 박쥐가 어떻게 행동하는지에 주목했다.

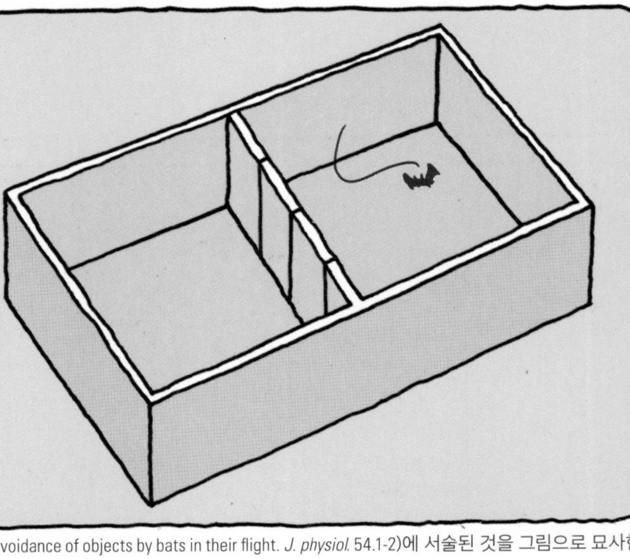

* 실험실 세트의 묘사는 하트리지의 논문(H. Hartridge. (1920). The avoidance of objects by bats in their flight. *J. physiol.* 54.1-2)에 서술된 것을 그림으로 묘사한 것이기 때문에 부정확할 수 있습니다.

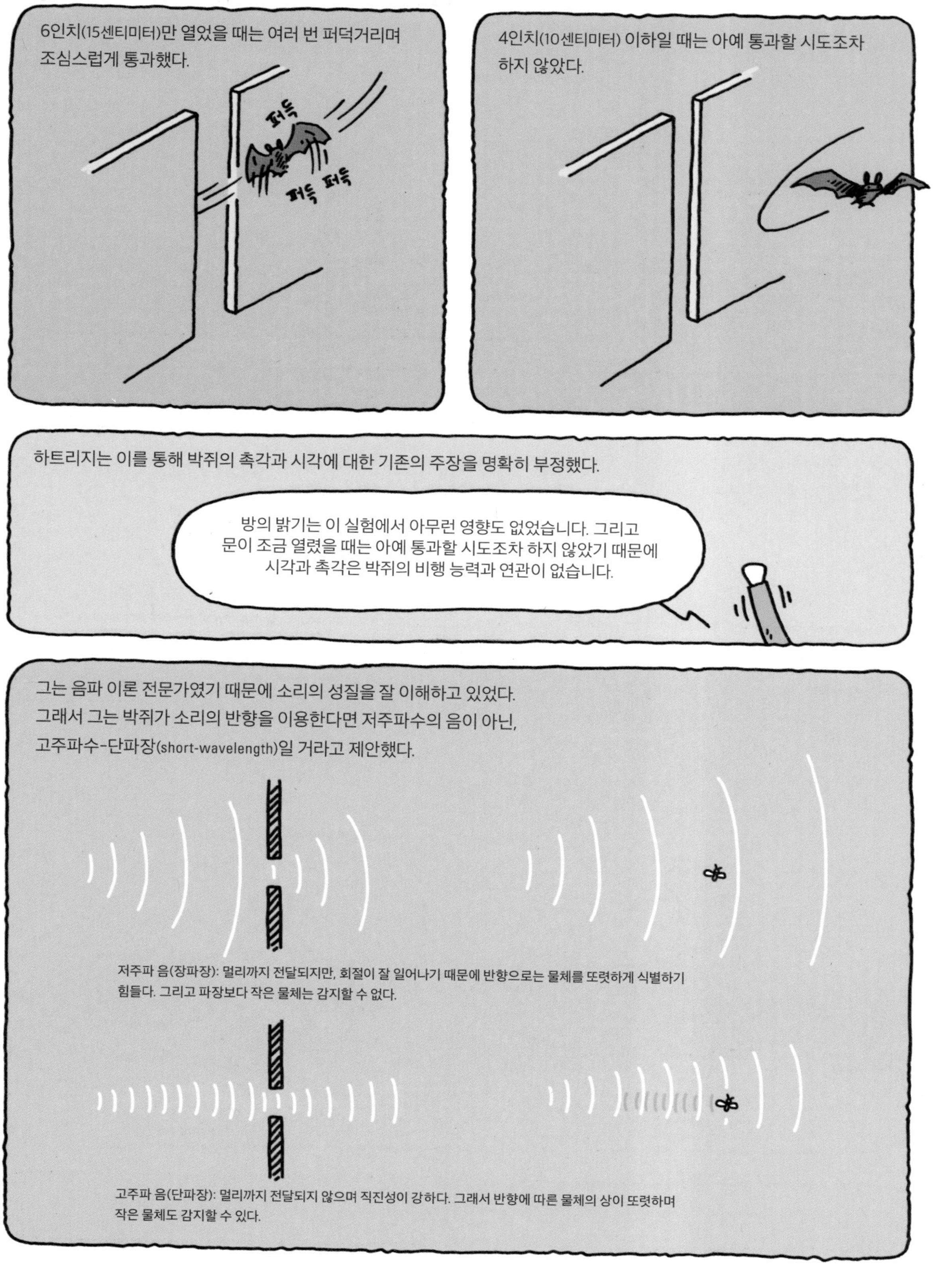
6인치(15센티미터)만 열었을 때는 여러 번 퍼덕거리며 조심스럽게 통과했다.
퍼득
퍼득 퍼득
4인치(10센티미터) 이하일 때는 아예 통과할 시도조차 하지 않았다.
하트리지는 이를 통해 박쥐의 촉각과 시각에 대한 기존의 주장을 명확히 부정했다.
방의 밝기는 이 실험에서 아무런 영향도 없었습니다. 그리고 문이 조금 열렸을 때는 아예 통과할 시도조차 하지 않았기 때문에 시각과 촉각은 박쥐의 비행 능력과 연관이 없습니다.
그는 음파 이론 전문가였기 때문에 소리의 성질을 잘 이해하고 있었다. 그래서 그는 박쥐가 소리의 반향을 이용한다면 저주파수의 음이 아닌, 고주파수-단파장(short-wavelength)일 거라고 제안했다.
저주파 음(장파장): 멀리까지 전달되지만, 회절이 잘 일어나기 때문에 반향으로는 물체를 또렷하게 식별하기 힘들다. 그리고 파장보다 작은 물체는 감지할 수 없다.
고주파 음(단파장): 멀리까지 전달되지 않으며 직진성이 강하다. 그래서 반향에 따른 물체의 상이 또렷하며 작은 물체도 감지할 수 있다.

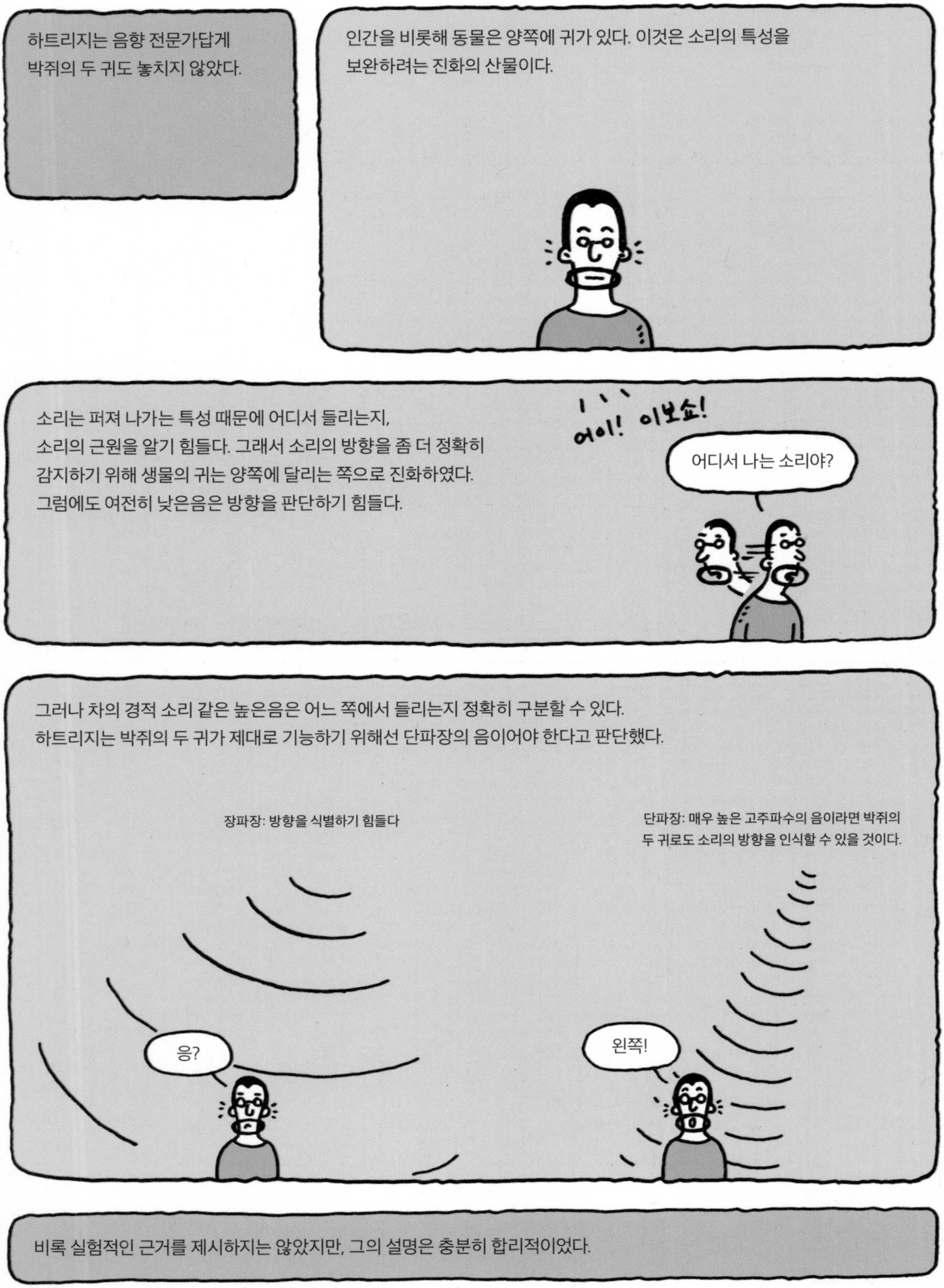
하트리지는 음향 전문가답게
박쥐의 두 귀도 놓치지 않았다.
인간을 비롯해 동물은 양쪽에 귀가 있다. 이것은 소리의 특성을
보완하려는 진화의 산물이다.
소리는 퍼져 나가는 특성 때문에 어디서 들리는지,
소리의 근원을 알기 힘들다. 그래서 소리의 방향을 좀 더 정확히
감지하기 위해 생물의 귀는 양쪽에 달리는 쪽으로 진화하였다.
그럼에도 여전히 낮은음은 방향을 판단하기 힘들다.
어이! 이보쇼!
어디서 나는 소리야?
그러나 차의 경적 소리 같은 높은음은 어느 쪽에서 들리는지 정확히 구분할 수 있다.
하트리지는 박쥐의 두 귀가 제대로 기능하기 위해선 단파장의 음이어야 한다고 판단했다.
장파장: 방향을 식별하기 힘들다
단파장: 매우 높은 고주파수의 음이라면 박쥐의
두 귀로도 소리의 방향을 인식할 수 있을 것이다.
응?
왼쪽!
비록 실험적인 근거를 제시하지는 않았지만, 그의 설명은 충분히 합리적이었다.

여기에 언급되지 않은 이들을 포함하여 이렇게 수많은 과학자의 노력으로, 박쥐의 장애물 회피 능력에 관한 생각들이 켜켜이 쌓여 갔다. 또한 음향학의 발전으로 생각에 살이 붙어 점점 진리에 가까워졌다.
고주파 음인 것 같은데…….
마침내 1937년 하버드 대학교의 물리학자 조지 피어스(George Pierce, 1872~1956년)가 고주파수의 소리를 감지하는 장치를 개발해 도널드 레드필드 그리핀(Donald Redfield Griffin, 1915~2003년)과 함께 박쥐가 방출하는 고주파수 음을 확인하였다.*
박쥐는 4만 5000~5만 헤르츠의 음을 방출한다는 것을 측정하였습니다.
그리핀은 박쥐의 고주파수 음이 정말 장애물 감지에 이용되는지에 대해서는 고개를 저었다.
아주 짧은 시간 동안에만 고주파수 음을 방출하고, 장애물에 접근할 때는 소리를 방출하지 않았습니다.
우리는 인공적으로 만든 고주파수를 방출해서 박쥐의 비행을 방해하려고도 했지만 아무 반응이 없었습니다.
그래서 박쥐의 고주파수 음은 장애물 감지 도구가 아니라, 같은 무리를 부르는 신호(call-note)이거나 위험에 따른 경고 메시지 같은 것으로 생각되었다.

* 박쥐는 종에 따라 방출하는 주파수가 다릅니다.

그리핀은 거기서 멈추지 않았다. 결국 그는 후속 연구들을 통해 박쥐는 고주파수를 방출하고
그 반향을 귀로 수신하여 장애물을 회피한다는 사실을 밝혔다.
입을 막으면 음파를 방출하지 못할 것이다.
한쪽 귀를 막으면 반향 수신의 감도가 떨어지고 부정확할 것이다.
입으로 음파를 방출하고 귀로 이를 수신한다면 이러한 조치들이 박쥐의 비행 능력에 영향을 미칠 거라 생각했습니다.
그리핀은 1944년 논문에서 최초로 박쥐의 이러한 능력에 반향 위치 측정
(echolocation)이라는 이름을 붙임으로써, 18세기 말 스팔란차니부터 시작되어
근 150년간 이어져 온 박쥐 문제에 종지부를 찍었다.
내 속이 다 시원하군!
그리핀의 손에서 꽃이 핀 박쥐의 반향 위치 측정 연구는 이후로
과학계에 새로운 연구의 장을 열었다. 생물의 반향 위치 측정을 다룬
논문 수가 급증했다. 여기에는 시간이 지나며 고주파수 감지기의
무게와 크기, 정밀도가 개선된 영향도 컸다. 박쥐 연구는
이후 반향 위치 측정에만 국한되지 않고 신경 생물학, 해부학,
생리학, 유전학 등 다양한 분야로 뻗어 나갔다.
생물의 반향 위치 측정에 관한 논문은 1938~1960년에 45편이던 것이 1978년까지 520편으로 폭증하였습니다.
그리핀은 평생을 박쥐 연구에 헌신하였다.
도널드 레드필드 그리핀
그리핀과 함께했던 로버트 칼 갈람보스(Robert Carl
Galambos, 1914~2010년)는 한 걸음 더 나아가,
뇌에서 소리를 어떻게 처리하는지에 관한 연구로
주제를 확장하였다.
로버트 칼 갈람보스

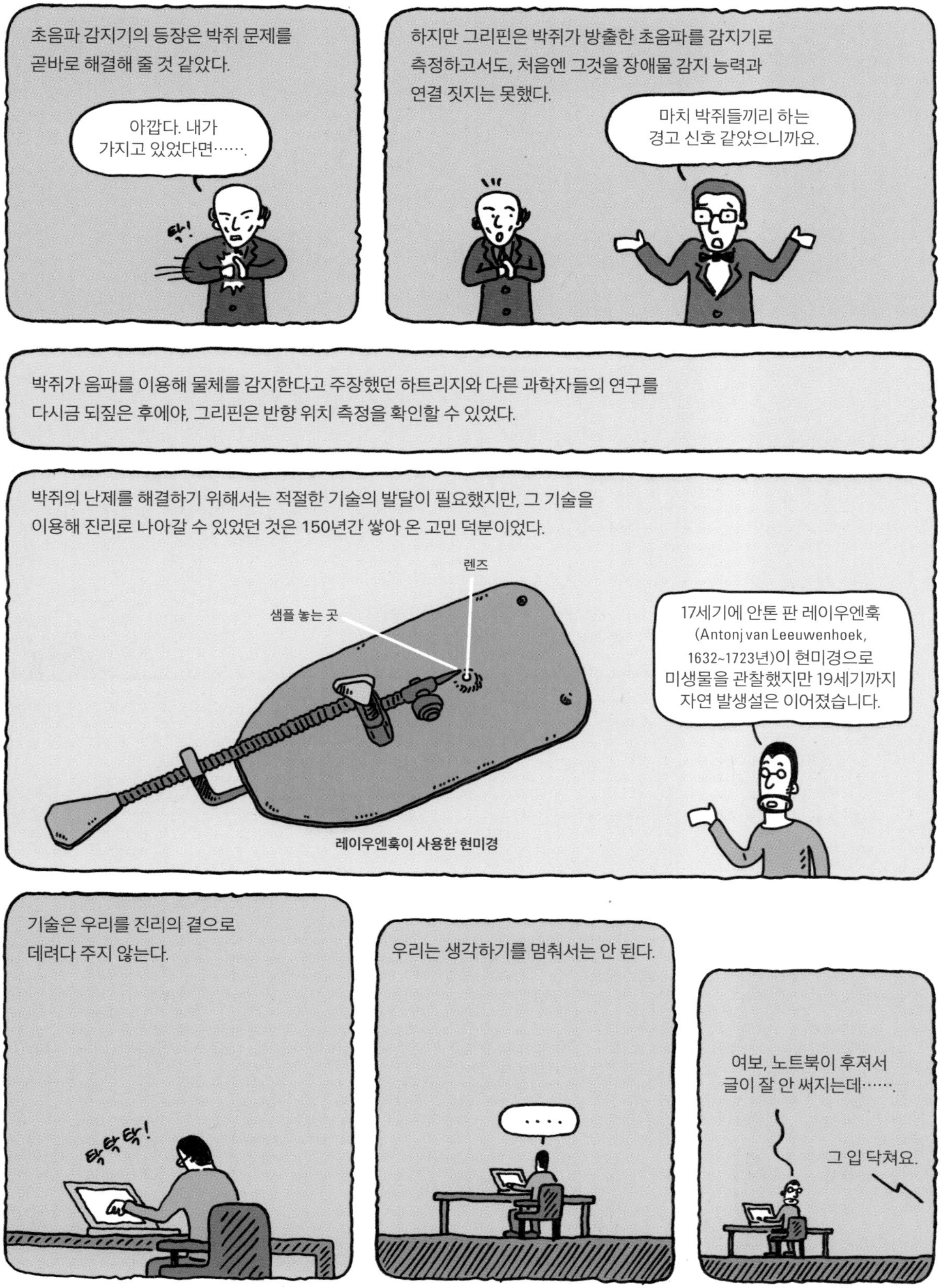

초음파 감지기의 등장은 박쥐 문제를 곧바로 해결해 줄 것 같았다.
아깝다. 내가 가지고 있었다면…….
탁!
하지만 그리핀은 박쥐가 방출한 초음파를 감지기로 측정하고서도, 처음엔 그것을 장애물 감지 능력과 연결 짓지는 못했다.
마치 박쥐들끼리 하는 경고 신호 같았으니까요.
박쥐가 음파를 이용해 물체를 감지한다고 주장했던 하트리지와 다른 과학자들의 연구를 다시금 되짚은 후에야, 그리핀은 반향 위치 측정을 확인할 수 있었다.
박쥐의 난제를 해결하기 위해서는 적절한 기술의 발달이 필요했지만, 그 기술을 이용해 진리로 나아갈 수 있었던 것은 150년간 쌓아 온 고민 덕분이었다.
렌즈
샘플 놓는 곳
레이우엔훅이 사용한 현미경
17세기에 안톤 판 레이우엔훅 (Antonj van Leeuwenhoek, 1632~1723년)이 현미경으로 미생물을 관찰했지만 19세기까지 자연 발생설은 이어졌습니다.
기술은 우리를 진리의 곁으로 데려다 주지 않는다.
탁탁탁!
우리는 생각하기를 멈춰서는 안 된다.
....
여보, 노트북이 후져서 글이 잘 안 써지는데…….
그 입 닥쳐요.

작업 후기

난제(難題)란 단어는 매력적이다. 그것은 마치 아직 발을 내딛지 못한 미지의 땅, 풀지 못한 수수께끼와 같다. 사람들이 난제에 끌리는 이유일 것이다. 내가 박쥐의 난제에 끌린 것도 그러했다. 그러나 난제는 풀지 못한 수학 문제의 해답을 보았을 때 느끼는 속 시원함보다 더 중요한 측면이 있다. 바로 난제가 풀리기까지의 '과정'이다.

과정은 결과만큼 중요하다. 왜 실패했는지, 어떻게 성공에 도달할 수 있었는지, 그 과정에서 인식은 어떻게 변화했는지를 살펴보는 것은 단지 그 연구 분야에만 국한된 경험이 아닌, 보다 보편적인 지혜를 우리에게 선사한다. 물론 그 과정에서 위인들이 좌충우돌하는 모습은 맛있는 양념이다.

이탈리아의 자연 철학자였던 라차로 스팔란차니는 심장의 순환, 배의 발생 등 여러 분야에서 연구를 하였지만, 일반인에게 그리 알려진 과학자는 아니다. 그는 18세기에 조지프 니덤과 벌인 자연 발생설을 둘러싼 논쟁에서 종종 언급된다. 니덤은 플라스크에 수프를 넣고 끓인 뒤 뚜껑을 막았음에도 불구하고 미생물이 생긴 현상을 보고 자연 발생의 증거라고 주장했지만, 스팔란차니는 플라스크의 주둥이를 불로 완전히 봉해 버림으로써 미생물은 저절로 생기는 것이 아니라고 반박했다. 이 논쟁은 1세기 후 루이 파스퇴르(Louis Pasteur)가 등장하여 자연 발생설에 종지부를 찍었다. 박쥐의 불가사의한 능력에도 관심을 가졌던 스팔란차니는 박쥐의 반향 위치 측정에 관한 최초의 과학적 연구를 시행했지만 안타깝게도 해답에 도달하진 못했다.

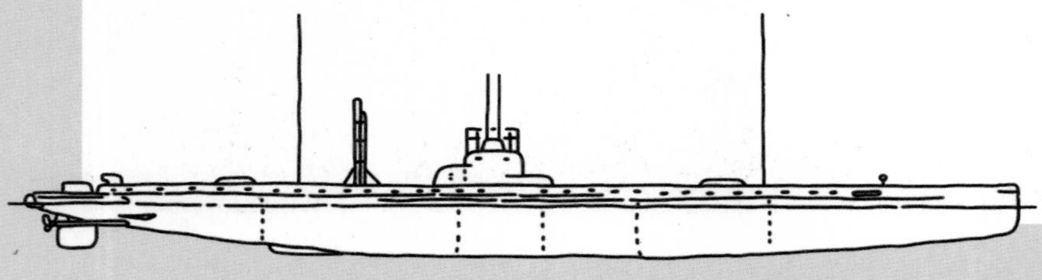

스팔란차니가 초음파 감지기를 가지고 있었다면 어땠을까? 그러나 이러한 가정은 무의미하다. 왜냐하면 초음파 감지기가 등장하려면 그 기술의 기반이 되는 음향학의 발달이 필수다. 그 정도 수준의 음향학이 정립되었다면 초음파 감지기가 없었더라도 다른 방법으로 박쥐의 난제를 해결할 수 있었을 것이다. 반대로 초음파 감지기만 뚝 하고 하늘에서 떨어진 것이라면, 그 이해의 바탕이 되는 음향학이 존재하지 않기 때문에 초음파 감지기를 전혀 활용할 수 없었을 것이다. 생각이 없는 도구는 존재할 수 없고 무의미하다.

5장

투구게

사람과 미생물의 전쟁에 휘말린 투구게의 사정

나쁜 것만은 아니라니까.
아야야~
콧물, 털, 침, 재채기, 각질 등은 외부의 이물질이 체내에 들어오는 것을 막기 위한 신체의 방어 장치다.
그래도 더러운 건 더러운 거야! 합리화하지 마!
옙. 죄송합니다.
그리고……
왜 그래?
우리 몸 최외곽의 피부, 특히 각질층은 박테리아의 침입을 막아 주는 훌륭한 방어막이다.

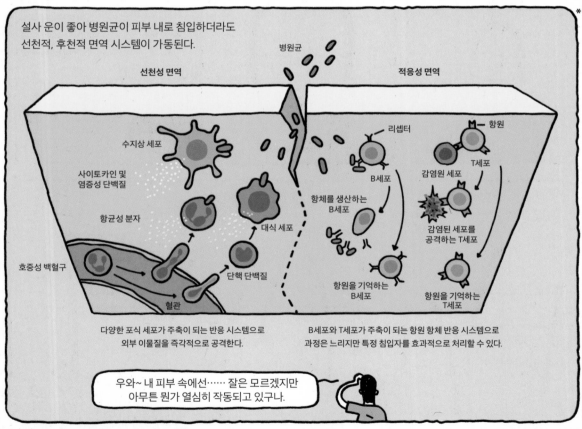

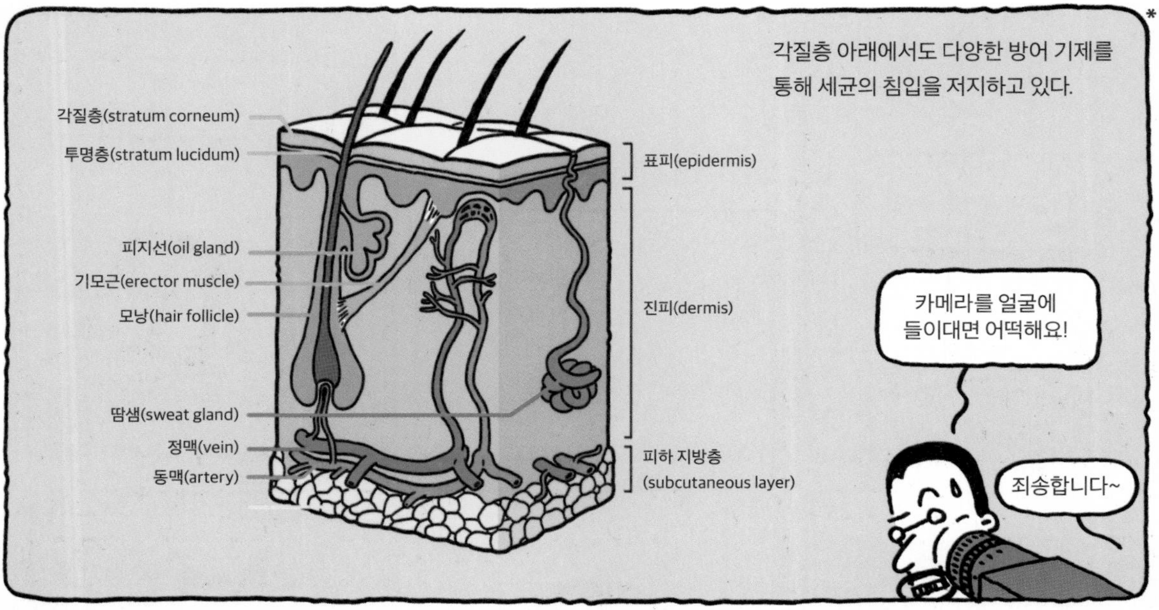

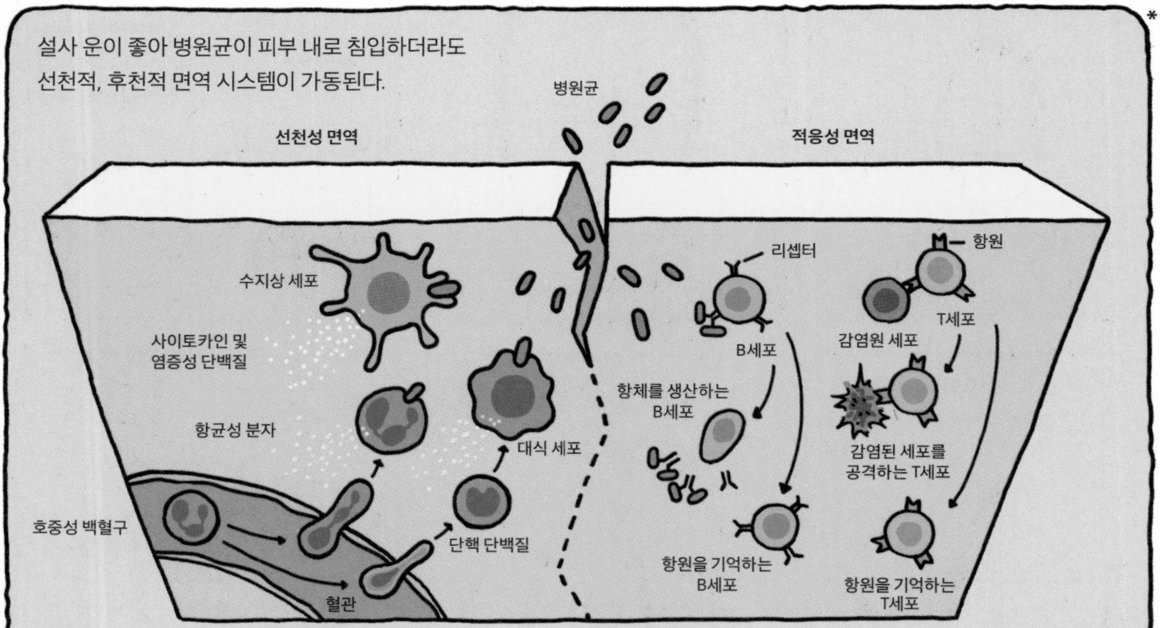

따라서 병균이 피부를 지나 혈관으로까지 침입하기는 대단히 어렵다.

* Elaine N. Marieb. (2004). Human Anatomy & Physiology, 6ed, Pearson Education에 실린 그림을 단순화하여 그렸습니다.

** 그림 출처를 확인하지 못했습니다.

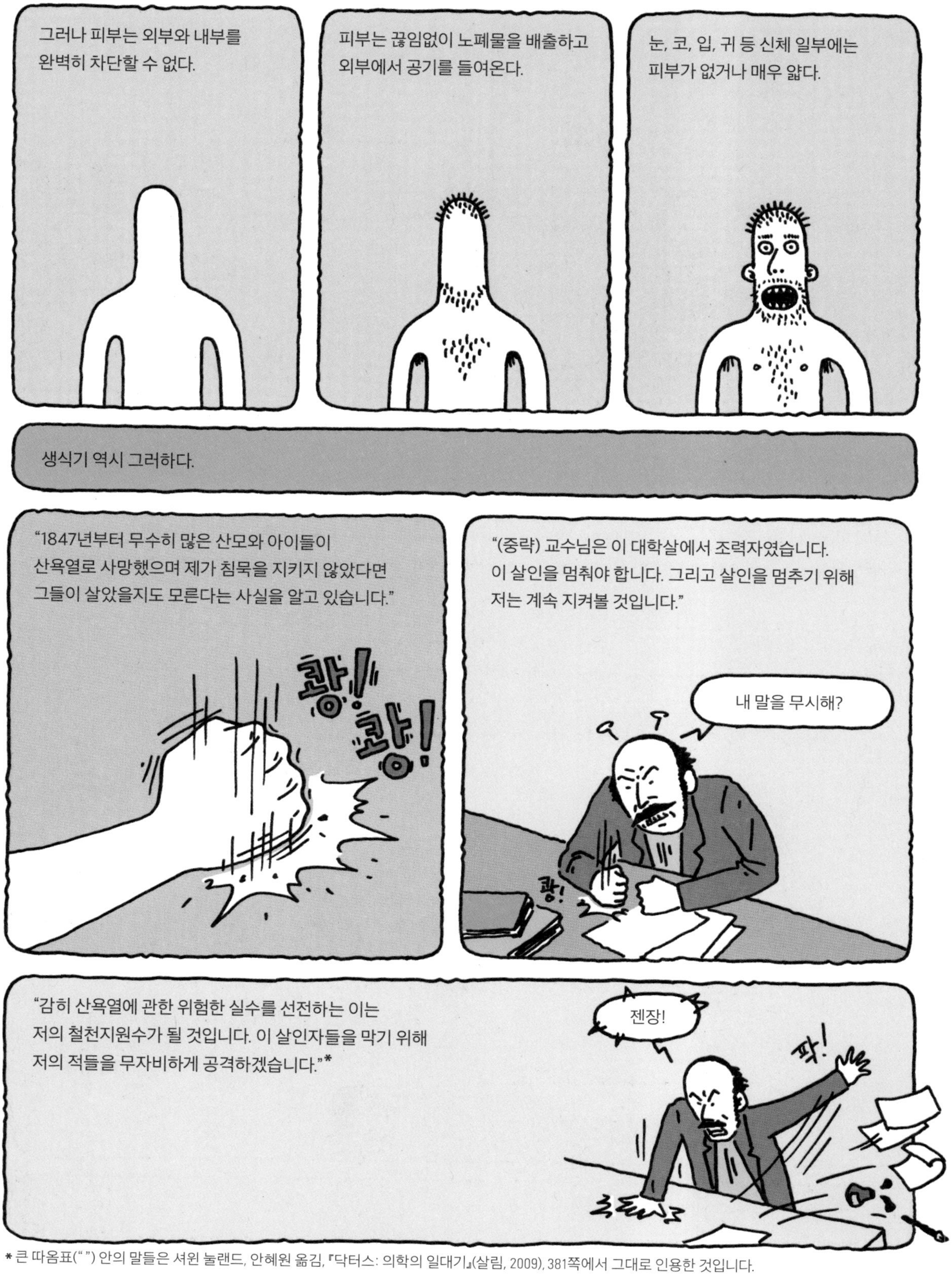
그러나 피부는 외부와 내부를 완벽히 차단할 수 없다.
피부는 끊임없이 노폐물을 배출하고 외부에서 공기를 들여온다.
눈, 코, 입, 귀 등 신체 일부에는 피부가 없거나 매우 얇다.
생식기 역시 그러하다.
"1847년부터 무수히 많은 산모와 아이들이 산욕열로 사망했으며 제가 침묵을 지키지 않았다면 그들이 살았을지도 모른다는 사실을 알고 있습니다."
쾅!
쾅!
"(중략) 교수님은 이 대학살에서 조력자였습니다. 이 살인을 멈춰야 합니다. 그리고 살인을 멈추기 위해 저는 계속 지켜볼 것입니다."
내 말을 무시해?
쾅!
"감히 산욕열에 관한 위험한 실수를 선전하는 이는 저의 철천지원수가 될 것입니다. 이 살인자들을 막기 위해 저의 적들을 무자비하게 공격하겠습니다."*
젠장!
팍!

* 큰 따옴표(" ") 안의 말들은 셔윈 눌랜드, 안혜원 옮김, 『닥터스: 의학의 일대기』(살림, 2009), 381쪽에서 그대로 인용한 것입니다.

1861년 이그나스 제멜바이스(Ignaz Semmelweis, 1818~1865년)는 독일의 저명한 산부인과 교수들 앞으로 편지를 보냈지만 아무런 답이 없었다.
씩
씩
씩
씩

그는 자신의 이론을 무시하는 산부인과 교수들에 대한 분노로 미쳐 버릴 지경이었다.
의사 좋아하시네! 이 살인마들 같으니라고!
쾅!

오래전부터 많은 여성들이 출산 후 산욕열(childbed fever 또는 puerperal fever)이라는 병으로 죽어 갔다. 1800년대까지도 비극은 계속 이어지고 있었다. 산욕열에 의한 사망률 수치는 병원에 따라 최고 25퍼센트에 이르기도 했다.

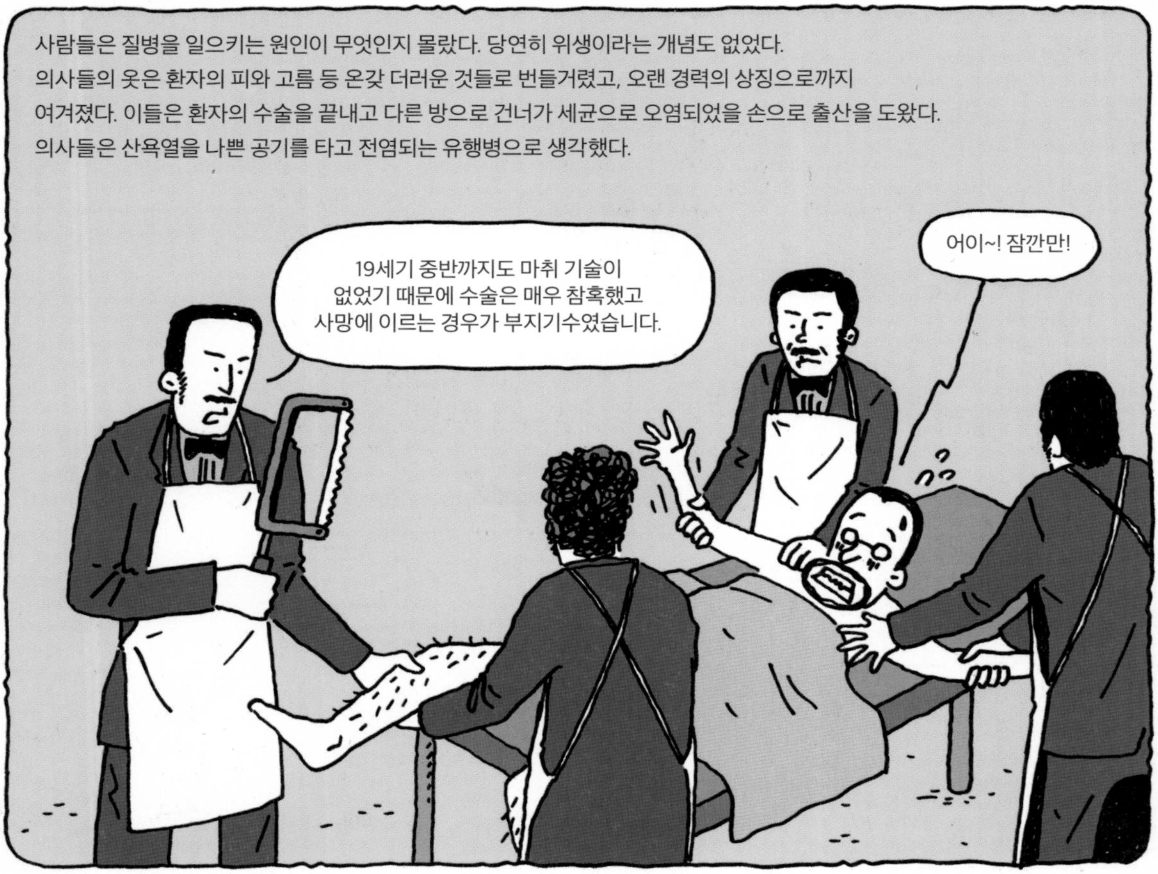
사람들은 질병을 일으키는 원인이 무엇인지 몰랐다. 당연히 위생이라는 개념도 없었다. 의사들의 옷은 환자의 피와 고름 등 온갖 더러운 것들로 번들거렸고, 오랜 경력의 상징으로까지 여겨졌다. 이들은 환자의 수술을 끝내고 다른 방으로 건너가 세균으로 오염되었을 손으로 출산을 도왔다. 의사들은 산욕열을 나쁜 공기를 타고 전염되는 유행병으로 생각했다.
19세기 중반까지도 마취 기술이 없었기 때문에 수술은 매우 참혹했고 사망에 이르는 경우가 부지기수였습니다.
어이~! 잠깐만!

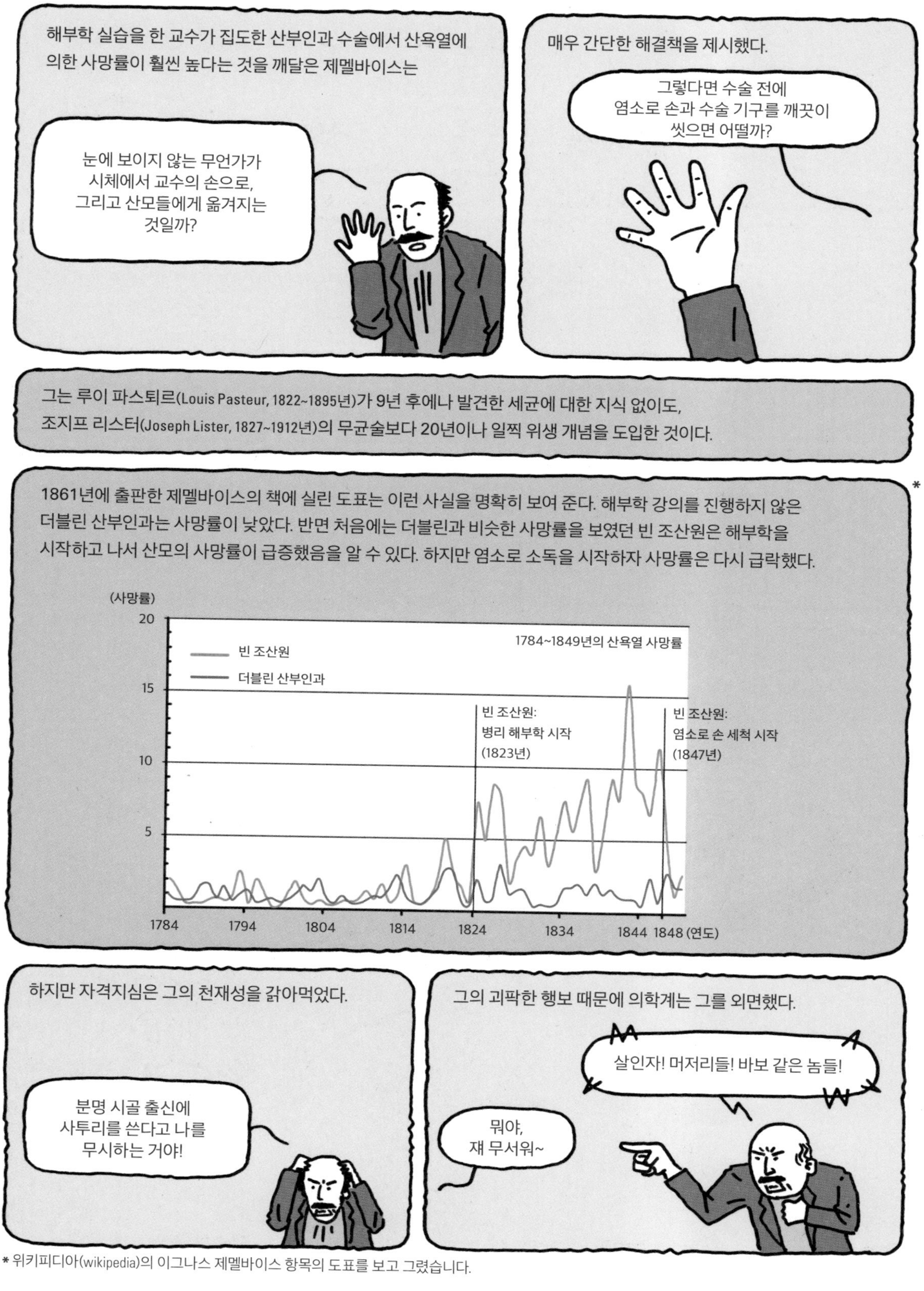
해부학 실습을 한 교수가 집도한 산부인과 수술에서 산욕열에 의한 사망률이 훨씬 높다는 것을 깨달은 제멜바이스는
눈에 보이지 않는 무언가가 시체에서 교수의 손으로, 그리고 산모들에게 옮겨지는 것일까?
매우 간단한 해결책을 제시했다.
그렇다면 수술 전에 염소로 손과 수술 기구를 깨끗이 씻으면 어떨까?
그는 루이 파스퇴르(Louis Pasteur, 1822~1895년)가 9년 후에나 발견한 세균에 대한 지식 없이도, 조지프 리스터(Joseph Lister, 1827~1912년)의 무균술보다 20년이나 일찍 위생 개념을 도입한 것이다.
1861년에 출판한 제멜바이스의 책에 실린 도표는 이런 사실을 명확히 보여 준다. 해부학 강의를 진행하지 않은 더블린 산부인과는 사망률이 낮았다. 반면 처음에는 더블린과 비슷한 사망률을 보였던 빈 조산원은 해부학을 시작하고 나서 산모의 사망률이 급증했음을 알 수 있다. 하지만 염소로 소독을 시작하자 사망률은 다시 급락했다. *
(사망률)
20
15
10
5
1784~1849년의 산욕열 사망률
빈 조산원
더블린 산부인과
빈 조산원: 병리 해부학 시작 (1823년)
빈 조산원: 염소로 손 세척 시작 (1847년)
1784
1794
1804
1814
1824
1834
1844
1848 (연도)
하지만 자격지심은 그의 천재성을 갉아먹었다.
분명 시골 출신에 사투리를 쓴다고 나를 무시하는 거야!
그의 괴팍한 행보 때문에 의학계는 그를 외면했다.
살인자! 머저리들! 바보 같은 놈들!
뭐야, 재 무서워~

* 위키피디아(wikipedia)의 이그나스 제멜바이스 항목의 도표를 보고 그렸습니다.

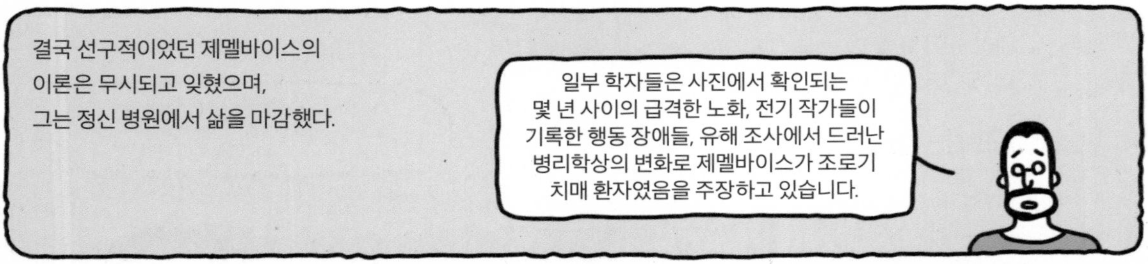
결국 선구적이었던 제멜바이스의
이론은 무시되고 잊혔으며,
그는 정신 병원에서 삶을 마감했다.
일부 학자들은 사진에서 확인되는 몇 년 사이의 급격한 노화, 전기 작가들이 기록한 행동 장애들, 유해 조사에서 드러난 병리학상의 변화로 제멜바이스가 조로기 치매 환자였음을 주장하고 있습니다.

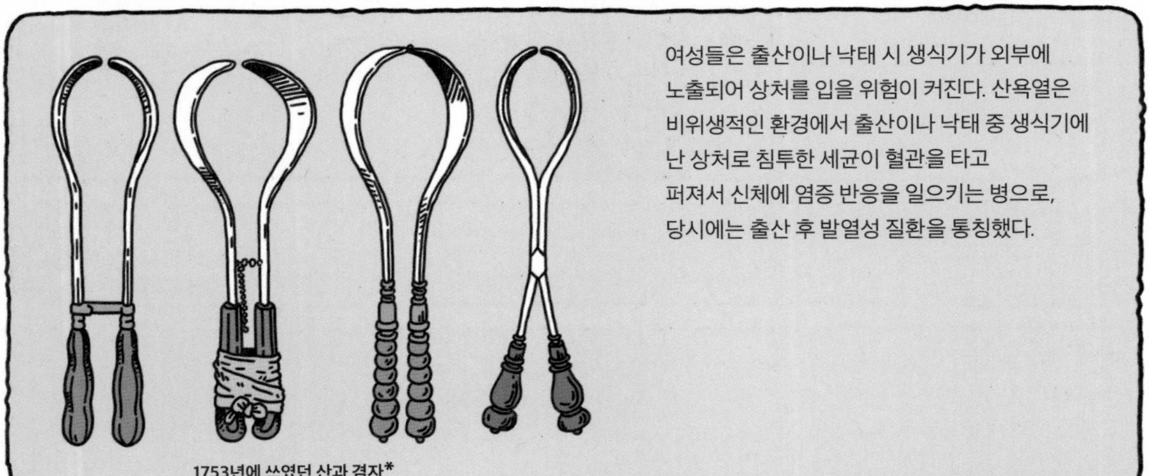
여성들은 출산이나 낙태 시 생식기가 외부에
노출되어 상처를 입을 위험이 커진다. 산욕열은
비위생적인 환경에서 출산이나 낙태 중 생식기에
난 상처로 침투한 세균이 혈관을 타고
퍼져서 신체에 염증 반응을 일으키는 병으로,
당시에는 출산 후 발열성 질환을 통칭했다.

1753년에 쓰였던 산과 겸자*

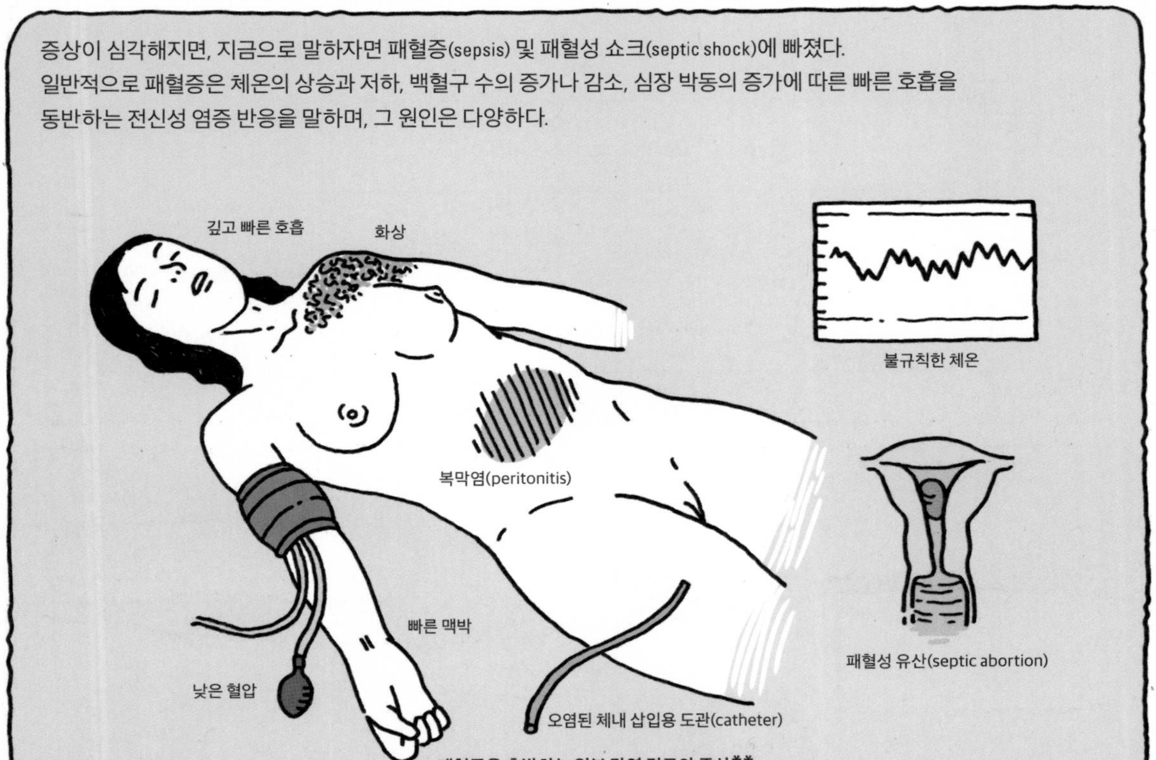
증상이 심각해지면, 지금으로 말하자면 패혈증(sepsis) 및 패혈성 쇼크(septic shock)에 빠졌다.
일반적으로 패혈증은 체온의 상승과 저하, 백혈구 수의 증가나 감소, 심장 박동의 증가에 따른 빠른 호흡을
동반하는 전신성 염증 반응을 말하며, 그 원인은 다양하다.
깊고 빠른 호흡
화상
불규칙한 체온
복막염(peritonitis)
빠른 맥박
낮은 혈압
오염된 체내 삽입용 도관(catheter)
패혈성 유산(septic abortion)

패혈증을 촉발하는 일부 감염 경로와 증상**

* 위키피디아(wikipedia)의 그림을 참조해 그렸습니다.
** *Primary Surgery*, 2, Oxford Medical Publications의 그림을 참조해 그렸습니다.

파스퇴르가 출산 중 패혈증에 걸린 환자의 혈액에 세균이 존재한다는 것을 최초로 밝힌 후로도 한참이 지난 1989년에 이르러 패혈증에 대해 현재 통용되는 정의가 확립되었다.

그런데 산욕열은 가끔 신체 조직이 괴사하거나 출혈을 일으키는 심각한 증상으로 진행되기도 했다.

면역 시스템의 과민 반응 개념을 최초로 서술한 미국의 세균학자 그레고리 슈바르츠먼(Gregory Shwartzman, 1896~1965년)은, 1928년에 이런 증상이 혈관 내 급속한 응고 때문에 일어난다는 사실을 논문으로 발표했고, 이 증상은 슈바르츠먼 반응(Shwartzman phenomenon 혹은 Shwartzman Reaction)으로 불렸다.

그레고리 슈바르츠먼

현재는 이 증상을 파종성 혈관 내 응고 증후군(Disseminated Intravascular Coagulation, DIC)이라고 한다. 병원균이 혈관에 침투하면서 비정상적인 염증 반응이 일어나는 증상으로, 혈액 응고 시스템이 활성화되어 발생한 혈전이 혈관을 막아 괴사가 일어난다. 또한 지나친 혈액 응고 작용 때문에 응고에 필요한 물질이 부족해지면서 역설적으로 혈액 응고 장애도 일어난다. 즉 혈전과 출혈이 동시에 발생한다. 특히 임신한 여성은 혈전을 제거하는 시스템이 약화(섬유소 용해가 감소)되기 때문에 비위생적인 환경에서 출산이나 낙태 시 이 병에 노출될 가능성이 높아진다.*

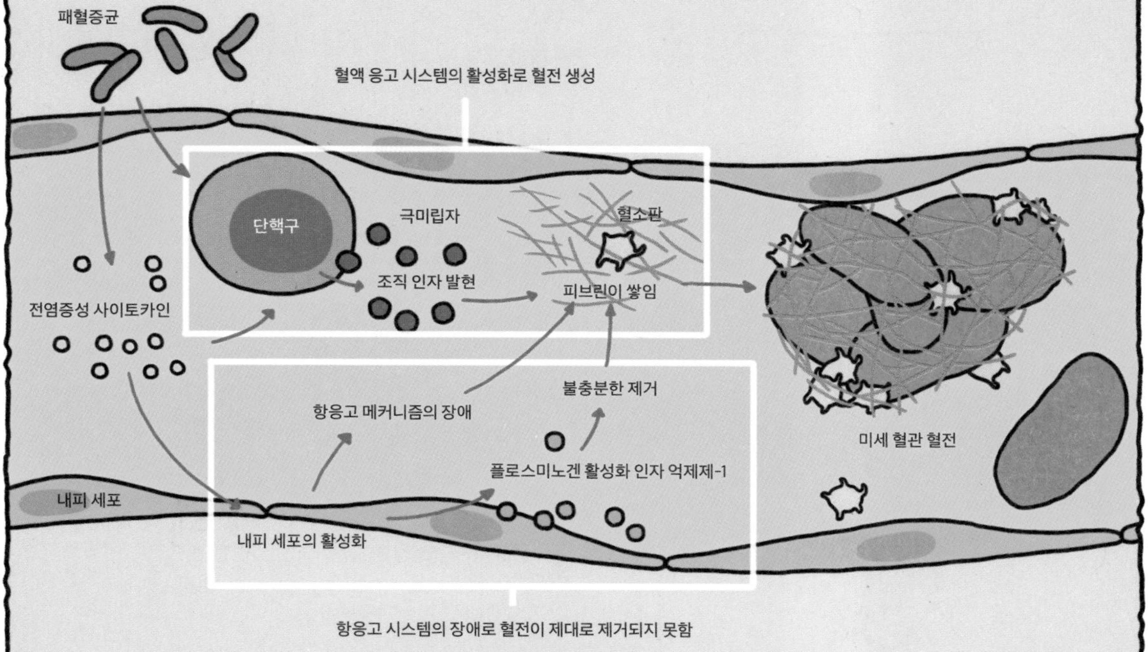
패혈증균
혈액 응고 시스템의 활성화로 혈전 생성
단핵구
극미립자
혈소판
조직 인자 발현
피브린이 쌓임
전염증성 사이토카인
불충분한 제거
항응고 메커니즘의 장애
미세 혈관 혈전
플로스미노겐 활성화 인자 억제제-1
내피 세포
내피 세포의 활성화
항응고 시스템의 장애로 혈전이 제대로 제거되지 못함

* Beverly J. Hunt. (2014). Bleeding and coagulopatheis in critical care. *New England Journal of Medicine*, 370.9을 참조해 그렸습니다.

그런데 인류와 전혀 무관해 보이는 생물에게서 이 치명적인 증상과 비슷해 보이는 현상이 관찰됐다.

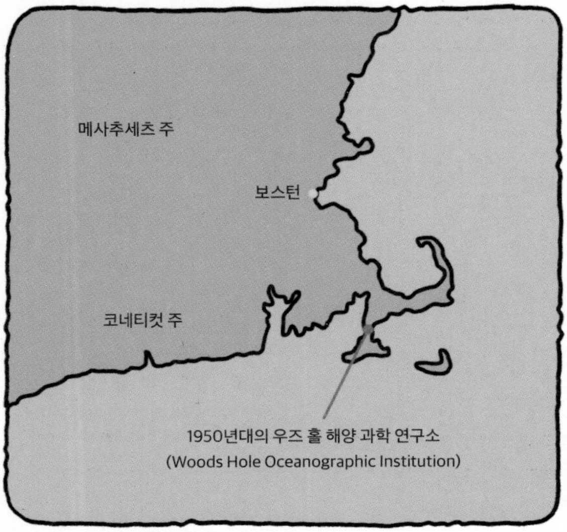
메사추세츠 주
보스턴
코네티컷 주
1950년대의 우즈 홀 해양 과학 연구소
(Woods Hole Oceanographic Institution)

내 추측이 맞았어.

세균을 투구게의 혈관에 직접 주입하니까 혈액 대부분이 덩어리로 응고되는군.

그런데 이것과 비슷한 걸 어디서 본 것 같은데…….

의학자였던 프레데릭 뱅(Frederick Bang, 1916~1981년)은 투구게에서 일어난 광범위한 혈액 응고가 토끼 실험에서 보았던 슈바르츠먼 반응과 비슷하다고 생각했다.

투구게는 '게(crab)'스러운 생김새 때문에
'horsefoot crab'이나 'swordtail crab', 혹은
'킹크랩(king crab)' 등으로 불렸다.
내가 게라고?

그러나 투구게는 게가 아니다.
이놈들아~ 내가 진짜 킹크랩이다!
Paralithodes camtschaticus

투구게는 지금의 전갈이나 거미에 더 가까운 절지동물이자 다리가 입에 붙어 있다는 뜻의 퇴구강(*Merostomata*)에 속한다. 그들은 5억 4400만 년 전부터 살고 있던 삼엽충의 가까운 친척이며, 2억 년 전부터 지금의 투구게와 비슷한 모습을 드러냈다.

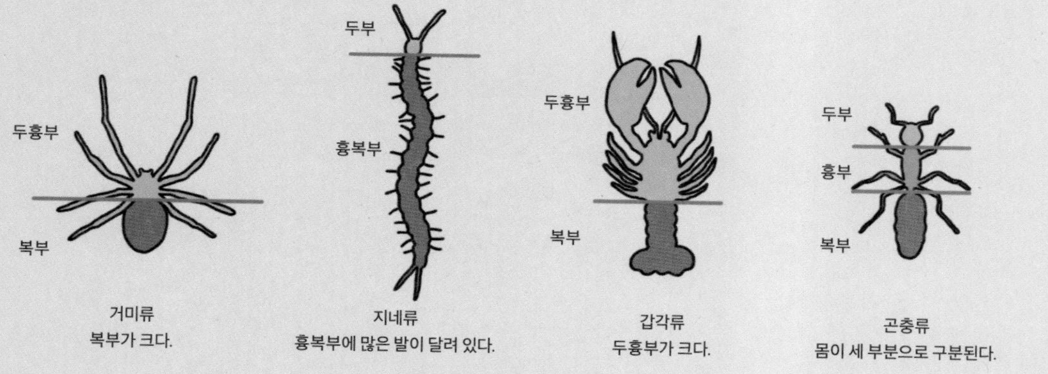
두흉부
복부
거미류
복부가 크다.
두부
흉복부
지네류
흉복부에 많은 발이 달려 있다.
두흉부
복부
갑각류
두흉부가 크다.
두부
흉부
복부
곤충류
몸이 세 부분으로 구분된다.

절지동물문에서 몸 구조에 따른 분류

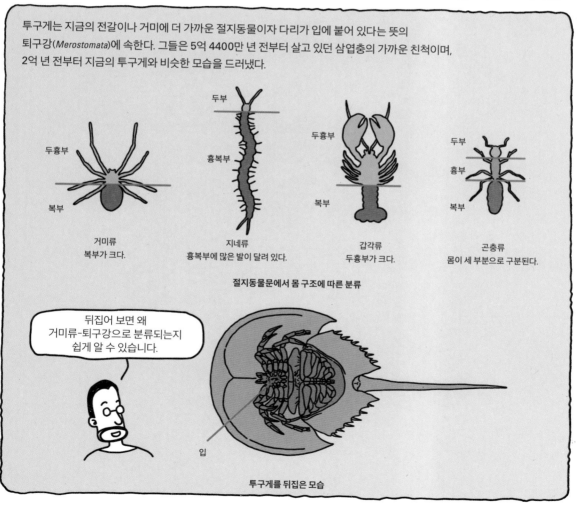

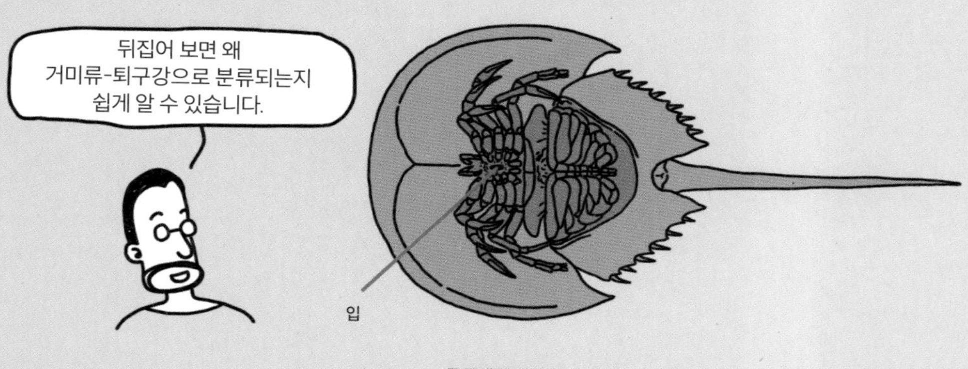
뒤집어 보면 왜
거미류-퇴구강으로 분류되는지
쉽게 알 수 있습니다.
입

투구게를 뒤집은 모습

투구게는 모두 4종이 있다. 종에 따라 생김새가 조금씩 다르지만
모두 생태학, 형태학, 혈청학적 측면에서 유사하다.

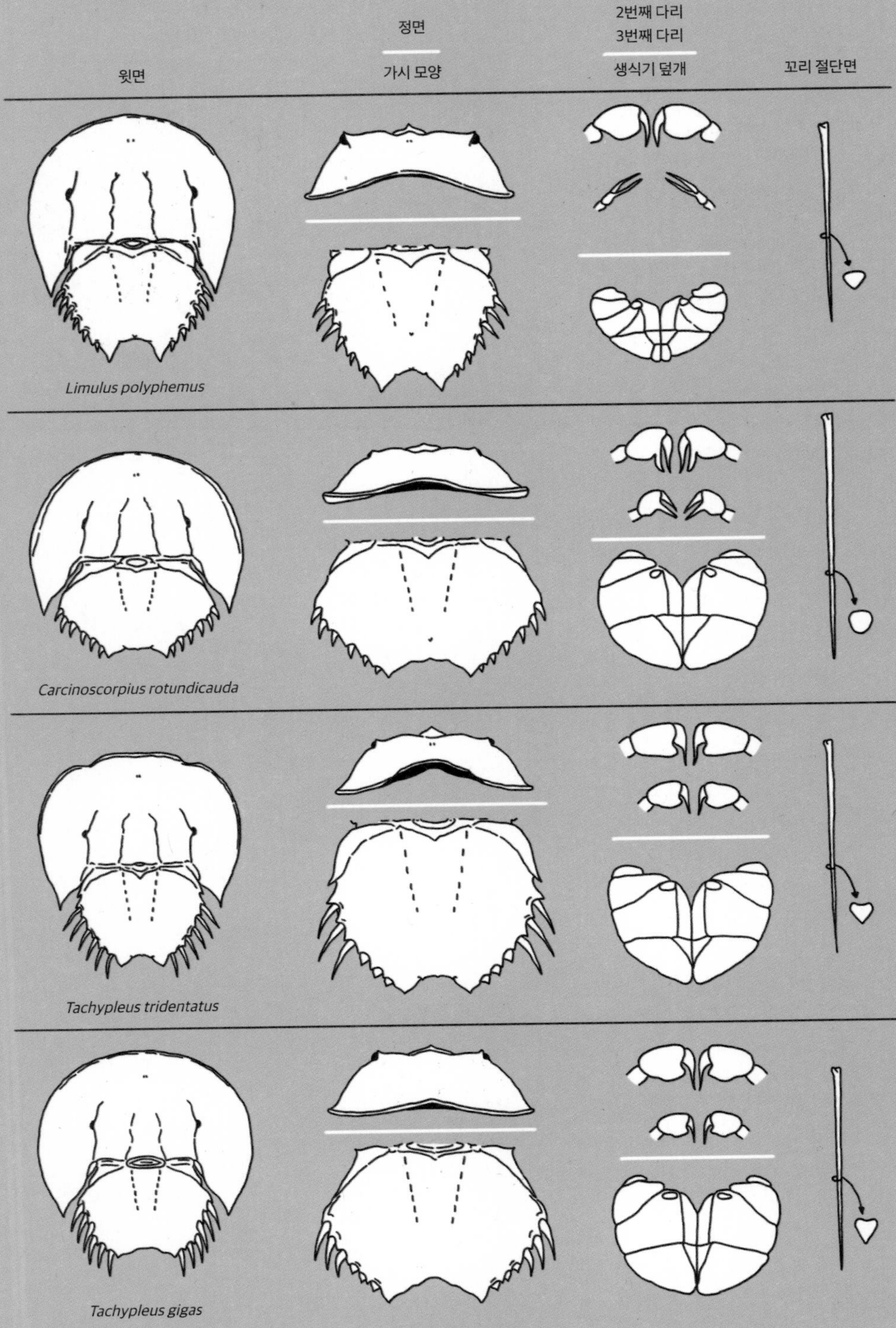

윗면
정면
가시 모양
2번째 다리
3번째 다리
생식기 덮개
꼬리 절단면
Limulus polyphemus
Carcinoscorpius rotundicauda
Tachypleus tridentatus
Tachypleus gigas

* Sekiguchi Koichi, and Carl N. Shuster Jr. (2009). Limits on the global distribution of horseshoe crabs(Limulacea): lessons learned from two lifetimes of observations: Asia and America. *Biology and conservation of Horseshoe crabs*. Springer US 및 The Ecological Research & Development Group (ERDG)에서 개설한 투구게 홈페이지(http://horseshoecrab.org/nh/species.html)에 실린 자료를 참조했습니다.

투구게의 조상은 중생대에 유럽의 바다에서 등장한 것으로 추측된다.
이후 유럽 대륙이 형성되고 얕은 바다가 사라지면서 한 그룹은 동쪽으로, 다른 그룹은 서쪽으로 이동한 것으로 보고 있다.*

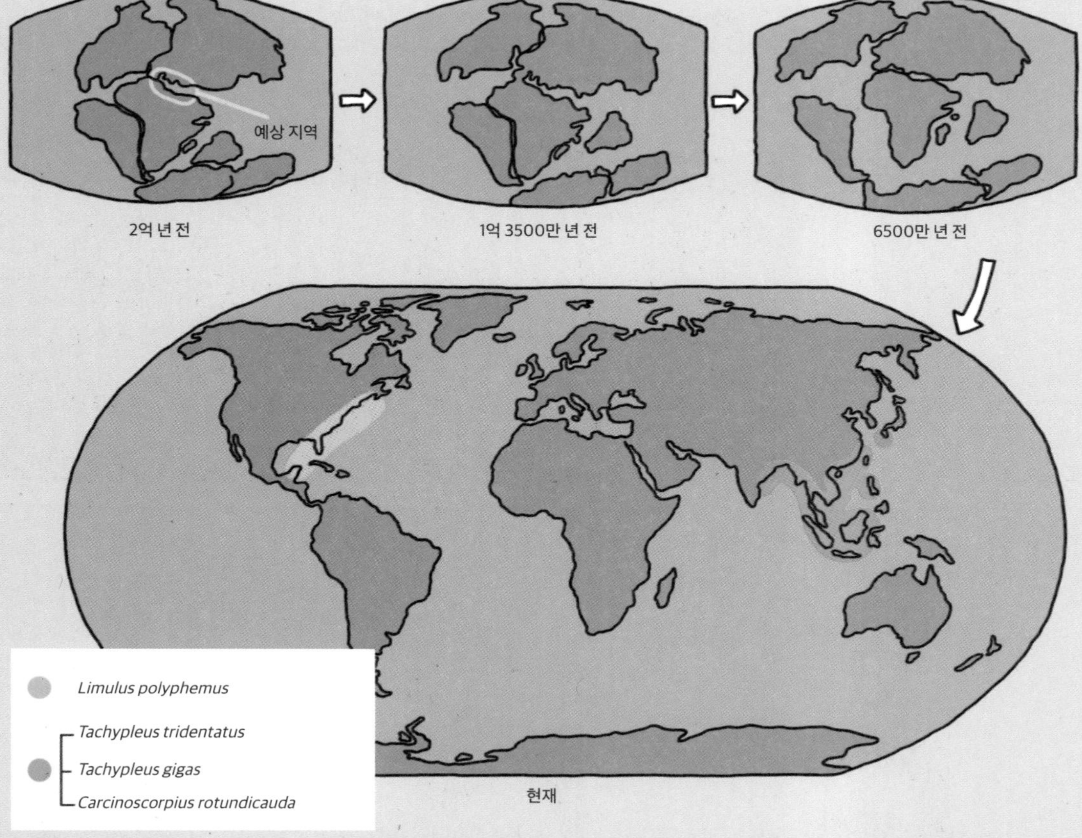

투구게는 흔히 '살아 있는 화석'이라고 불리지만, 실제 화석에서 현재의 종이 발견된 적은 없다. 외골격이 세 부분으로 구분되는 외형적 특징이 고생대 중기 이후로 지금까지 유지되고 있기 때문에 그런 호칭이 붙은 듯하다. 투구게의 형태는 서식 환경에서 생존하기 위한 최적의 구조였으며, 그 밖에 유전적 변이에 따른 여러 가지 작은 변화들은 끊임없이 일어났다.

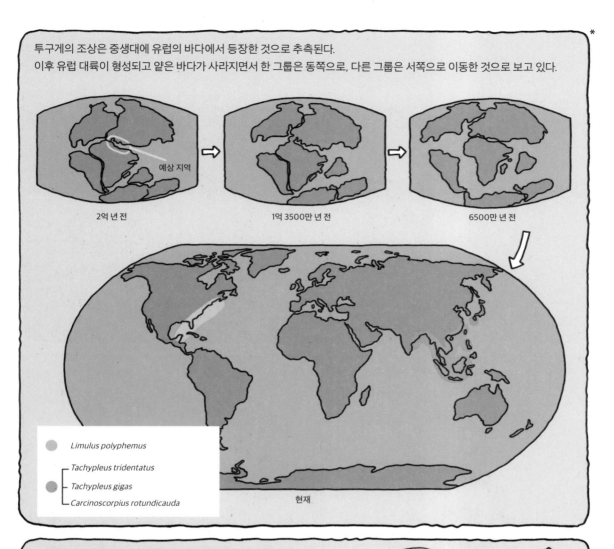

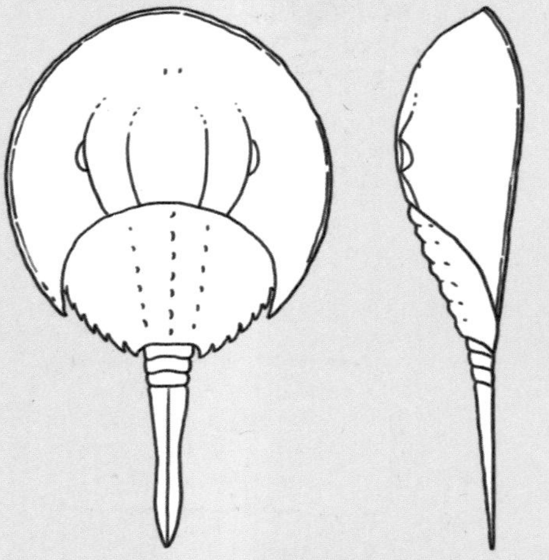

4억 4500만 년 전 투구게의 조상인 *Lunataspis aurora* 화석을 토대로 외골격을 재구성한 그림**

* The Ecological Research & Development Group에서 개설한 투구게 홈페이지를 참조해 그렸습니다.

** David M. Rudkin, Graham A. Young, and Godfrey S. Nowlan. (2008). The oldest horseshoe crab: a new xiphosurid from Late Ordovician Konservat-Lagerstätten deposits, Manitoba, Canada. *Palaeontology*, 51.1을 참조했습니다.

16세기 신대륙으로 건너간 유럽 정착민들은 아메리카 인디언들이 투구게를 음식, 도구, 비료로 활용하는 방법을 가르쳐 주었다고 기록하였다. 옥수수를 기르기 위해 투구게를 찐 다음 갈아서 토지에 뿌려 땅을 비옥하게 만들었고, 돼지나 닭의 사료로도 사용했다. 투구게 껍질을 괭이로 이용하기도 했다.

영국의 생물학자 토머스 해리엇은 1590년에 출판된 자신의 책에서 철이 부족했던 인디언들이 투구게의 꼬리를 이용한 낚시 도구를 사용했다고 적었다.
토머스 해리엇
(Thomas Harriot, 1560~1621년)
해리엇은 갈릴레오보다 먼저 망원경으로 달을 관찰하고 스케치로 옮겼던 인물이기도 합니다.

* 해리엇의 책에 실렸던 존 화이트(John White)의 삽화를 보고 그렸습니다.

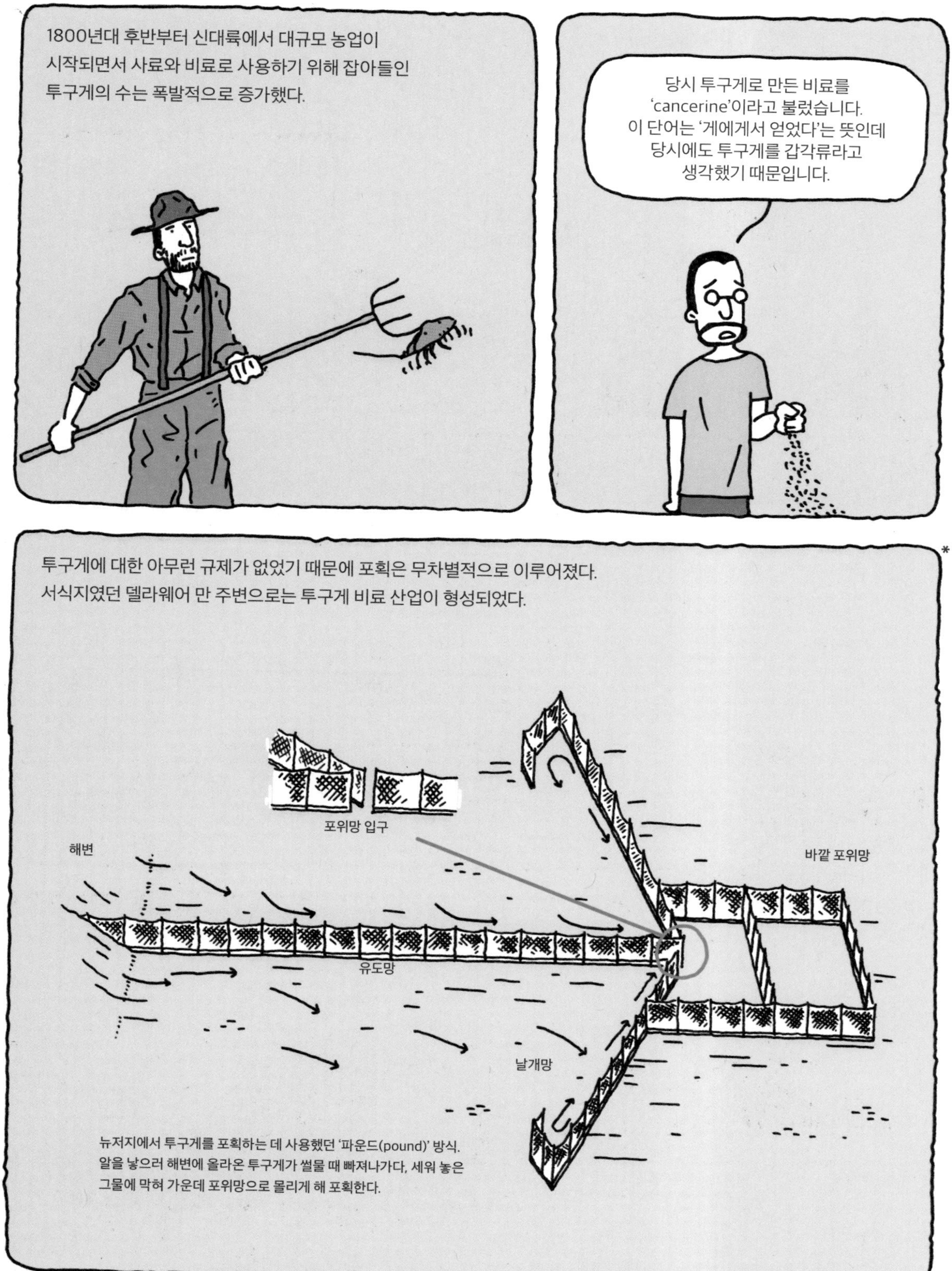
1800년대 후반부터 신대륙에서 대규모 농업이 시작되면서 사료와 비료로 사용하기 위해 잡아들인 투구게의 수는 폭발적으로 증가했다.
당시 투구게로 만든 비료를 'cancerine'이라고 불렀습니다. 이 단어는 '게에게서 얻었다'는 뜻인데 당시에도 투구게를 갑각류라고 생각했기 때문입니다.
투구게에 대한 아무런 규제가 없었기 때문에 포획은 무차별적으로 이루어졌다. 서식지였던 델라웨어 만 주변으로는 투구게 비료 산업이 형성되었다.*
포위망 입구
해변
바깥 포위망
유도망
날개망
뉴저지에서 투구게를 포획하는 데 사용했던 '파운드(pound)' 방식. 알을 낳으러 해변에 올라온 투구게가 썰물 때 빠져나가다, 세워 놓은 그물에 막혀 가운데 포위망으로 몰리게 해 포획한다.

* Gary Kreamer, and Stewart Michels. (2009). History of horseshoe crab harvest on Delaware Bay. *Biology and conservation of horseshoe crabs.* Springer US에 실린 자료를 보고 그렸습니다.

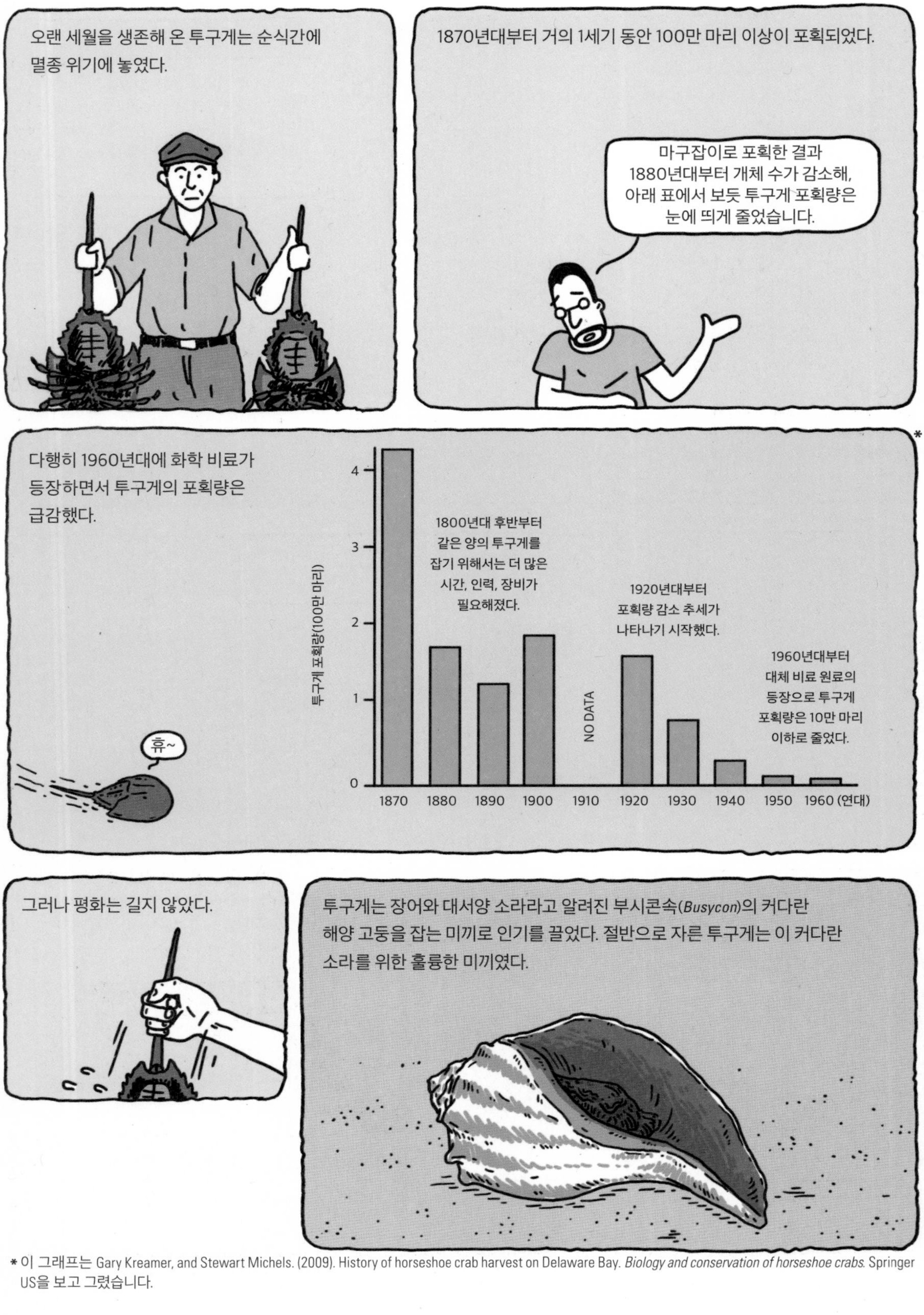

오랜 세월을 생존해 온 투구게는 순식간에 멸종 위기에 놓였다.
1870년대부터 거의 1세기 동안 100만 마리 이상이 포획되었다.
마구잡이로 포획한 결과 1880년대부터 개체 수가 감소해, 아래 표에서 보듯 투구게 포획량은 눈에 띄게 줄었습니다.
다행히 1960년대에 화학 비료가 등장하면서 투구게의 포획량은 급감했다.
휴~
투구게 포획량(100만 마리)
4
3
2
1
0
1800년대 후반부터 같은 양의 투구게를 잡기 위해서는 더 많은 시간, 인력, 장비가 필요해졌다.
NO DATA
1920년대부터 포획량 감소 추세가 나타나기 시작했다.
1960년대부터 대체 비료 원료의 등장으로 투구게 포획량은 10만 마리 이하로 줄었다.
1870 1880 1890 1900 1910 1920 1930 1940 1950 1960 (연대)
*
그러나 평화는 길지 않았다.
투구게는 장어와 대서양 소라라고 알려진 부시콘속(*Busycon*)의 커다란 해양 고둥을 잡는 미끼로 인기를 끌었다. 절반으로 자른 투구게는 이 커다란 소라를 위한 훌륭한 미끼였다.

* 이 그래프는 Gary Kreamer, and Stewart Michels. (2009). History of horseshoe crab harvest on Delaware Bay. *Biology and conservation of horseshoe crabs*. Springer US을 보고 그렸습니다.

투구게 포획량은 1990년대에 다시 반등했다.[*]

다행히 이번에는 미국 정부도
두 손 놓고 있지 않았다.

투구게 서식지가 있는 델라웨어, 메릴랜드, 뉴저지 등의 주 정부는 투구게의 멸종을 막기 위해 포획을 규제했고, 다행히 개체 수의 감소 속도는 다시 느려졌다.[**]

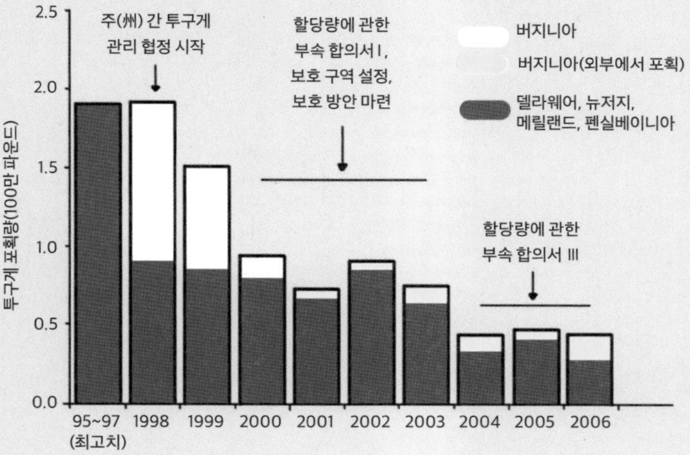

이번에는 그들의 독특한 혈액 때문에 인간을 위한 세균 전쟁의 최전방으로 이끌려 나오게 된 것이다.

* ** 이 그래프는 Gary Kreamer, and Stewart Michels. (2009). History of horseshoe crab harvest on Delaware Bay. *Biology and conservation of horseshoe crabs.* Springer US을 보고 그렸습니다.

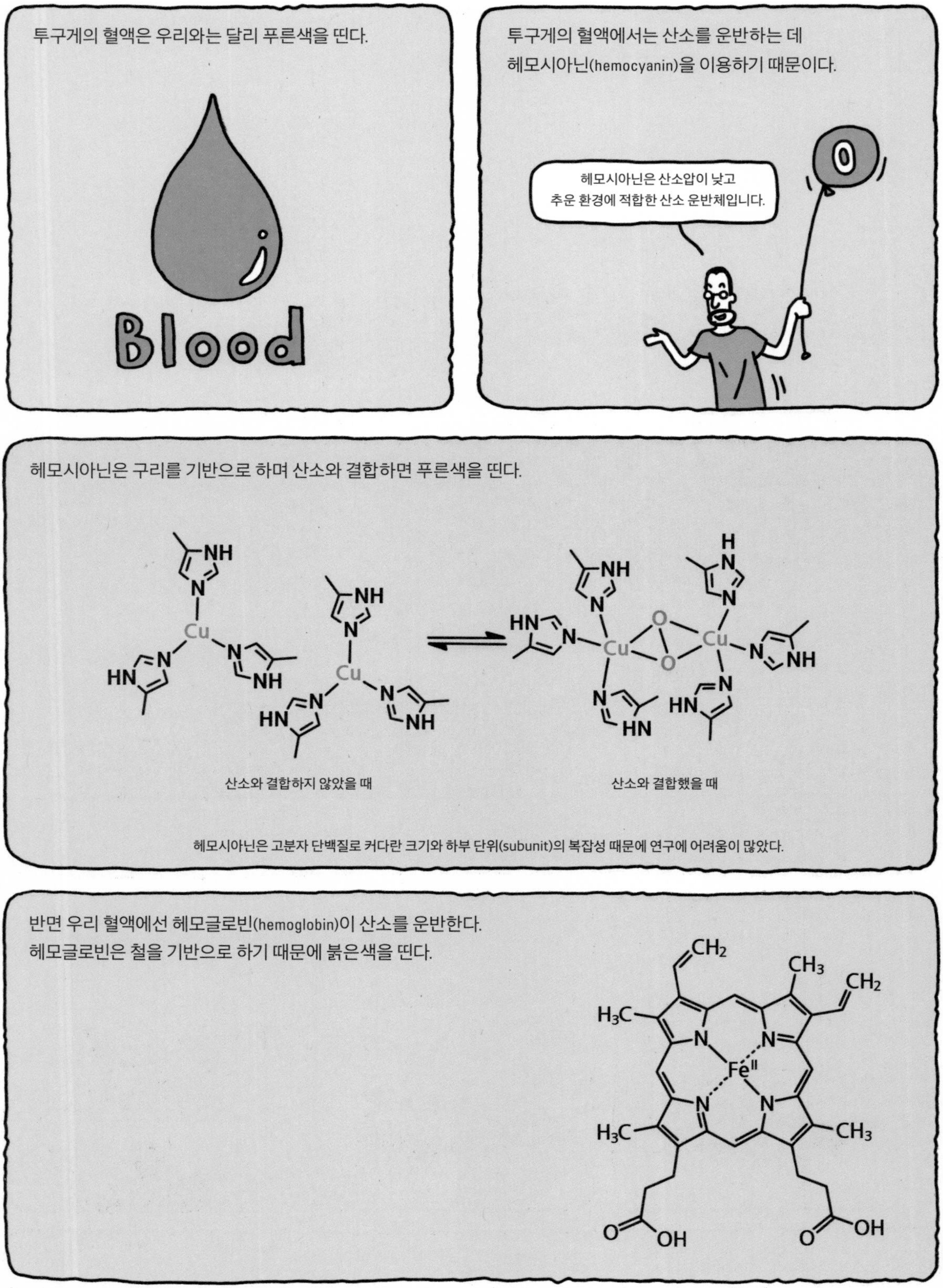
투구게의 혈액은 우리와는 달리 푸른색을 띤다.
Blood
투구게의 혈액에서는 산소를 운반하는 데
헤모시아닌(hemocyanin)을 이용하기 때문이다.
헤모시아닌은 산소압이 낮고
추운 환경에 적합한 산소 운반체입니다.
헤모시아닌은 구리를 기반으로 하며 산소와 결합하면 푸른색을 띤다.
산소와 결합하지 않았을 때
산소와 결합했을 때
헤모시아닌은 고분자 단백질로 커다란 크기와 하부 단위(subunit)의 복잡성 때문에 연구에 어려움이 많았다.
반면 우리 혈액에선 헤모글로빈(hemoglobin)이 산소를 운반한다.
헤모글로빈은 철을 기반으로 하기 때문에 붉은색을 띤다.

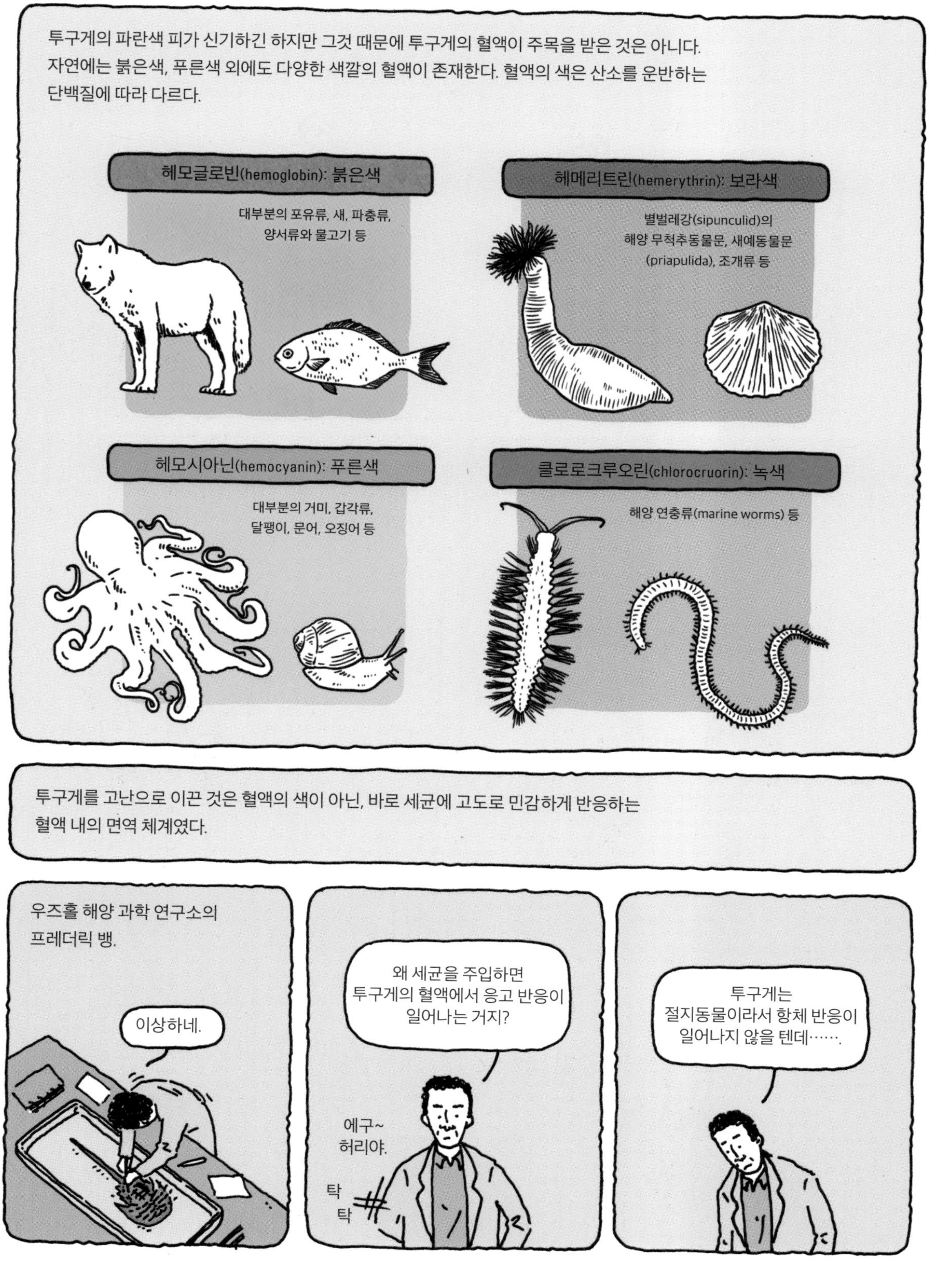
투구게의 파란색 피가 신기하긴 하지만 그것 때문에 투구게의 혈액이 주목을 받은 것은 아니다. 자연에는 붉은색, 푸른색 외에도 다양한 색깔의 혈액이 존재한다. 혈액의 색은 산소를 운반하는 단백질에 따라 다르다.
헤모글로빈(hemoglobin): 붉은색
대부분의 포유류, 새, 파충류, 양서류와 물고기 등
헤메리트린(hemerythrin): 보라색
별벌레강(sipunculid)의 해양 무척추동물문, 새예동물문(priapulida), 조개류 등
헤모시아닌(hemocyanin): 푸른색
대부분의 거미, 갑각류, 달팽이, 문어, 오징어 등
클로로크루오린(chlorocruorin): 녹색
해양 연충류(marine worms) 등
투구게를 고난으로 이끈 것은 혈액의 색이 아닌, 바로 세균에 고도로 민감하게 반응하는 혈액 내의 면역 체계였다.
우즈홀 해양 과학 연구소의 프레더릭 뱅.
이상하네.
왜 세균을 주입하면 투구게의 혈액에서 응고 반응이 일어나는 거지?
에구~ 허리야.
탁
탁
투구게는 절지동물이라서 항체 반응이 일어나지 않을 텐데…….

투구게의 혈액에 최초로 관심을 가졌던 사람은
뱅이 아니었다.

20세기 초 미국 생의학을 이끌었으며, 1899년부터 1901년까지 12년간 존스 홉킨스 의대 학장을 역임했던 생의학자 윌리엄 헨리 하월(William Henry Howell, 1860~1945년)은 일찍부터 투구게의 혈액 응고에 관심을 가진 인물이다.
윌리엄 헨리 하월

하월은 일생 동안 사람의 혈액 응고에 관해 연구했으며 혈액 응고를 방지하는 헤파린(heparin)을 발견하였다.
제 이름은요?
불쑥-

헤파린의 발견에 대해선 스승인 하월과 제자 제이 매클레인(Jay McLean, 1890~1957년) 사이에 논란이 있었다.
고 녀석 참…….
제 이름 빼먹지 말아 주세요.
제이 매클레인

혈액 응고에 관심이 많았던 하월이 투구게에 관심을 보인 건 어쩌면 당연한 일이다.
시끄러운 녀석이라니까…….

1894년 그는 혈액 응고와
섬유소(fibrin)에 관한 논문을 발표했는데,

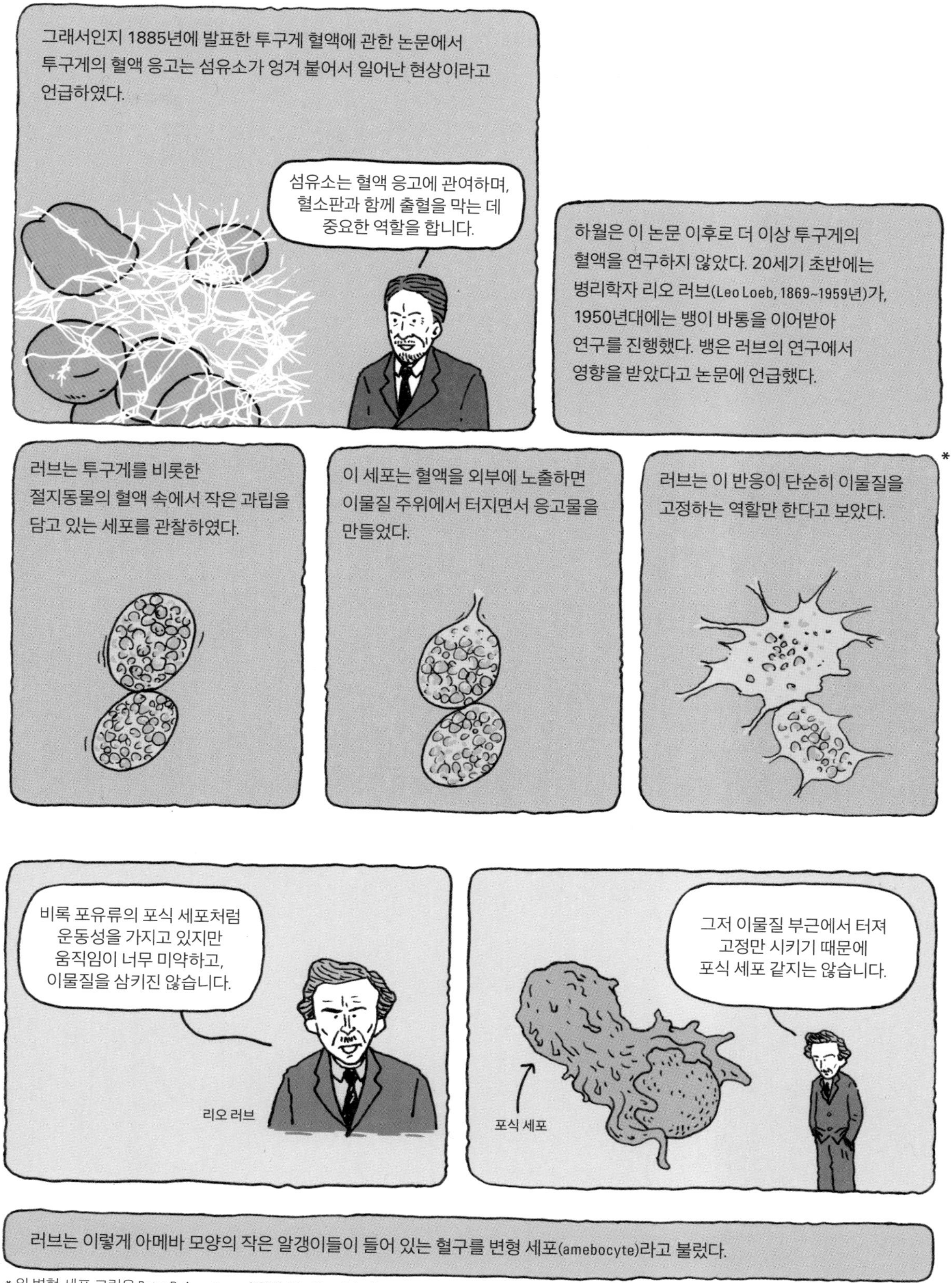
그래서인지 1885년에 발표한 투구게 혈액에 관한 논문에서 투구게의 혈액 응고는 섬유소가 엉겨 붙어서 일어난 현상이라고 언급하였다.
섬유소는 혈액 응고에 관여하며, 혈소판과 함께 출혈을 막는 데 중요한 역할을 합니다.
하월은 이 논문 이후로 더 이상 투구게의 혈액을 연구하지 않았다. 20세기 초반에는 병리학자 리오 러브(Leo Loeb, 1869~1959년)가, 1950년대에는 뱅이 바통을 이어받아 연구를 진행했다. 뱅은 러브의 연구에서 영향을 받았다고 논문에 언급했다.
러브는 투구게를 비롯한 절지동물의 혈액 속에서 작은 과립을 담고 있는 세포를 관찰하였다.
이 세포는 혈액을 외부에 노출하면 이물질 주위에서 터지면서 응고물을 만들었다.
*
러브는 이 반응이 단순히 이물질을 고정하는 역할만 한다고 보았다.
비록 포유류의 포식 세포처럼 운동성을 가지고 있지만 움직임이 너무 미약하고, 이물질을 삼키진 않습니다.
리오 러브
그저 이물질 부근에서 터져 고정만 시키기 때문에 포식 세포 같지는 않습니다.
포식 세포
러브는 이렇게 아메바 모양의 작은 알갱이들이 들어 있는 혈구를 변형 세포(amebocyte)라고 불렀다.

* 위 변형 세포 그림은 Peter B. Armstrong. (1979). Motility of the Limulus blood cell. *Journal of Cell Science*, 37. 1에 실린 현미경 사진을 보고 그렸습니다. 20세기 초에 연구한 러브는 위와 같은 모습을 관찰하지 못했을 것입니다.

러브는 절지동물의 면역이라는 큰 연구의 곁가지에서 투구게 혈액을 연구했다. 그는 세포에 중점을 두었고, 투구게 혈액에서 응고를 일으키는 세균에 대해서는 별다른 언급을 하지 않았다.
그러나 뱅은 응고를 일으키는 세균의 정체에 관심을 보였다.
대체 투구게에서 폭발적으로 혈액 응고를 일으키는 세균의 정체는 뭘까?
뱅이 투구게의 증상에 관심을 둔 이유는 아마도 비슷한 증상의 슈바르츠먼 반응으로 보입니다.
의학자인 뱅은 과거에 직접 보았거나 혹은 문서를 통해 슈바르츠먼 반응을 알고 있었다. 뱅은 토끼 실험에서 혈관 내 응고를 일으켜 조직을 괴사시키는 슈바르츠먼 반응과, 혈액 응고 반응을 일으킨 투구게의 죽음이 비슷하다는 것을 그의 첫 투구게 논문에서 언급하였다.
분명 슈바르츠먼 반응과 투구게의 질병은 강한 유사성을 보였습니다.
그러나 두 증상에는 결정적인 차이가 있습니다.
투구게의 혈관 내 혈액 응고 반응은 즉각적이지만, 슈바르츠먼 반응은 즉각적이지 않다.

즉 절지동물인 투구게는 선천적 면역만 가지고 있기 때문에 이러한 혈액 응고 반응은 세균에 대한 선천적 면역 반응이다. 반면 선천적 면역과 후천적 면역을 모두 가진 포유류인 토끼의 슈바르츠먼 반응은 세균에 대한 후천적 면역 반응이다.

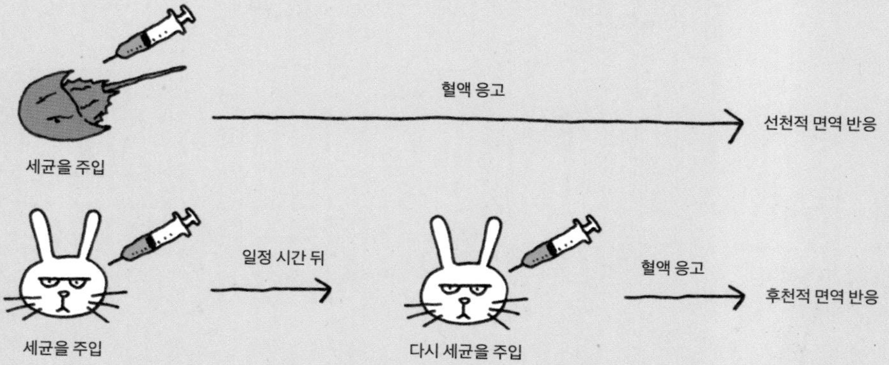

뱅은 투구게의 이 묘한 질병을 일으킨 범인을 잡기 위해 여러 물질을 주입해서 응고 반응을 살폈다. 슈바르츠먼 반응을 일으켰던 독소와 투구게의 응고 반응을 일으킨 독소는 대부분 유사했다.

오로지 그람 음성 세균에서만 반응했다.

세균의 형태는 다양하다.

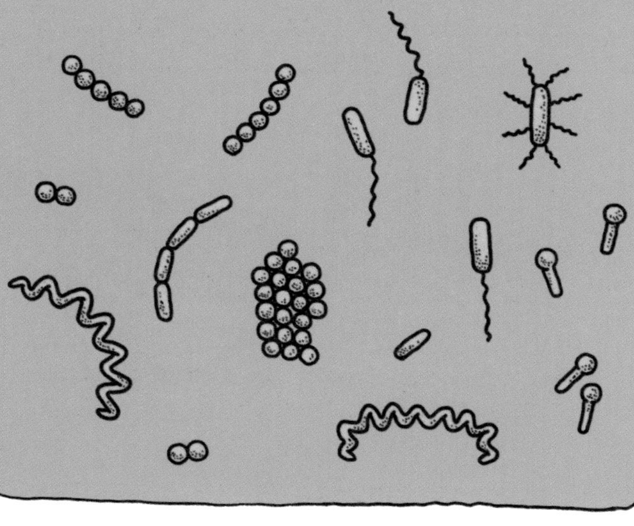

그러나 특별한 경우를 제외하고는 형태만으로 그 특성을 추정하기란 불가능하다.

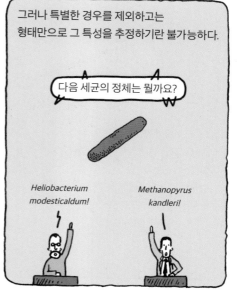

그래서 연구자들은 여러 방법으로
세균을 구분하고 분류한다.
그중 하나로 그람 염색법이 있다.

그람 염색법의 창시자 한스 크리스티안 그람
(Hans Christian Gram, 1853~1938년)

그람 염색은 세균을 대비시켜 관찰을 쉽게 만들어 준다.
염색되는 색의 차이에 따라 세균의 특성도 손쉽게 파악할 수 있다.

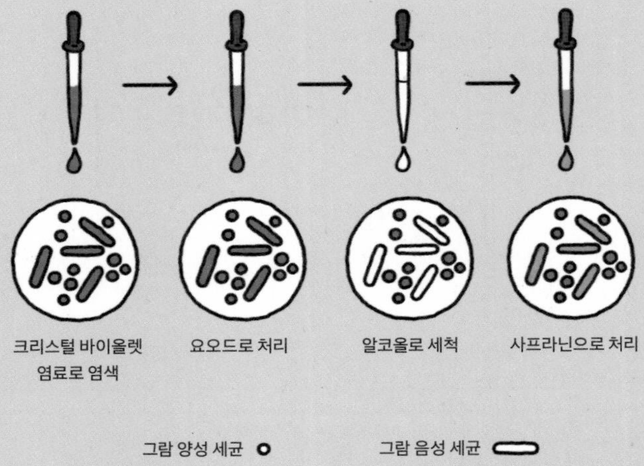
크리스털 바이올렛
염료로 염색
요오드로 처리
알코올로 세척
사프라닌으로 처리
그람 양성 세균
그람 음성 세균

세균은 보라색으로 염색되면 그람 양성 세균으로, 붉은색으로 염색되면 그람 음성 세균으로 분류한다.
색의 차이는 세균의 세포벽 구조가 다르기 때문에 나타난다. 일반적으로 그람 양성 세균은 육상에 존재하며
세포벽이 두껍다. 반면 그람 음성 세균은 수중에 살며 세포벽이 얇다.*

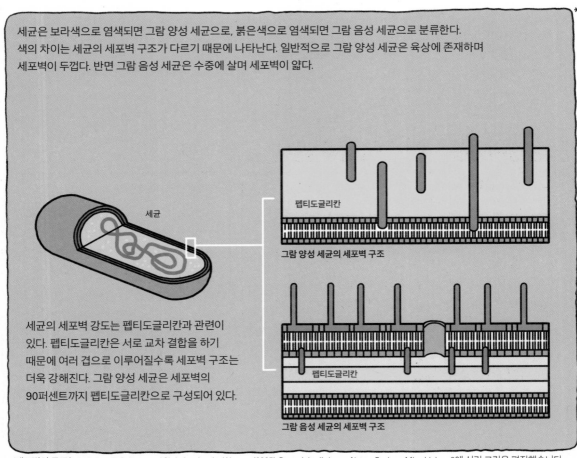

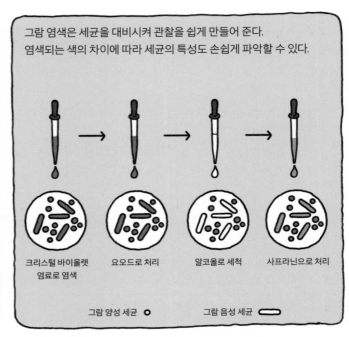

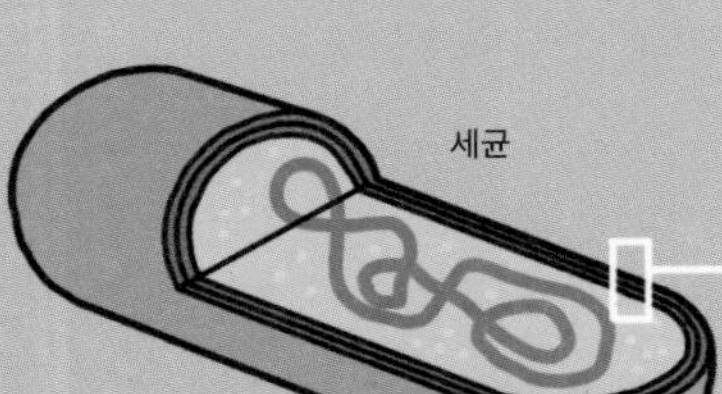
세균

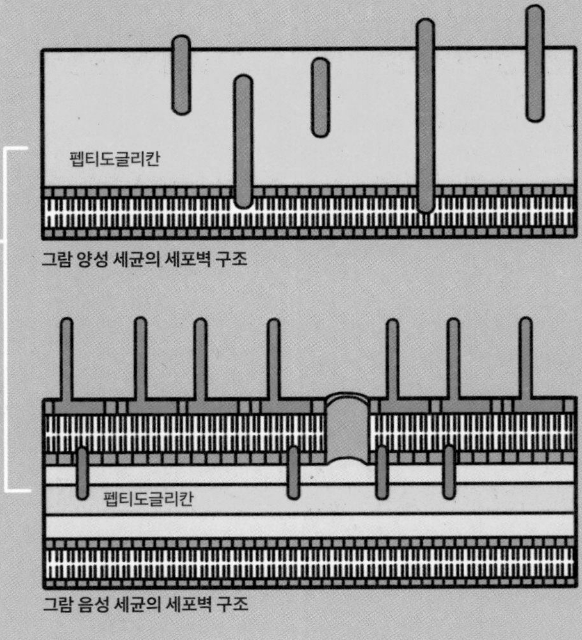
펩티도글리칸
그람 양성 세균의 세포벽 구조
펩티도글리칸
그람 음성 세균의 세포벽 구조

세균의 세포벽 강도는 펩티도글리칸과 관련이
있다. 펩티도글리칸은 서로 교차 결합을 하기
때문에 여러 겹으로 이루어질수록 세포벽 구조는
더욱 강해진다. 그람 양성 세균은 세포벽의
90퍼센트까지 펩티도글리칸으로 구성되어 있다.

* 세포벽의 구조는 Matthew T. Cabeen, and Christine Jacobs-Wagner. (2005). Bacterial cell shape. *Nature Reviews Microbiology*, 3에 실린 그림을 편집했습니다.

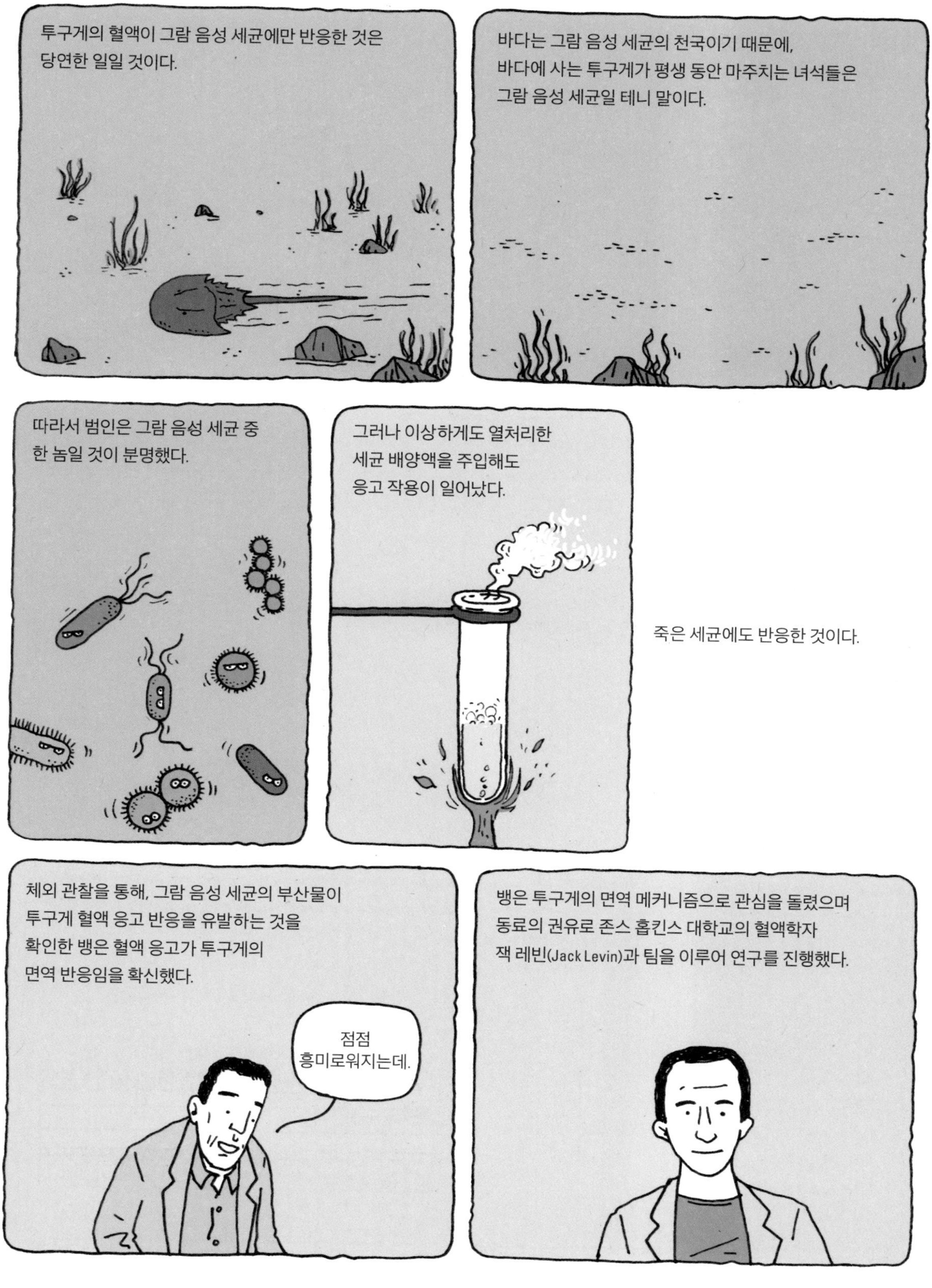
투구게의 혈액이 그람 음성 세균에만 반응한 것은
당연한 일일 것이다.
바다는 그람 음성 세균의 천국이기 때문에,
바다에 사는 투구게가 평생 동안 마주치는 녀석들은
그람 음성 세균일 테니 말이다.
따라서 범인은 그람 음성 세균 중
한 놈일 것이 분명했다.
그러나 이상하게도 열처리한
세균 배양액을 주입해도
응고 작용이 일어났다.
죽은 세균에도 반응한 것이다.
체외 관찰을 통해, 그람 음성 세균의 부산물이
투구게 혈액 응고 반응을 유발하는 것을
확인한 뱅은 혈액 응고가 투구게의
면역 반응임을 확신했다.
점점
흥미로워지는데.
뱅은 투구게의 면역 메커니즘으로 관심을 돌렸으며
동료의 권유로 존스 홉킨스 대학교의 혈액학자
잭 레빈(Jack Levin)과 팀을 이루어 연구를 진행했다.

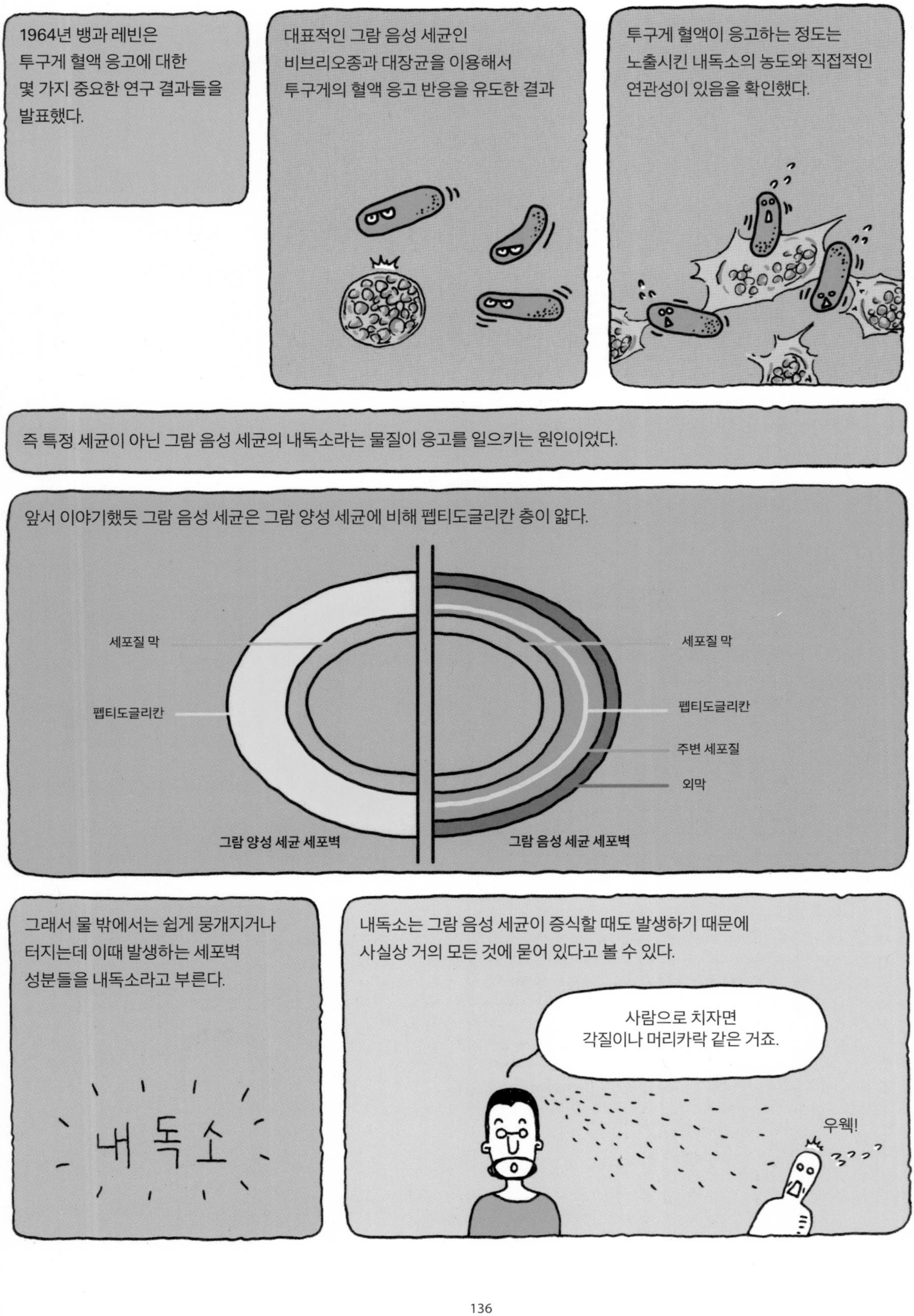
1964년 뱅과 레빈은 투구게 혈액 응고에 대한 몇 가지 중요한 연구 결과들을 발표했다.
대표적인 그람 음성 세균인 비브리오종과 대장균을 이용해서 투구게의 혈액 응고 반응을 유도한 결과
투구게 혈액이 응고하는 정도는 노출시킨 내독소의 농도와 직접적인 연관성이 있음을 확인했다.
즉 특정 세균이 아닌 그람 음성 세균의 내독소라는 물질이 응고를 일으키는 원인이었다.
앞서 이야기했듯 그람 음성 세균은 그람 양성 세균에 비해 펩티도글리칸 층이 얇다.
세포질 막
펩티도글리칸
세포질 막
펩티도글리칸
주변 세포질
외막
그람 양성 세균 세포벽
그람 음성 세균 세포벽
그래서 물 밖에서는 쉽게 뭉개지거나 터지는데 이때 발생하는 세포벽 성분들을 내독소라고 부른다.
내독소
내독소는 그람 음성 세균이 증식할 때도 발생하기 때문에 사실상 거의 모든 것에 묻어 있다고 볼 수 있다.
사람으로 치자면 각질이나 머리카락 같은 거죠.
우웩!

이것을 독소라고 부르는 이유는 면역계가 내독소에 반응해 발열과 같은 염증 반응을 일으키기 때문이다. 내독소는 그람 음성 세균 외막의 지질 다당층(lipopolysaccharide layer, LPS)을 말하며, 독성은 지질 A부분과 관련이 있다.

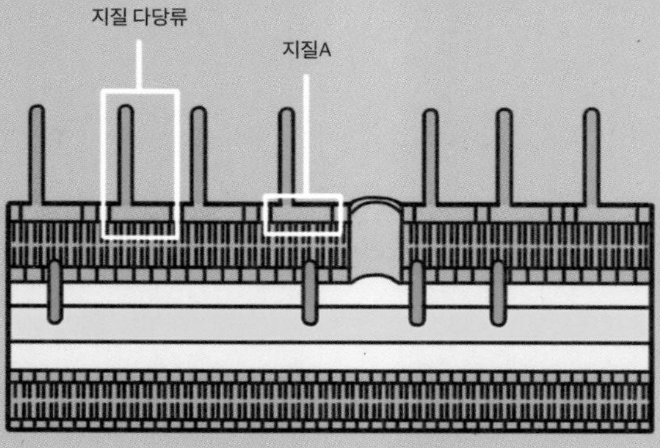

그람 음성 세균의 세포벽 구조

훗날 투구게의 변형 세포가 지질 A부분에 반응하는 것으로 밝혀졌습니다.

뱅과 레빈은 응고를 일으키는 단백질이 투구게의 체액 중 혈장(blood plasma)이 아닌, 변형 세포에 들어 있는 것을 발견했다. 혈장이란 혈액에서 혈구를 제외한 액체 성분을 말한다.

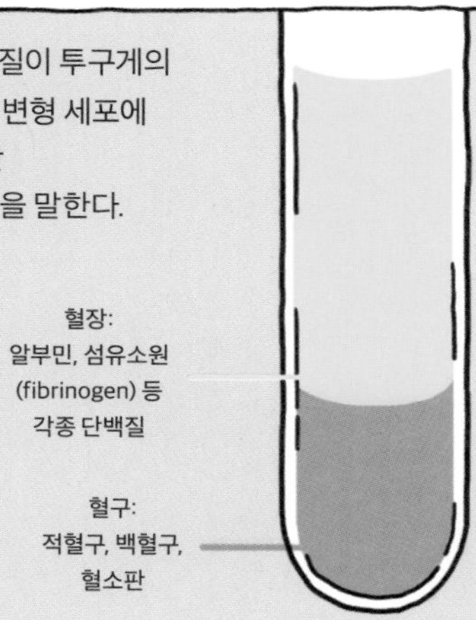

사람의 혈액 구성

이 두 사람은 투구게 혈액에서 변형 세포를 제거한 혈장을 내독소에 노출했을 때, 응고가 일어나지 않는 것을 확인함으로써 자신들의 주장을 증명하였다.

뱅과 레빈이 포문을 연 후, 투구게 면역 메커니즘인 혈액 응고 반응에 대한 연구는 빨라졌고, 곧 내독소에 반응하는 자세한 메커니즘이 드러났다.

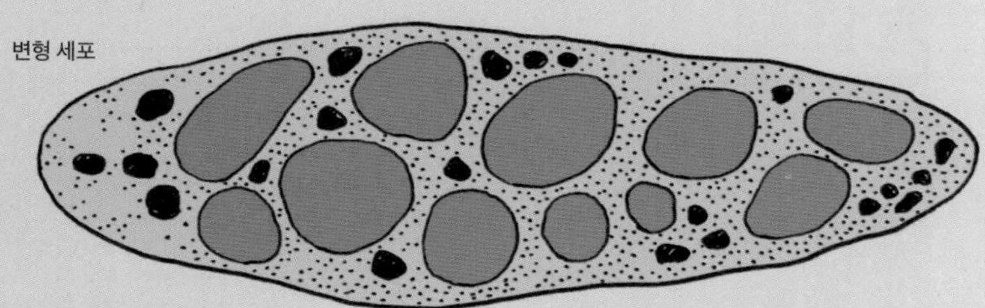

변형 세포는 2종류의 과립을 가지고 있다.

큰 과립(L-granule): 4개의 응고 인자와 1개의 항균성 요소(anti-LPS 요소)를 포함, 최소 20개의 단백질 구성 인자가 들어 있다.

작은 과립(S-granule): 6개의 주된 단백질 구성 인자가 추가된 다른 항균 물질로 구성된다.

변형 세포의 응고 반응 과정

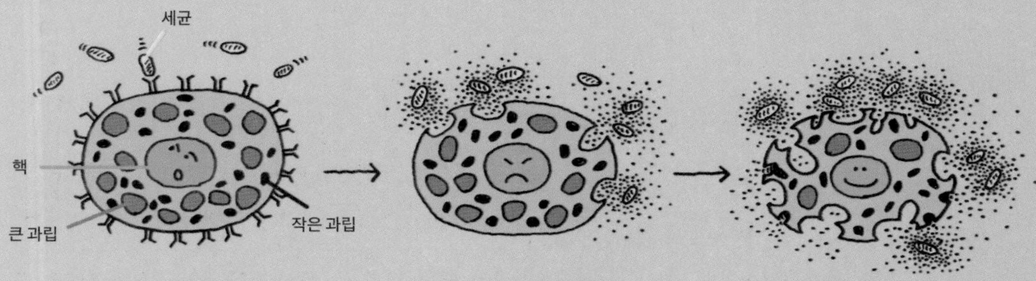

변형 세포의 세포질 막에 있는 수용체로 세균의 내독소를 감지한다.

먼저 큰 과립이 세포질 막으로 이동하여 응고 물질을 방출한다.

곧 이어 작은 과립도 세포질 막으로 이동하여 큰 과립과 함께 항균성 물질을 방출한다.

큰 과립 내 응집원(coagulogen)이 응집소(coagulin)로 전환되는 응고 연쇄 반응 과정

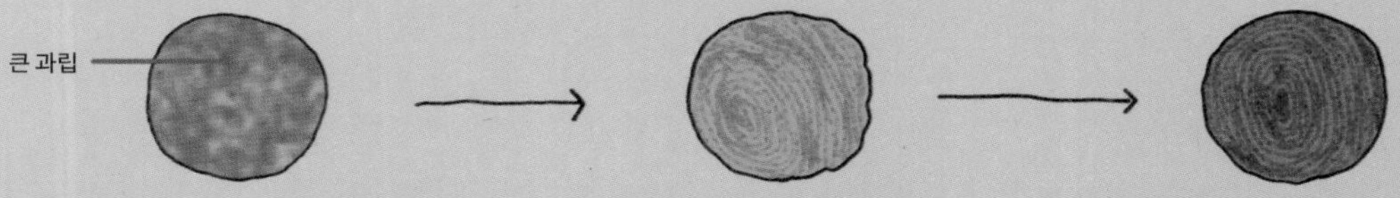

무정형 상태(amorphous stage)의 분비 과립

분비 과립이 점점 성숙(maturation)되어 간다.

마지막 단계로 내부 인자들이 촘촘히 정렬되어 빽빽하게 압축된다.

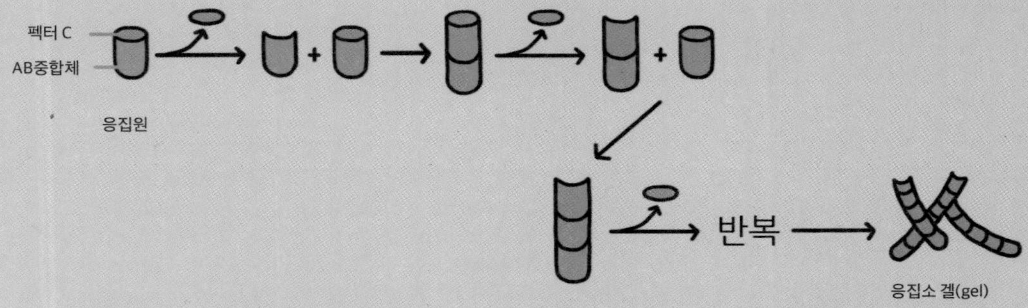

1974년에는 다른 연구자들이 투구게가 피하선에서 관(canal)을 통해 등껍질 외부로 분비하는 항생 물질을 발견하였다. 이 물질은 미생물들이 투구게 몸의 구석구석에 군집을 만들 수 없게 하고, 따개비나 해조류와 같은 기생 생물이 달라붙지 못하게 한다. 대부분의 투구게가 말끔한 겉모습을 유지하는 이유다.

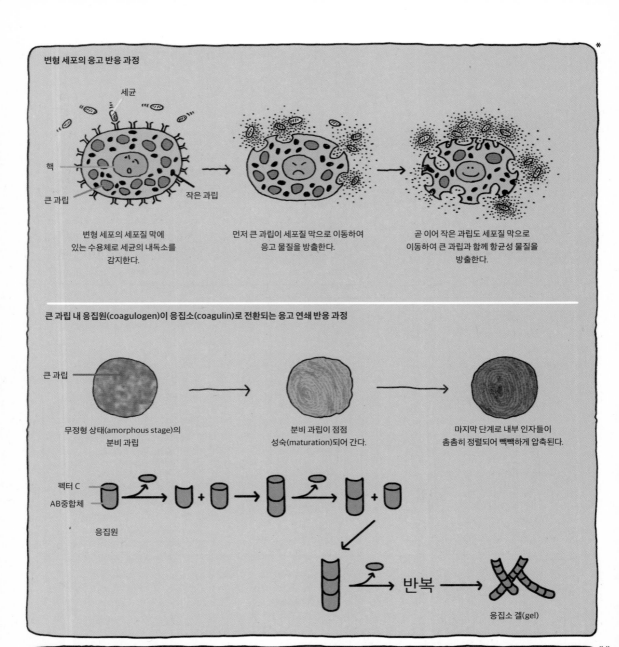

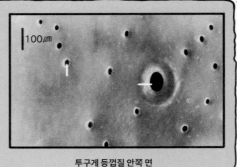

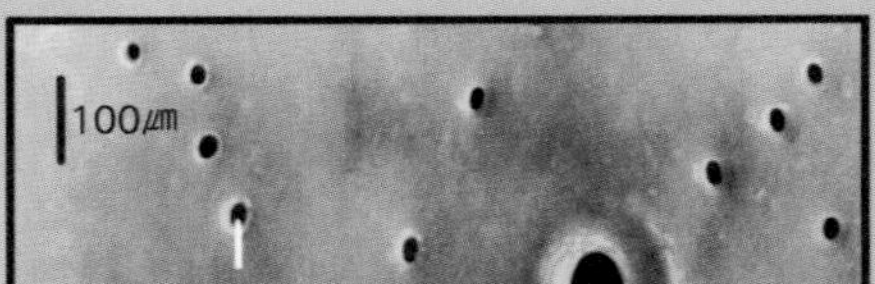

투구게 등껍질 안쪽 면

* 응집원-응집소 과정은 Kevin L. Williams. (2013). Limulus Amebocyte Lysate Discovery, Mechanism, and Application. In Kevin L. Williams (ed.), *Endotoxins: pyrogens, LAL testing and depyrogenation*. CRC Press에서 옮겨 그렸습니다.

한편으론 절지동물들 사이에서 쉽게 볼 수 있습니다.
절지동물은 매우 큰 생물 문(phylum)이기 때문에 세부적으론 종에 따라 차이가 크다.

물론 단순히 생각하면 같은 계통의 동물들이기 때문에 그렇겠지요.

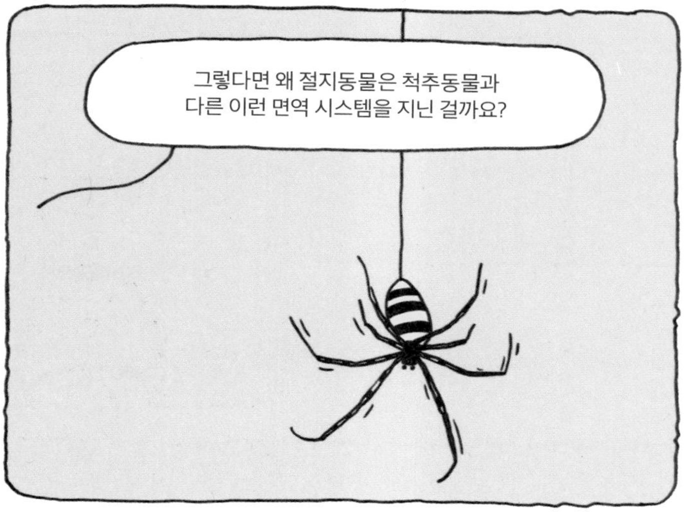
그렇다면 왜 절지동물은 척추동물과 다른 이런 면역 시스템을 지닌 걸까요?

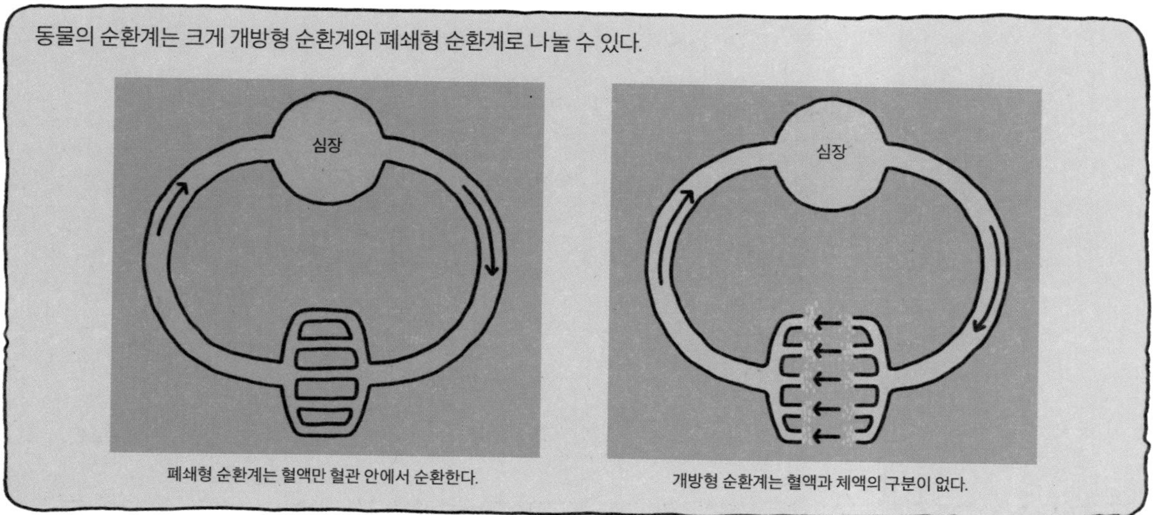
동물의 순환계는 크게 개방형 순환계와 폐쇄형 순환계로 나눌 수 있다.
심장
폐쇄형 순환계는 혈액만 혈관 안에서 순환한다.
심장
개방형 순환계는 혈액과 체액의 구분이 없다.

** John Irvin Stagner. (1975). Immunological mechanisms of the horseshoe crab, Limulus polyphemus. *Marine Fisheries Review*, 37.5-6에 실린 사진을 리터칭했습니다.

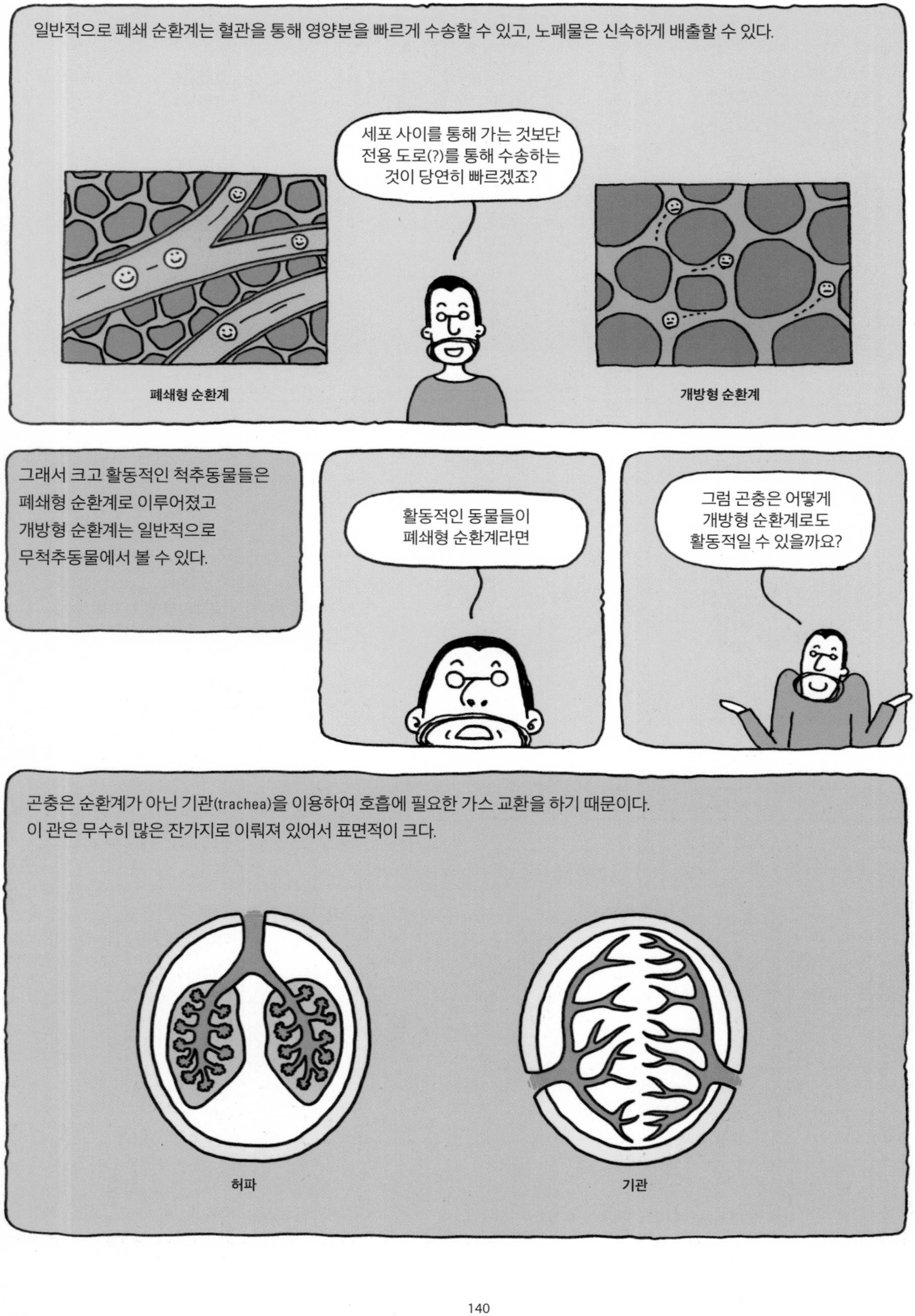
일반적으로 폐쇄 순환계는 혈관을 통해 영양분을 빠르게 수송할 수 있고, 노폐물은 신속하게 배출할 수 있다.
세포 사이를 통해 가는 것보단 전용 도로(?)를 통해 수송하는 것이 당연히 빠르겠죠?
폐쇄형 순환계
개방형 순환계
그래서 크고 활동적인 척추동물들은 폐쇄형 순환계로 이루어졌고 개방형 순환계는 일반적으로 무척추동물에서 볼 수 있다.
활동적인 동물들이 폐쇄형 순환계라면
그럼 곤충은 어떻게 개방형 순환계로도 활동적일 수 있을까요?
곤충은 순환계가 아닌 기관(trachea)을 이용하여 호흡에 필요한 가스 교환을 하기 때문이다.
이 관은 무수히 많은 잔가지로 이뤄져 있어서 표면적이 크다.
허파
기관

두 순환계는 면역계에서도 차이를 보인다.

폐쇄형 순환계로 이루어진 포유동물의 면역계는 선천적 면역과 후천적 면역이라는 두 방어선을 가진 데 반해,

절지동물을 비롯한 개방형 순환계를 가진 무척추동물은 선천적 면역계만 있다.

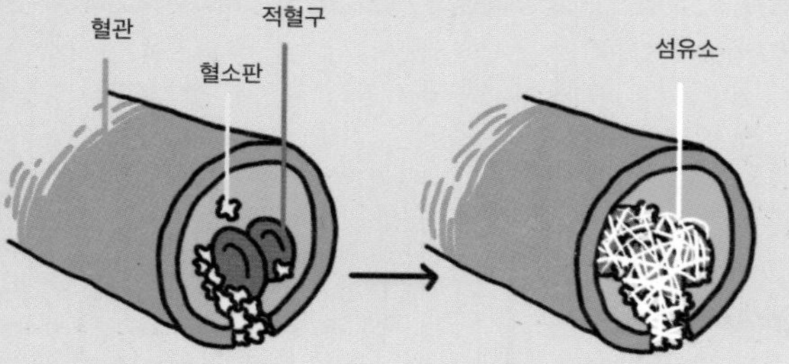

혈관이 손상되면 먼저 혈소판이 모여 손상 부위를 막는다.

섬유소가 혈소판과 적혈구를 붙잡고 응고물을 만든다.

2개의 방어선을 지닌 포유동물의 경우 세균의 침입에 효과적으로 대처할 수 있다. 물론 혈액 누출을 막기 위한 혈액 응고는 일어나지만, 혈전이 혈관을 막아 조직 괴사를 일으킬 수 있기 때문에 매우 제한적으로 쓰인다. 그래서 빠르게 혈전을 용해하고 응고를 방지하는 시스템이 발달하였다.

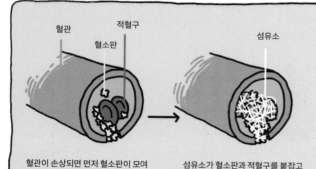

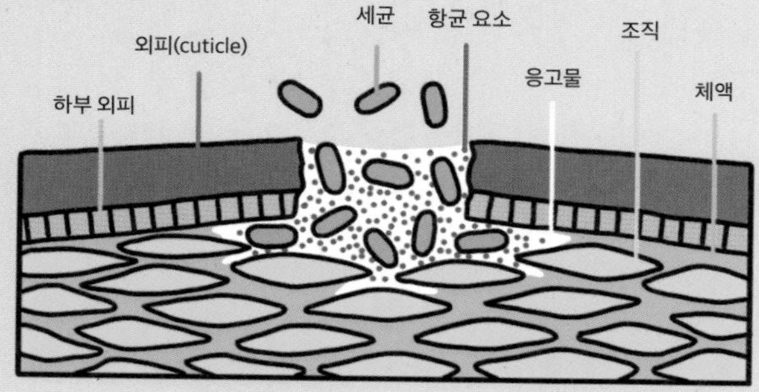

무척추동물은 체액 손실과 세균 확산을 막기 위해 신속하게 응고 반응이 일어난다.

반면 절지동물의 개방형 순환계에는 선천적 면역만 있기 때문에 최우선적으로 세균의 확산을 막기 위해 응고 작용이 반드시 필요하다. 부상 부위의 광범위한 혈액 손실을 막는 데에도 적극적으로 활용할 수 있다. 그러나 응고물이 끼치는 부작용은 포유동물에서보다 훨씬 낮다. 따라서 응고물을 시급하게 제거하지 않는다. 곤충의 경우 표피층이 재생되며 각질처럼 떼어 버리기도 한다.

이렇게 수억 년간 투구게를 지켜 준 효율적이고 민감한 면역 시스템은 역설적이게도 현대에 이르러 투구게를 고난의 길로 내몰았다.

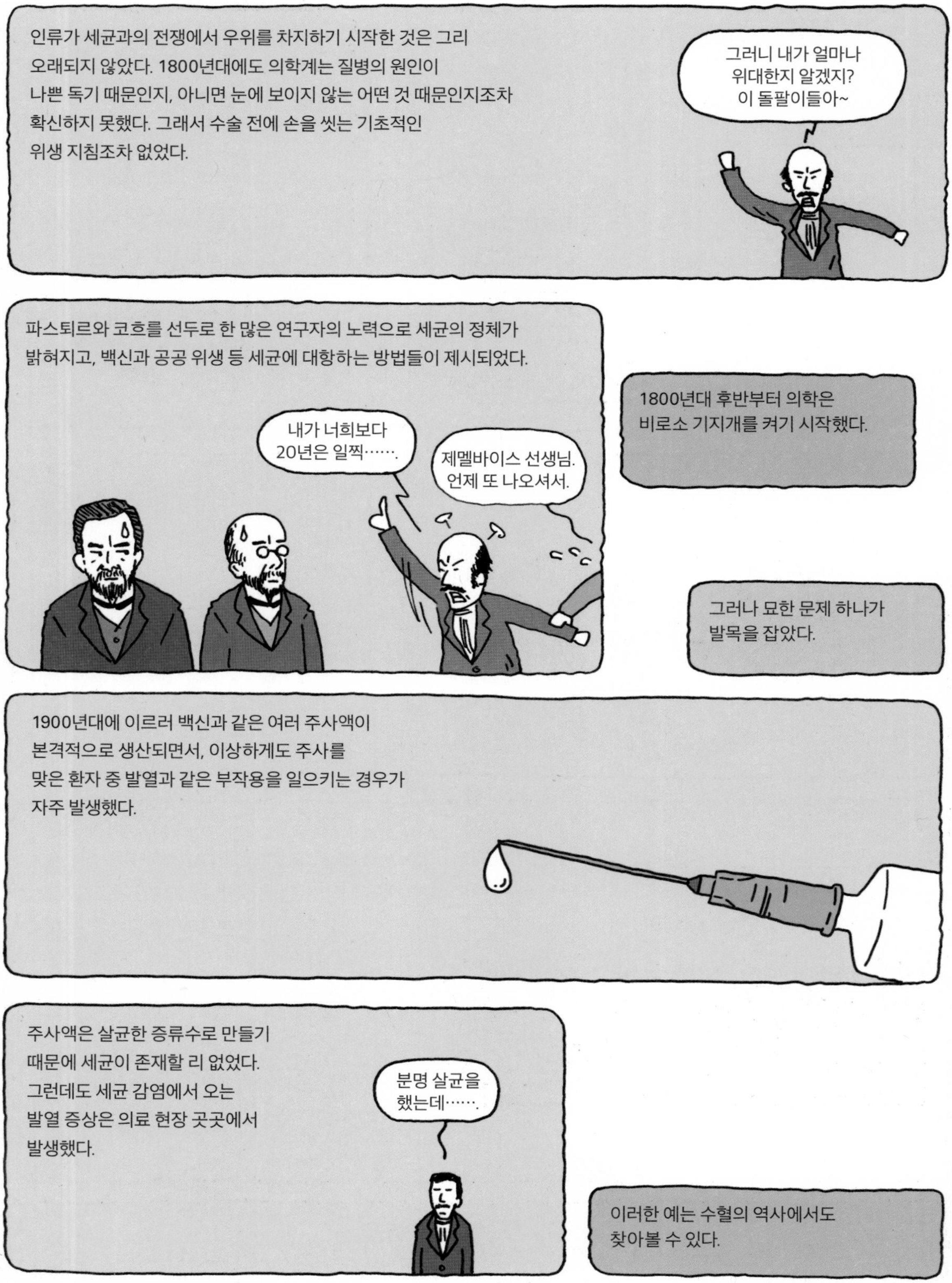
인류가 세균과의 전쟁에서 우위를 차지하기 시작한 것은 그리 오래되지 않았다. 1800년대에도 의학계는 질병의 원인이 나쁜 독기 때문인지, 아니면 눈에 보이지 않는 어떤 것 때문인지조차 확신하지 못했다. 그래서 수술 전에 손을 씻는 기초적인 위생 지침조차 없었다.
그러니 내가 얼마나 위대한지 알겠지? 이 돌팔이들아~
파스퇴르와 코흐를 선두로 한 많은 연구자의 노력으로 세균의 정체가 밝혀지고, 백신과 공공 위생 등 세균에 대항하는 방법들이 제시되었다.
내가 너희보다 20년은 일찍…….
제멜바이스 선생님. 언제 또 나오셔서.
1800년대 후반부터 의학은 비로소 기지개를 켜기 시작했다.
그러나 묘한 문제 하나가 발목을 잡았다.
1900년대에 이르러 백신과 같은 여러 주사액이 본격적으로 생산되면서, 이상하게도 주사를 맞은 환자 중 발열과 같은 부작용을 일으키는 경우가 자주 발생했다.
주사액은 살균한 증류수로 만들기 때문에 세균이 존재할 리 없었다. 그런데도 세균 감염에서 오는 발열 증상은 의료 현장 곳곳에서 발생했다.
분명 살균을 했는데…….
이러한 예는 수혈의 역사에서도 찾아볼 수 있다.

1800년대 초 영국의 외과 전문의
제임스 블런델(James Blundell, 1791~1878년)이
처음으로 산모들의 과다 출혈에 따른 사망을
막기 위해 수혈을 이용하면서, 영국을 중심으로
수혈이 다시 주목받기 시작했다.

분만하는 동안 치명적인 출혈과 싸울 때면 나 자신의 무력감에 진저리가 쳐졌습니다.
제임스 블런델

그림은 블런델이 발명한 수혈 기구 '임펠러(impellor)'다. 그는 1824년에 출판한 자신의 책에 임펠러의 도면을 실었다. 수혈자의 혈액을 깔때기로 받아 펌프질을 해 환자의 동맥에 혈액을 주입하는 장치로, 특이한 점은 깔때기의 바깥쪽을 따뜻한 물로 채워 혈액 응고를 방지하려고 했다는 사실이다.

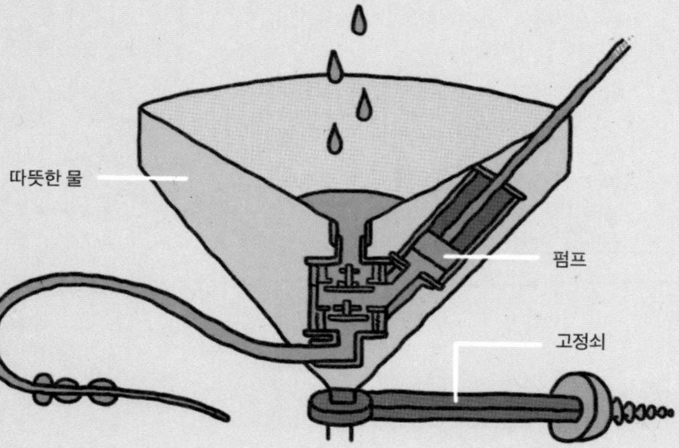
따뜻한 물
펌프
고정쇠

임펠러는 수혈자의 편의를 위해 의자 뒤쪽에 고정시킬 수 있도록 디자인되었습니다.

그러나 수혈은 결코 쉽지 않았다.
알 수 없는 쇼크사와 같은 의학적
부작용은 둘째 치고라도 체내에서
나온 혈액이 너무 빨리 응고되었기
때문에 수혈자의 피를 환자에게
주입하기란 매우 까다로웠다.

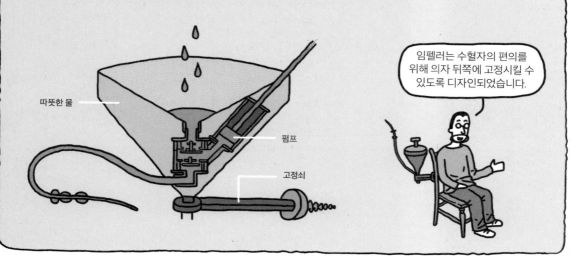

19세기 내내 수혈에서 응고 문제를 해결하기 위한 노력이 계속되었습니다.
지금 위급한 상황에 누구랑 얘기하고 있는 거요?
*

* 1882년 제네바에서 수혈자-환자 사이에 혈관을 직접 연결해 수혈했던 모습을 기록한 삽화를 보고 그렸습니다.

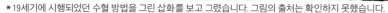

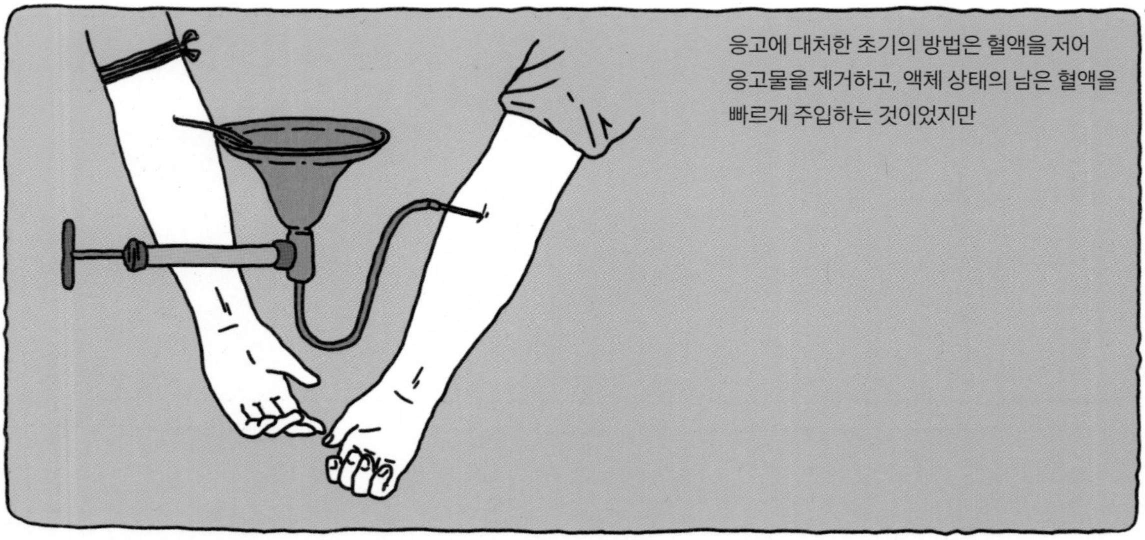
응고에 대처한 초기의 방법은 혈액을 저어
응고물을 제거하고, 액체 상태의 남은 혈액을
빠르게 주입하는 것이었지만

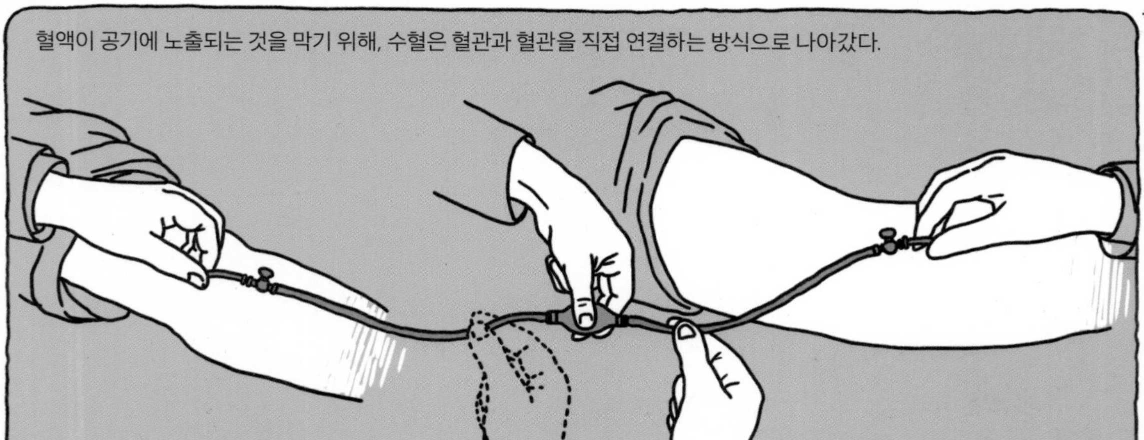
혈액이 공기에 노출되는 것을 막기 위해, 수혈은 혈관과 혈관을 직접 연결하는 방식으로 나아갔다.

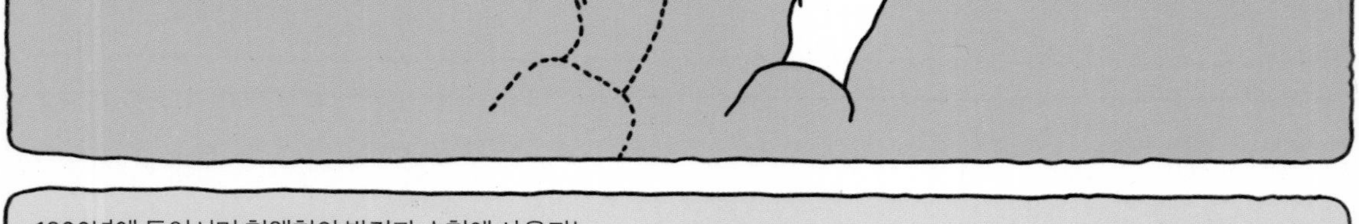
1900년에 들어서며 혈액형의 발견과 수혈에 사용되는
장비, 외과 기술의 향상으로 조금 나아지기는 했지만
여전히 바늘과 튜브가 금세 혈액 응고물에 막혀 수혈이
원활하지 않았고, 혈액을 장기간 보관하는 것은
꿈도 못 꿀 일이었다.

1901년에 ABO식 혈액형을 발표한 카를 란트슈타이너
(Karl Landsteiner, 1868~1943년)

* 19세기에 시행되었던 수혈 방법을 그린 삽화를 보고 그렸습니다. 그림의 출처는 확인하지 못했습니다.
** 1872년 《랜싯(*Lancet*)》에 실린 수혈 기구 그림을 보고 그렸습니다.

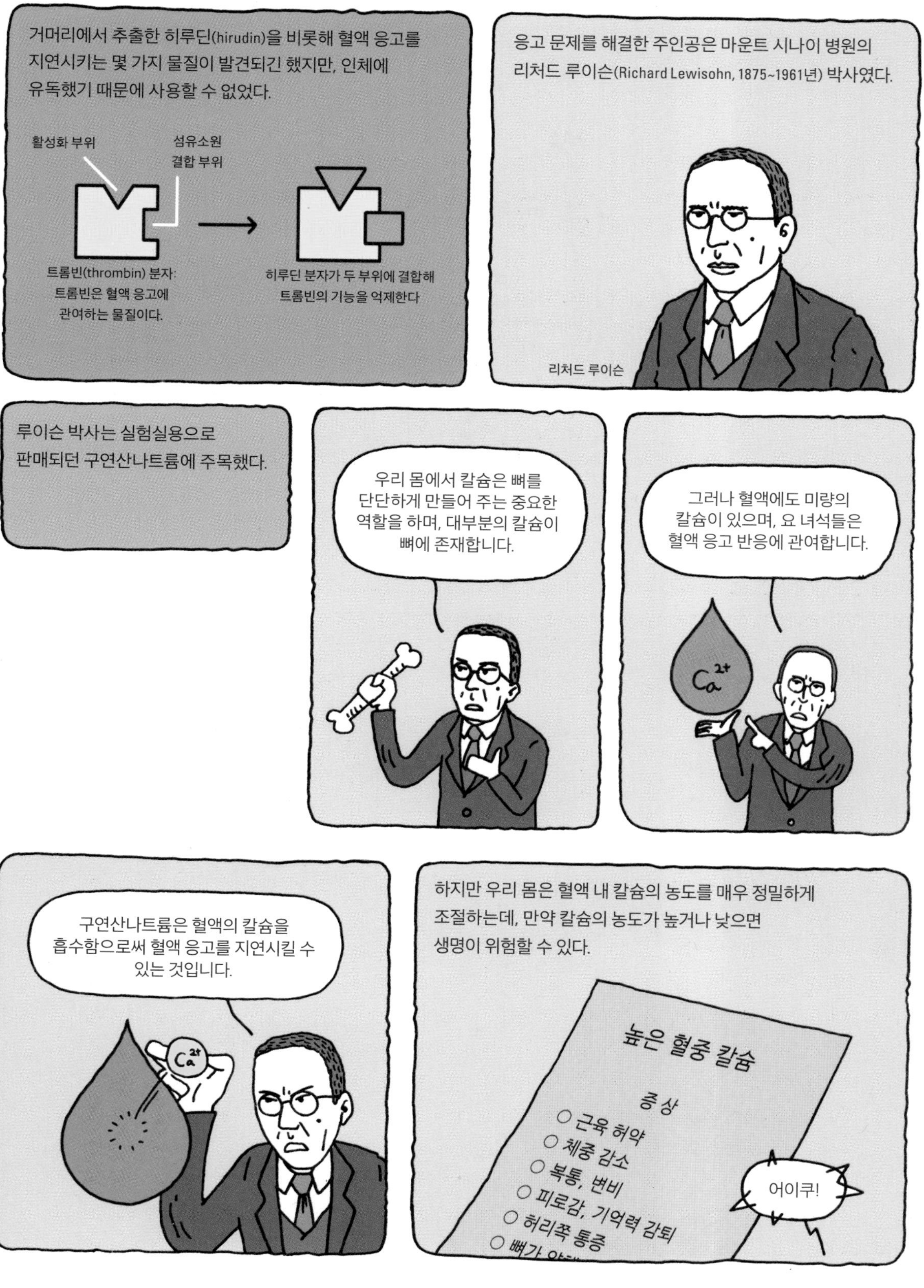
거머리에서 추출한 히루딘(hirudin)을 비롯해 혈액 응고를 지연시키는 몇 가지 물질이 발견되긴 했지만, 인체에 유독했기 때문에 사용할 수 없었다.
활성화 부위
섬유소원 결합 부위
트롬빈(thrombin) 분자: 트롬빈은 혈액 응고에 관여하는 물질이다.
히루딘 분자가 두 부위에 결합해 트롬빈의 기능을 억제한다
응고 문제를 해결한 주인공은 마운트 시나이 병원의 리처드 루이손(Richard Lewisohn, 1875~1961년) 박사였다.
리처드 루이손
루이손 박사는 실험실용으로 판매되던 구연산나트륨에 주목했다.
우리 몸에서 칼슘은 뼈를 단단하게 만들어 주는 중요한 역할을 하며, 대부분의 칼슘이 뼈에 존재합니다.
그러나 혈액에도 미량의 칼슘이 있으며, 요 녀석들은 혈액 응고 반응에 관여합니다.
Ca2+
구연산나트륨은 혈액의 칼슘을 흡수함으로써 혈액 응고를 지연시킬 수 있는 것입니다.
Ca2+
하지만 우리 몸은 혈액 내 칼슘의 농도를 매우 정밀하게 조절하는데, 만약 칼슘의 농도가 높거나 낮으면 생명이 위험할 수 있다.
높은 혈중 칼슘
증상
○ 근육 허약
○ 체중 감소
○ 복통, 변비
○ 피로감, 기억력 감퇴
○ 허리쪽 통증
어이쿠!

그런 이유로 혈액 내 칼슘 농도에 영향을 끼치는 구연산나트륨을 함부로 수혈에 사용할 수 없었다.

루이슨 박사는 구연산나트륨의 농도를 줄여 가며 유해성을 확인했고, 4년여 동안 계속된 실험 끝에 1915년이 되어서야 답을 찾을 수 있었다. 아르헨티나와 벨기에 2곳의 연구소에서도 구연산나트륨에 관련된 연구 결과를 발표했다.

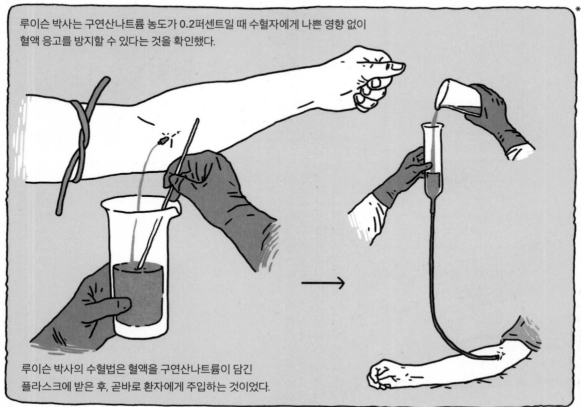

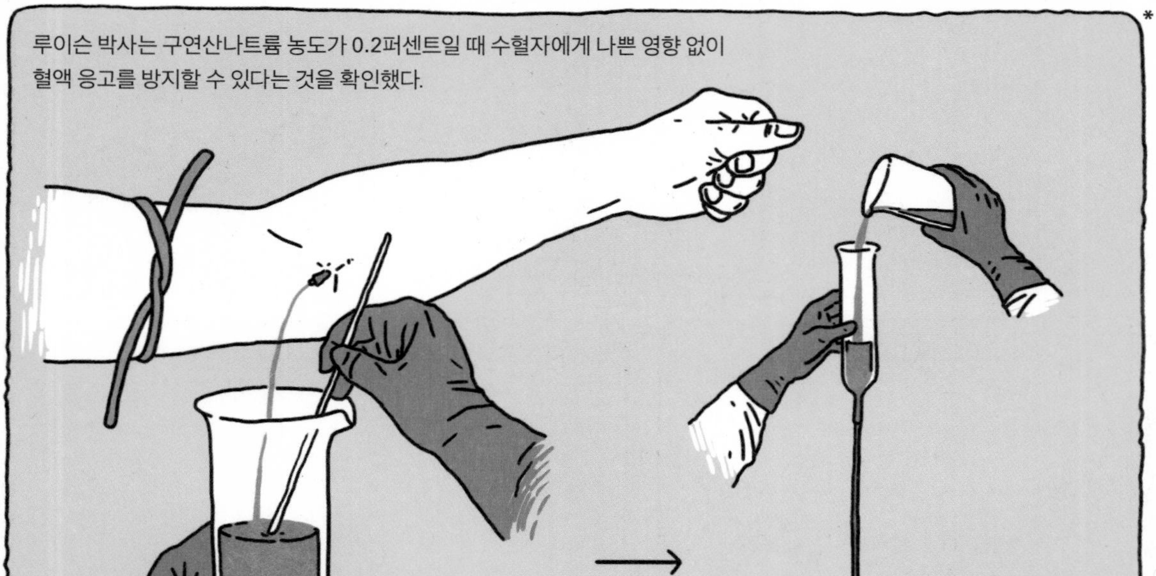
루이슨 박사는 구연산나트륨 농도가 0.2퍼센트일 때 수혈자에게 나쁜 영향 없이 혈액 응고를 방지할 수 있다는 것을 확인했다.
루이슨 박사의 수혈법은 혈액을 구연산나트륨이 담긴 플라스크에 받은 후, 곧바로 환자에게 주입하는 것이었다.

* *The Boston Medical and Surgical Journal*, (1924), 190에 실린 그림을 보고 그렸습니다.

그러나 모두가 두 손을 들어 환영한 것은 아니었다.
뭐? 구연산나트륨? 웃기고 있네!

수혈자와 환자의 혈관을 직접 이어서 수혈하는 방식은 수준 높은 외과적 기술을 필요로 했다. 뛰어난 외과의 중에서도 매우 제한된 사람만 성공할 수 있었다.
이젠 이놈이고 저놈이고 수술하겠다고 덤벼들겠군.

루이션의 해결책 때문에 수혈에서 이전의 수준 높은 기술은 더 이상 필요하지 않게 되었다. 따라서 기존에 그 고급 외과 기술로 명성을 누렸던 일부 의사들은 결과를 순순히 받아들이기 어려웠다.
젠장
젠장
젠장
젠장
젠장
젠장

그런 와중에 구연산나트륨을 이용한 수혈이 증가하면서 원인 모를 발열과 오한 같은 부작용도 증가하자 이들은 기회를 그냥 흘리지 않았다.
오——!

그게 다 '구연산 독성' 때문이다!

루이션은 18년의 연구 끝에 부작용의 원인이 구연산이 아닌 수혈 도구에 존재하는 세균의 독소라는 사실을 입증할 수 있었다.

이처럼 살균 처리를 했음에도 불구하고 눈에 보이지 않는 오염은 20세기 중반까지 의료계의 큰 골칫거리였다.
그러나 그 원인을 입증해 줄 유력한 증거들은 사실 1800년대 말부터 일찌감치 연구되어 있었다.
이미 1874년에 덴마크의 생리학자이자 병리학자인 페테르 루드비그 파눔(Peter Ludvig Panum, 1820~1885년)이,
1892년에는 독일의 세균학자 리하르트 프리드리히 요하네스 파이퍼(Richard Friedrich Johannes Pfeiffer, 1858~1945년)와
이탈리아의 에우제니오 첸타니(Eugenio Centanni, 1863~1942년)가 각각 세균의 감염원에 관한 의미 있는 연구 결과를 발표했었다.
그 연구들을 종합하면 세균은 열에 안정적인 내독소와 열에 쉽게 파괴되는 외독소를 가지고 있으며, 이것은 세균이 분비하는 것이 아니라 세균의 일부분이고, 세균이 분해될 때 방출된다고 결론지었다.
놀랍게도 현재의 정의와 크게 다르지 않습니다.
그러나 그들의 연구는 널리 알려지지 않았다.
에휴——
당시는 지금처럼 연구 결과들을 빠르고 손쉽게 공유하기 어려웠고, 이처럼 알려지지 못하고 쉽게 묻힌 귀중한 연구들이 많았다.
인터넷 만세~!
구글 만세~!

1912년에는 리스터 연구소(Lister Institute)의 에드워드 홀트(Edward Hort, 1868~1922년)와 펜폴드(W. J. Penfold)가 결정적인 연구 결과를 발표했다.
죄송~ 사진을 못 구해서…….
우린 왜 이따위로 그린 거야?
그들은 이 독소가 그람 음성 세균에게서만 발생하며, 주사액을 만드는 증류수에서도 독소를 발견했다고 보고했다. 그리고 독소가 죽은 세균에도 존재함을 확인했다.
이 독소가 주사를 맞는 환자들에게 발열을 일으킨다고 확신합니다.
망할 만화가 녀석!
그래서 이런 오염을 확인할 수 있도록
멋있게 그려 달란…….
토끼를 이용한 표준화한 발열 검사를 제안합니다.
으아~ 폼 안 난다.
그러나 이 연구 또한 학계에서 별다른 반응을 이끌지 못했다.
히 잉~~~
그들의 연구는 10년이 지난 1923년, 미국의 생화학자 플로렌스 바버라 시버트(Florence Barbara Seibert, 1897~1991년)가 확인하고 나서야 가치를 인정받았다.

그 뒤 그람 음성 세균과 내열성 독소(heat-stable toxin)에 대한 연구는 활발히 진척되었고, 그람 음성 세균의 세포벽이 내열성 독소, 즉 내독소의 원인이라는 사실이 밝혀졌다. 내독소를 내열성 독소라고 부르는 것은 내독소는 100도가 넘는 열로도 제거하기 어렵기 때문이다.
반면 외독소는 단백질성 독소이기 때문에 열에 쉽게 파괴됩니다.
이러한 발견에도 불구하고, 제약 공정에서 토끼를 이용한 검사가 표준으로 자리 잡는 데는 더 오랜 시간이 필요했다.
결정적인 계기는 제2차 세계 대전을 겪으면서 주사 제품의 사용이 폭발적으로 증가한 것이었다.
약품의 오염을 방지할 필요성이 더욱 커지면서 1942년이 되어서야 토끼 내독소 검사가 시행되었다.
건강한 사람들에게는 일반적으로 내독소가 위험하지 않다. 정상적인 면역 체계는 세균을 충분히 제압할 수 있다. 우리에게 해를 입히는 세균은 극소수일 뿐이다.
우리 몸에는 어마어마한 수의 세균이 살고 있으며, 그람 음성 세균도 우리 위 속에서 안락하게 머문다. 이들은 소화를 돕고 나쁜 세균이 자리 잡지 못하도록 방해한다. 우리는 세균과 공생 관계에 있다.

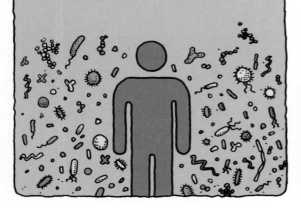

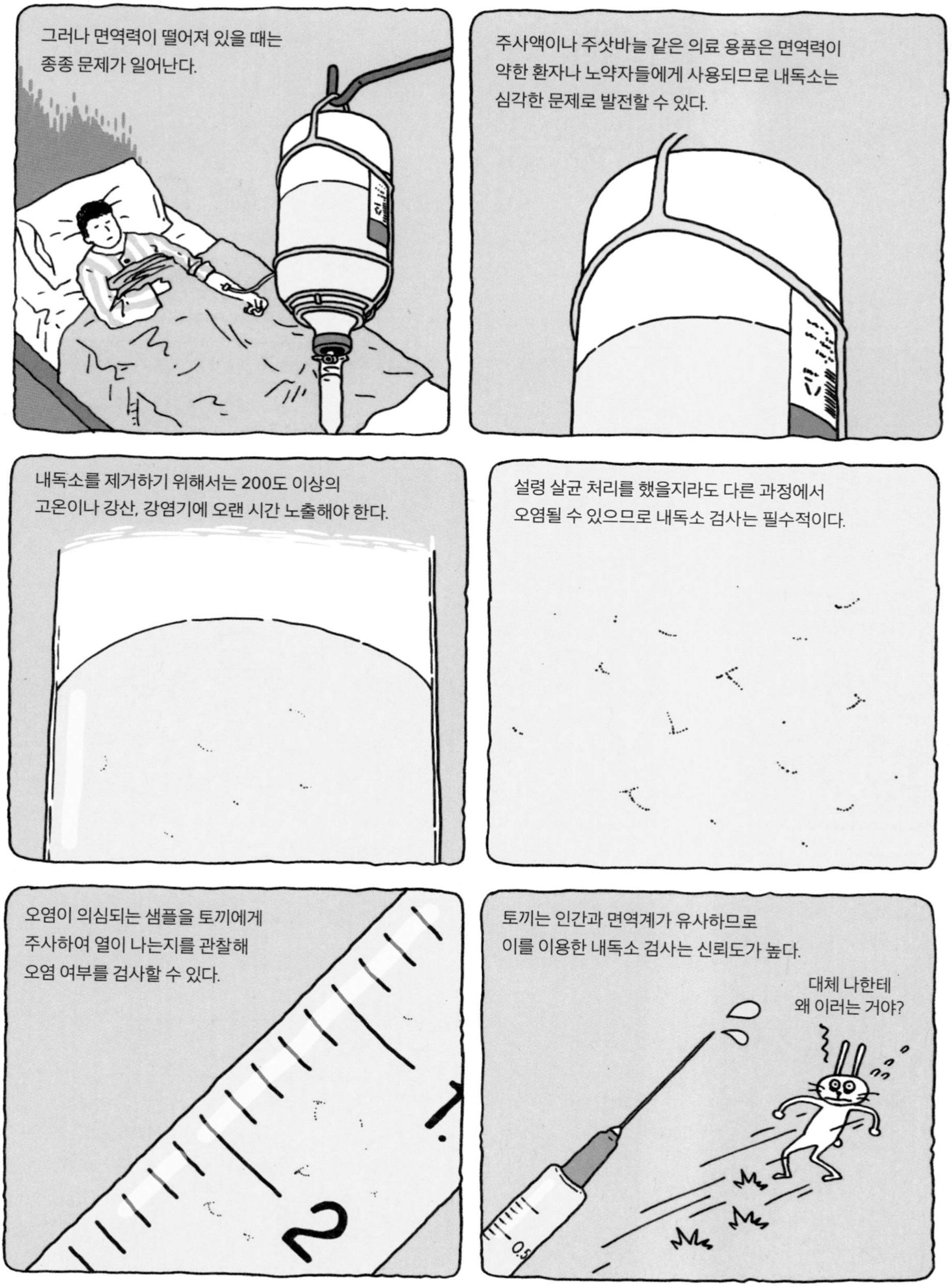
그러나 면역력이 떨어져 있을 때는
종종 문제가 일어난다.
주사액이나 주삿바늘 같은 의료 용품은 면역력이
약한 환자나 노약자들에게 사용되므로 내독소는
심각한 문제로 발전할 수 있다.
내독소를 제거하기 위해서는 200도 이상의
고온이나 강산, 강염기에 오랜 시간 노출해야 한다.
설령 살균 처리를 했을지라도 다른 과정에서
오염될 수 있으므로 내독소 검사는 필수적이다.
오염이 의심되는 샘플을 토끼에게
주사하여 열이 나는지를 관찰해
오염 여부를 검사할 수 있다.
토끼는 인간과 면역계가 유사하므로
이를 이용한 내독소 검사는 신뢰도가 높다.
대체 나한테
왜 이러는 거야?

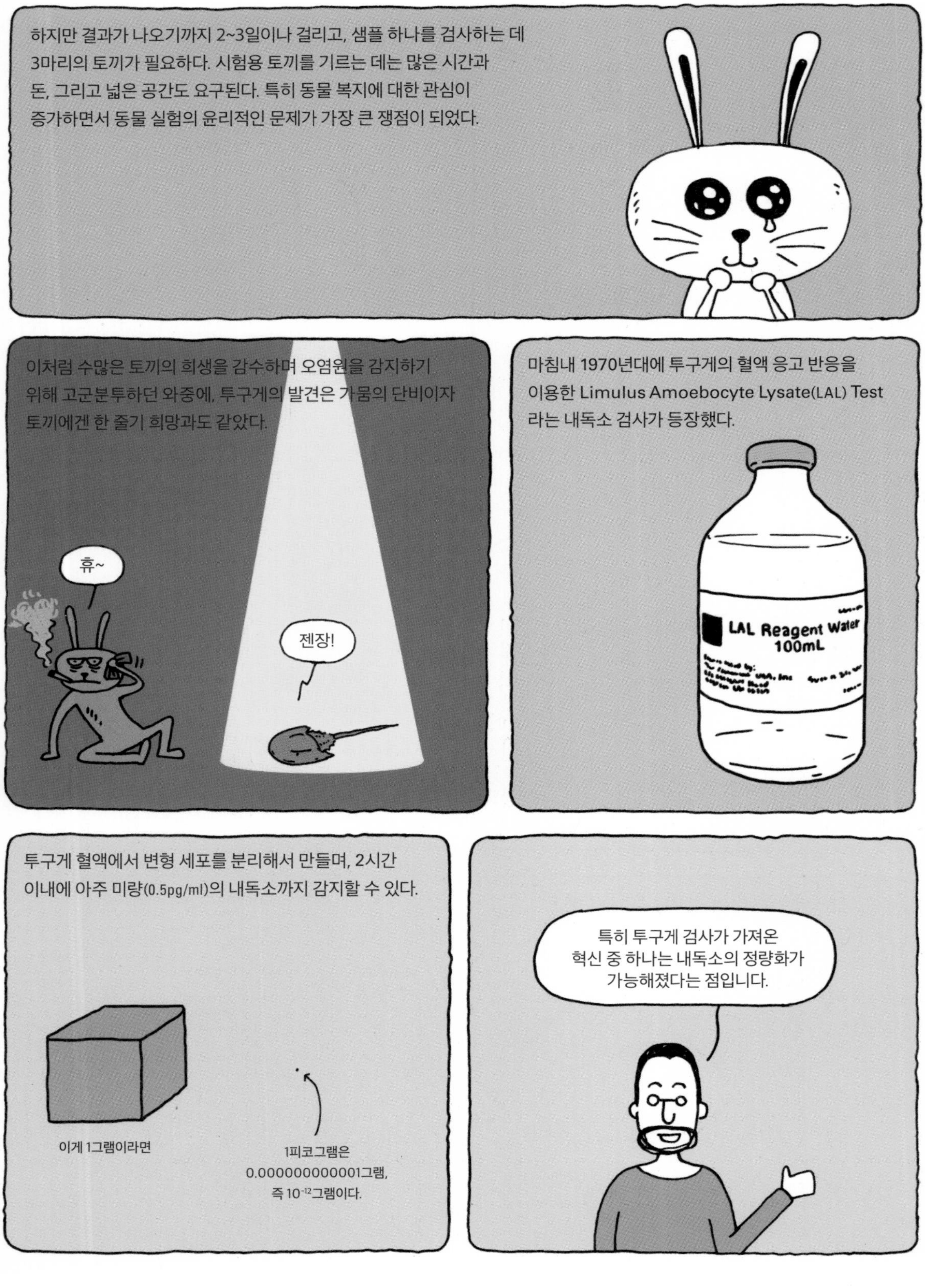
하지만 결과가 나오기까지 2~3일이나 걸리고, 샘플 하나를 검사하는 데 3마리의 토끼가 필요하다. 시험용 토끼를 기르는 데는 많은 시간과 돈, 그리고 넓은 공간도 요구된다. 특히 동물 복지에 대한 관심이 증가하면서 동물 실험의 윤리적인 문제가 가장 큰 쟁점이 되었다.
이처럼 수많은 토끼의 희생을 감수하며 오염원을 감지하기 위해 고군분투하던 와중에, 투구게의 발견은 가뭄의 단비이자 토끼에겐 한 줄기 희망과도 같았다.
휴~
젠장!
마침내 1970년대에 투구게의 혈액 응고 반응을 이용한 Limulus Amoebocyte Lysate(LAL) Test 라는 내독소 검사가 등장했다.
LAL Reagent Water
100mL
투구게 혈액에서 변형 세포를 분리해서 만들며, 2시간 이내에 아주 미량(0.5pg/ml)의 내독소까지 감지할 수 있다.
이게 1그램이라면
1피코그램은
0.000000000001그램,
즉 10⁻¹²그램이다.
특히 투구게 검사가 가져온 혁신 중 하나는 내독소의 정량화가 가능해졌다는 점입니다.

토끼 검사를 통해선 내독소의 유무만을 확인할 수 있었지만,
1.15도 이하 통과
2.65도 이상 불합격
3마리의 토끼에 시간별로 테스트 물질을 주입
3마리 체온의 합
미국 약전(USP)과 미국 식품 의약국(FDA)은 제약용 정제수(purified water)의 내독소 허용 수치를 0.25EU ml^{-1}으로 정하고 있다. EU(Endotoxin Units)는 대장균 균주에서 정제한 내독소 약 1나노그램을 말한다. 일반적으로 병에 든 생수의 내독소 기준은 수 EU ml^{-1}이다.
투구게 검사는 독성 정도를 수치화하여, 기준을 정할 수 있게 했습니다.
비로소 인류는 내독소를 감지할 수 있는 휴대용 레이더를 갖게 된 것이다. 투구게 혈액을 이용한 내독소 검사는 현재 제약계에 없어서는 안 될 필수적인 검사로 자리 잡았다.
그러나 투구게 내독소 검사가 전혀 문제없는 건 아닙니다.
내독소 검사용 시약을 만들기 위해 살아 있는 투구게로부터 혈액의 30퍼센트를 추출한다. 그 과정에서 스트레스 때문에 약 10~15퍼센트가 죽는다.
매년 수천 마리가 포획되어 강제 헌혈을 당하는 상황에서 이것은 결코 적은 수가 아니며 멸종 위기에 있는 투구게로서는 치명적이다.

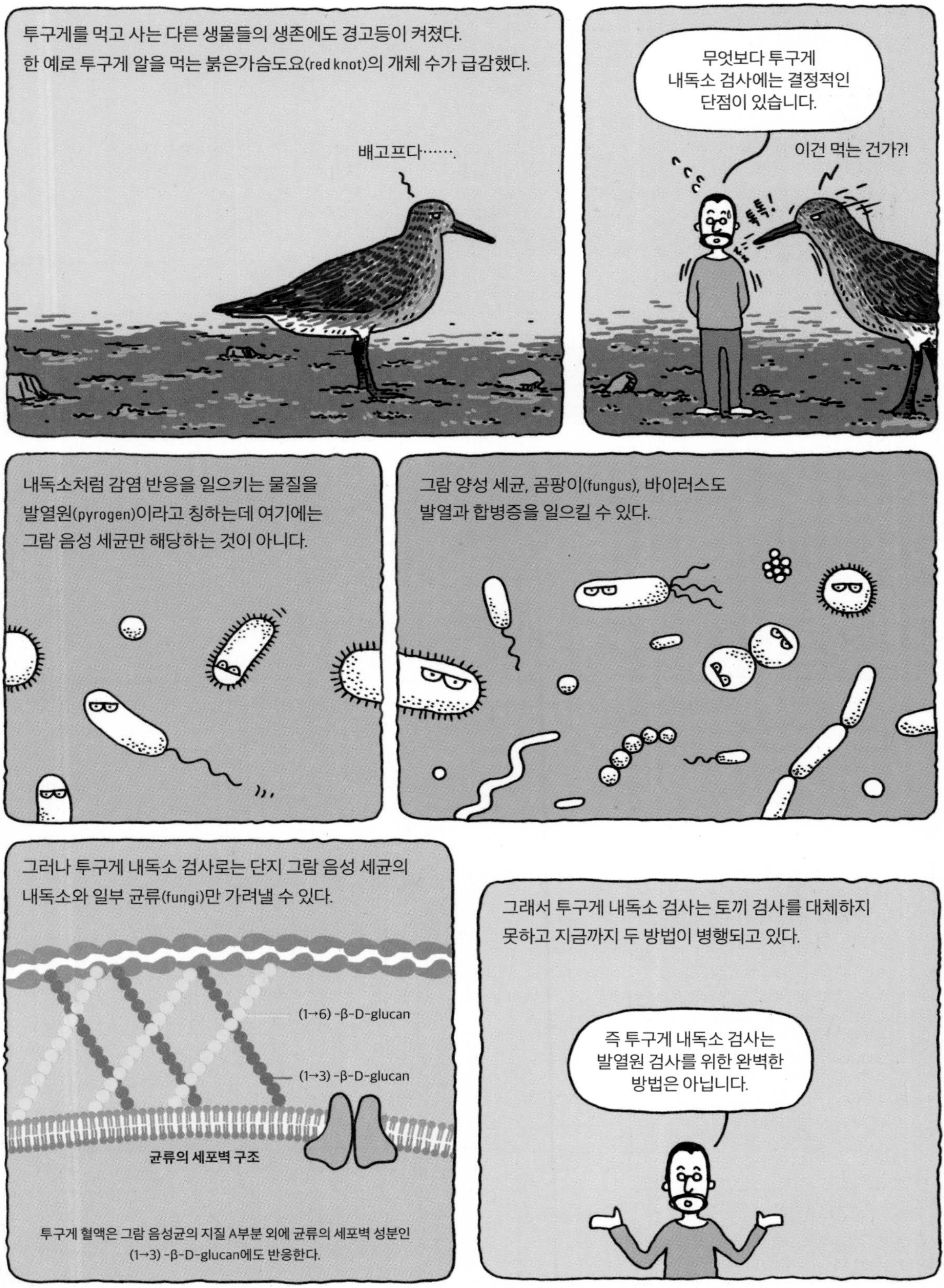
투구게를 먹고 사는 다른 생물들의 생존에도 경고등이 켜졌다.
한 예로 투구게 알을 먹는 붉은가슴도요(red knot)의 개체 수가 급감했다.
배고프다…….
무엇보다 투구게 내독소 검사에는 결정적인 단점이 있습니다.
이건 먹는 건가?!
톡톡!
내독소처럼 감염 반응을 일으키는 물질을 발열원(pyrogen)이라고 칭하는데 여기에는 그람 음성 세균만 해당하는 것이 아니다.
그람 양성 세균, 곰팡이(fungus), 바이러스도 발열과 합병증을 일으킬 수 있다.
그러나 투구게 내독소 검사로는 단지 그람 음성 세균의 내독소와 일부 균류(fungi)만 가려낼 수 있다.
(1→6) -β-D-glucan
(1→3) -β-D-glucan
균류의 세포벽 구조
투구게 혈액은 그람 음성균의 지질 A부분 외에 균류의 세포벽 성분인 (1→3) -β-D-glucan에도 반응한다.
그래서 투구게 내독소 검사는 토끼 검사를 대체하지 못하고 지금까지 두 방법이 병행되고 있다.
즉 투구게 내독소 검사는 발열원 검사를 위한 완벽한 방법은 아닙니다.

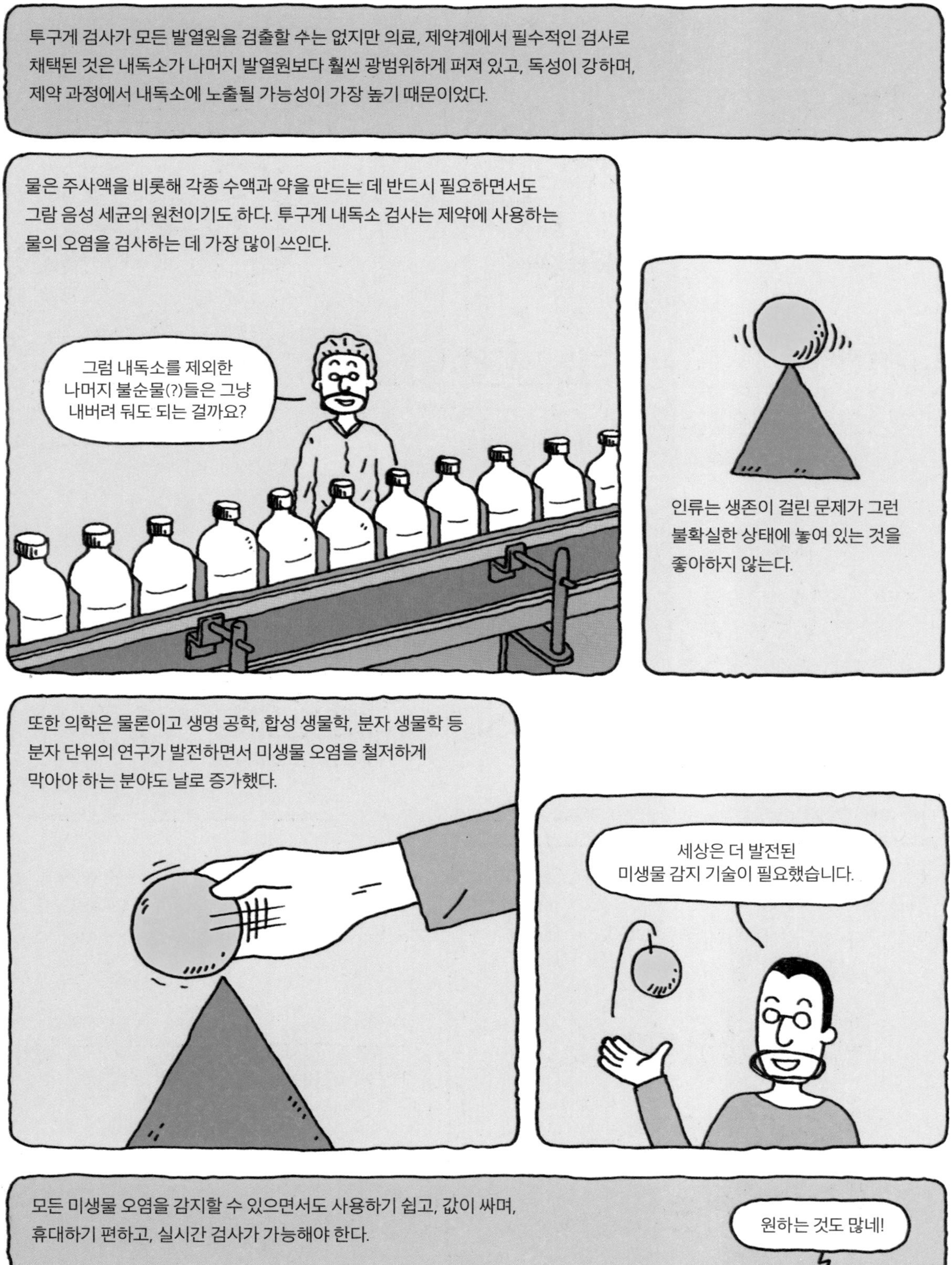
투구게 검사가 모든 발열원을 검출할 수는 없지만 의료, 제약계에서 필수적인 검사로 채택된 것은 내독소가 나머지 발열원보다 훨씬 광범위하게 퍼져 있고, 독성이 강하며, 제약 과정에서 내독소에 노출될 가능성이 가장 높기 때문이었다.
물은 주사액을 비롯해 각종 수액과 약을 만드는 데 반드시 필요하면서도 그람 음성 세균의 원천이기도 하다. 투구게 내독소 검사는 제약에 사용하는 물의 오염을 검사하는 데 가장 많이 쓰인다.
그럼 내독소를 제외한 나머지 불순물(?)들은 그냥 내버려 둬도 되는 걸까요?
인류는 생존이 걸린 문제가 그런 불확실한 상태에 놓여 있는 것을 좋아하지 않는다.
또한 의학은 물론이고 생명 공학, 합성 생물학, 분자 생물학 등 분자 단위의 연구가 발전하면서 미생물 오염을 철저하게 막아야 하는 분야도 날로 증가했다.
세상은 더 발전된 미생물 감지 기술이 필요했습니다.
모든 미생물 오염을 감지할 수 있으면서도 사용하기 쉽고, 값이 싸며, 휴대하기 편하고, 실시간 검사가 가능해야 한다.
원하는 것도 많네!

그중에서도 가장 중요한 것은
식별과 수량화다.
즉 무엇이 얼마만큼 있는지
측정할 수 있어야 합니다.
살모넬라균이 3.5…….
그리고 또 하나 중요한 외부적인
요건도 충족해야 합니다.
바로 동물 복지다. 일정한 기준 없이 남용되는 동물 실험을
규제하기 위한 국제 사회의 움직임은 점점 구체화되었다.
2005년 11월 '동물 실험의 대안적 접근을 위한 유럽 공동체
(European Partnership for Alternative Approaches to Animal Testing)'
에서는 동물 실험의 대안과 개선을 위한 '3R'을 발표했다.
Replace (대체하고)
Reduce (줄이고)
Refine (개선하자)
마침내 2010년 9월 22일 유럽 연합 의회와
유럽 연합 이사회가 채택한
'European Directive 2010/63/EU'에서는
실험 동물 보호를 위해서, 동물 실험을 대체할
적합한 대안이 있을 때는 동물 실험을
금지하도록 하였다.

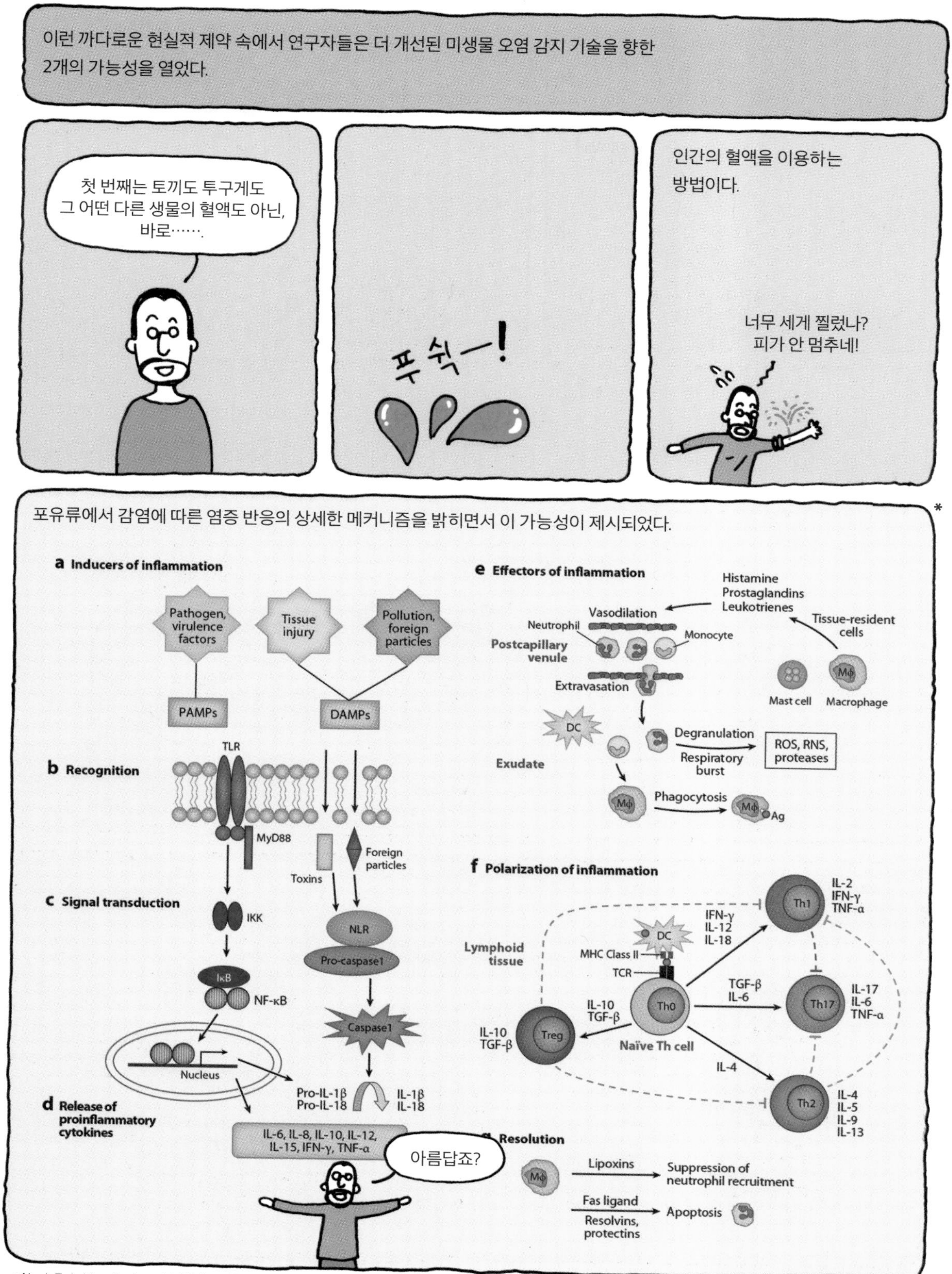

* Noah T. Ashley, Zachary M. Weil and Randy J. Nelson. (2012). Inflammation: mechanisms, costs, and natural variation. *Annual Review of Ecology, Evolution, and Systematics*, 43, 385-406을 참조해 그렸습니다.

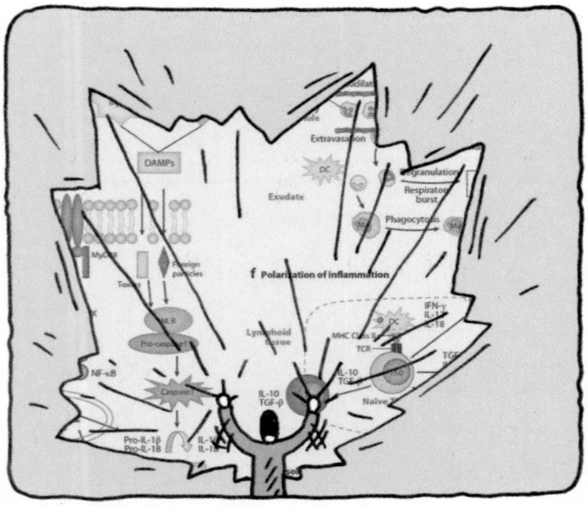

그러나 못 알아먹을
그림은 치워 버리고

너무 머리 아픈
이야기는 넘깁시다.
휙!

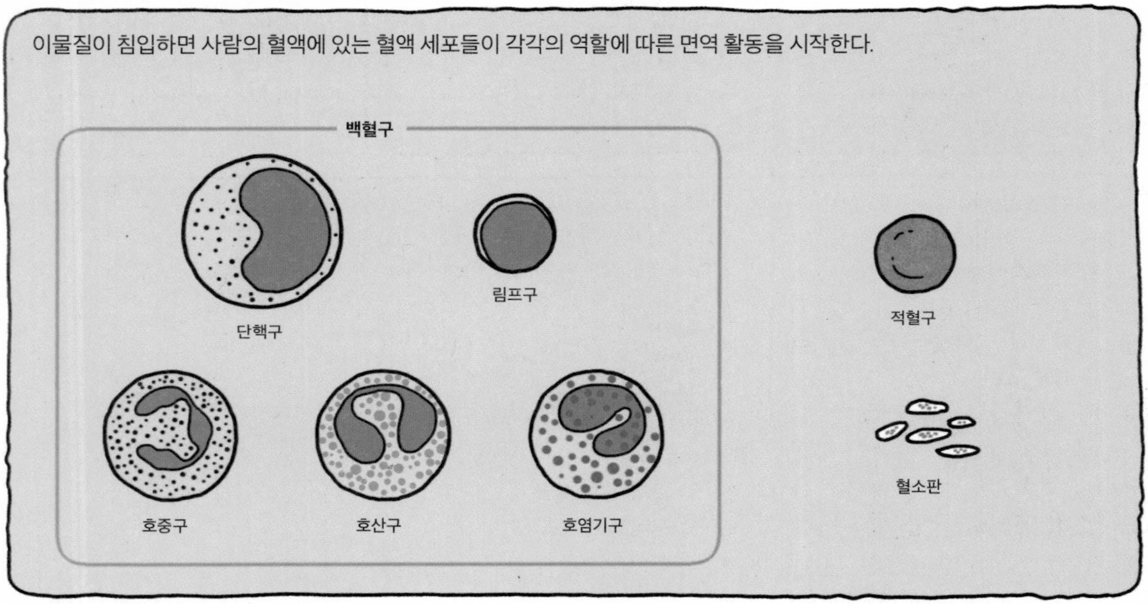
이물질이 침입하면 사람의 혈액에 있는 혈액 세포들이 각각의 역할에 따른 면역 활동을 시작한다.
백혈구
단핵구
림프구
호중구
호산구
호염기구
적혈구
혈소판

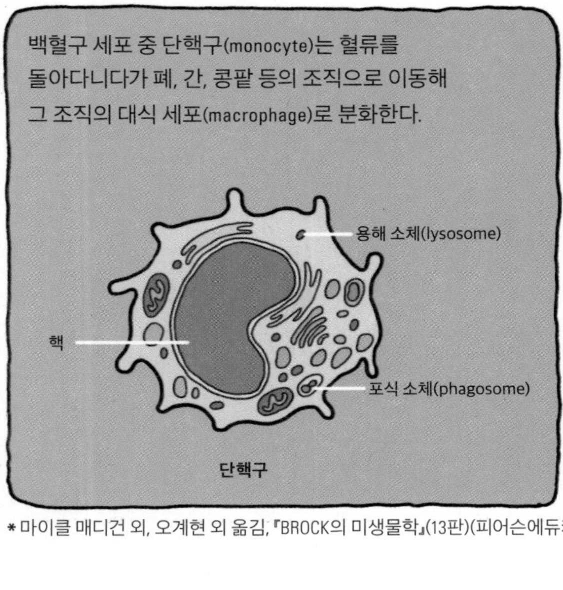
백혈구 세포 중 단핵구(monocyte)는 혈류를
돌아다니다가 폐, 간, 콩팥 등의 조직으로 이동해
그 조직의 대식 세포(macrophage)로 분화한다.
용해 소체(lysosome)
핵
포식 소체(phagosome)
단핵구

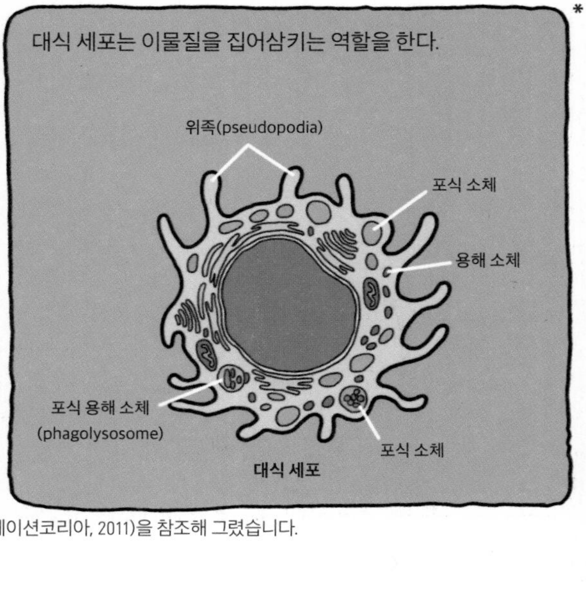
*
대식 세포는 이물질을 집어삼키는 역할을 한다.
위족(pseudopodia)
포식 소체
용해 소체
포식 용해 소체
(phagolysosome)
포식 소체
대식 세포

* 마이클 매디건 외, 오계현 외 옮김, 『BROCK의 미생물학』(13판)(피어슨에듀케이션코리아, 2011)을 참조해 그렸습니다.

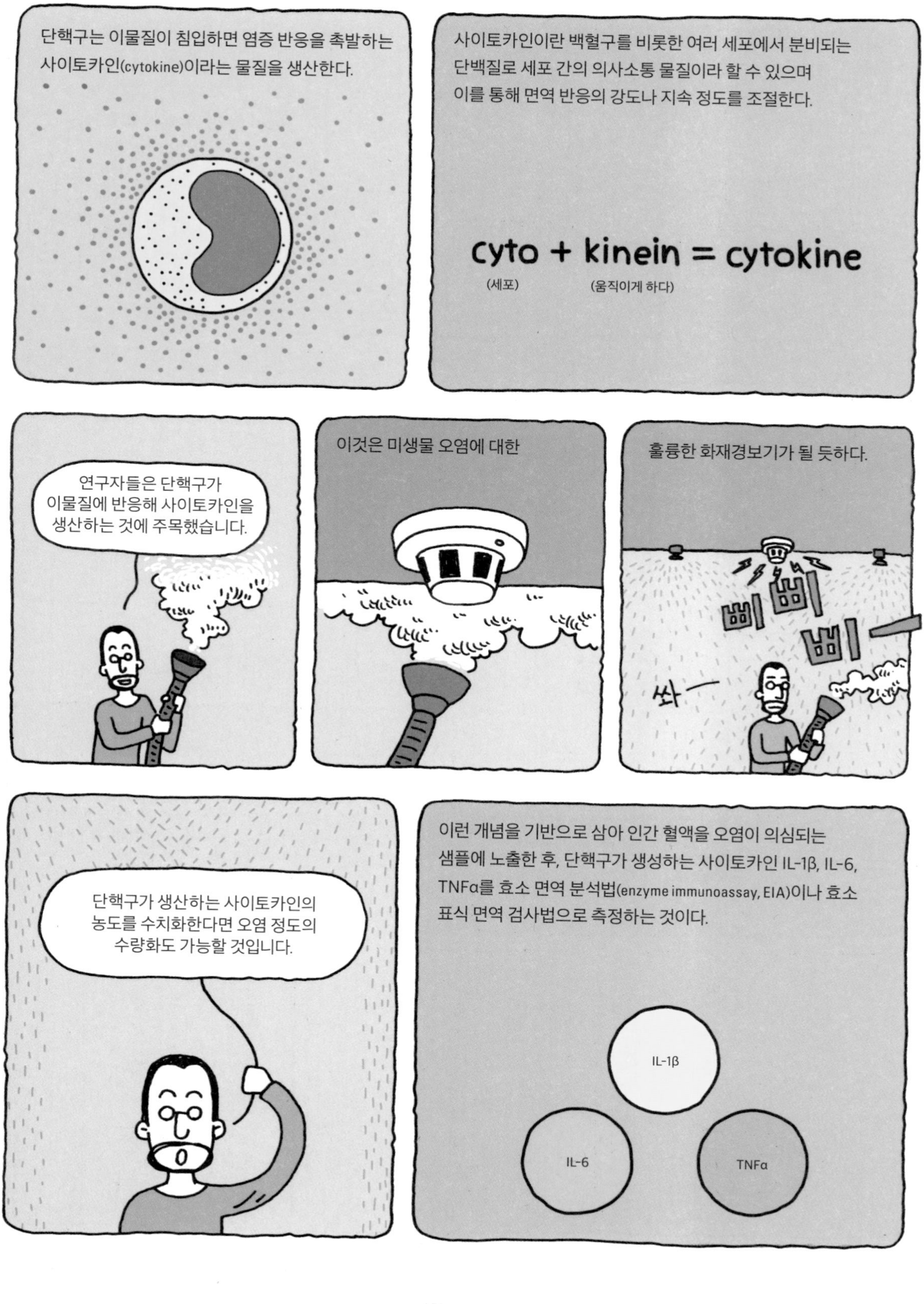
단핵구는 이물질이 침입하면 염증 반응을 촉발하는 사이토카인(cytokine)이라는 물질을 생산한다.
사이토카인이란 백혈구를 비롯한 여러 세포에서 분비되는 단백질로 세포 간의 의사소통 물질이라 할 수 있으며 이를 통해 면역 반응의 강도나 지속 정도를 조절한다.
cyto + kinein = cytokine
(세포)
(움직이게 하다)
연구자들은 단핵구가 이물질에 반응해 사이토카인을 생산하는 것에 주목했습니다.
이것은 미생물 오염에 대한
훌륭한 화재경보기가 될 듯하다.
삐 삐 삐—
쏴—
단핵구가 생산하는 사이토카인의 농도를 수치화한다면 오염 정도의 수량화도 가능할 것입니다.
이런 개념을 기반으로 삼아 인간 혈액을 오염이 의심되는 샘플에 노출한 후, 단핵구가 생성하는 사이토카인 IL-1β, IL-6, TNFα를 효소 면역 분석법(enzyme immunoassay, EIA)이나 효소 표식 면역 검사법으로 측정하는 것이다.
IL-1β
IL-6
TNFα

이 중 효소 표식 면역 검사법을 간단히 설명하면, 항체와 결합한 사이토카인에 색을 띠게 하는 기질을 첨가한 후 그 색의 농도를 측정하는 것이다. 색의 농도는 항체와 결합한 사이토카인의 양에 비례하며 광학적 방법을 통해 표준화된 값과 비교하면, 사이토카인의 양을 측정할 수 있다.

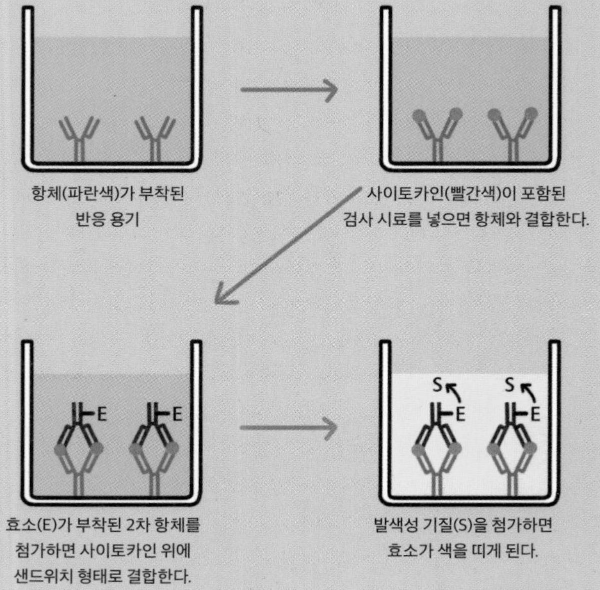
항체(파란색)가 부착된
반응 용기
사이토카인(빨간색)이 포함된
검사 시료를 넣으면 항체와 결합한다.
E
E
효소(E)가 부착된 2차 항체를
첨가하면 사이토카인 위에
샌드위치 형태로 결합한다.
S
S
E
E
발색성 기질(S)을 첨가하면
효소가 색을 띠게 된다.

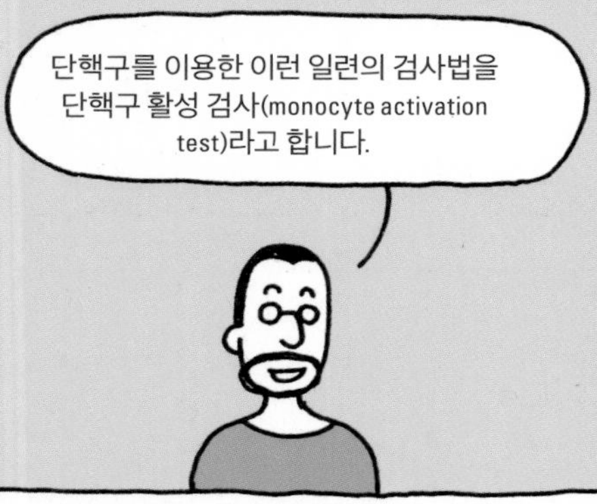
단핵구를 이용한 이런 일련의 검사법을
단핵구 활성 검사(monocyte activation
test)라고 합니다.

현재 단핵구 활성 검사는 혈액의 상태에 따라 신선한 전혈(fresh whole blood), 냉동 보존된 전혈, 말초 혈액 단핵 세포(peripheral blood mononuclear cells), 냉동 보존된 말초 혈액 단핵 세포주(monocytic cell lines)가 이용되고 있다.

단핵구 활성 검사의 장점은 모든 발열원에 대해서 오염 여부를 수치화할 수 있으며

인간의 면역 반응을 이용하기 때문에 검사 신뢰도에 대한 논란도 불식시킬 수 있다는 점이다.

동물 실험에 대한 비판에서도 자유로울 수 있다.

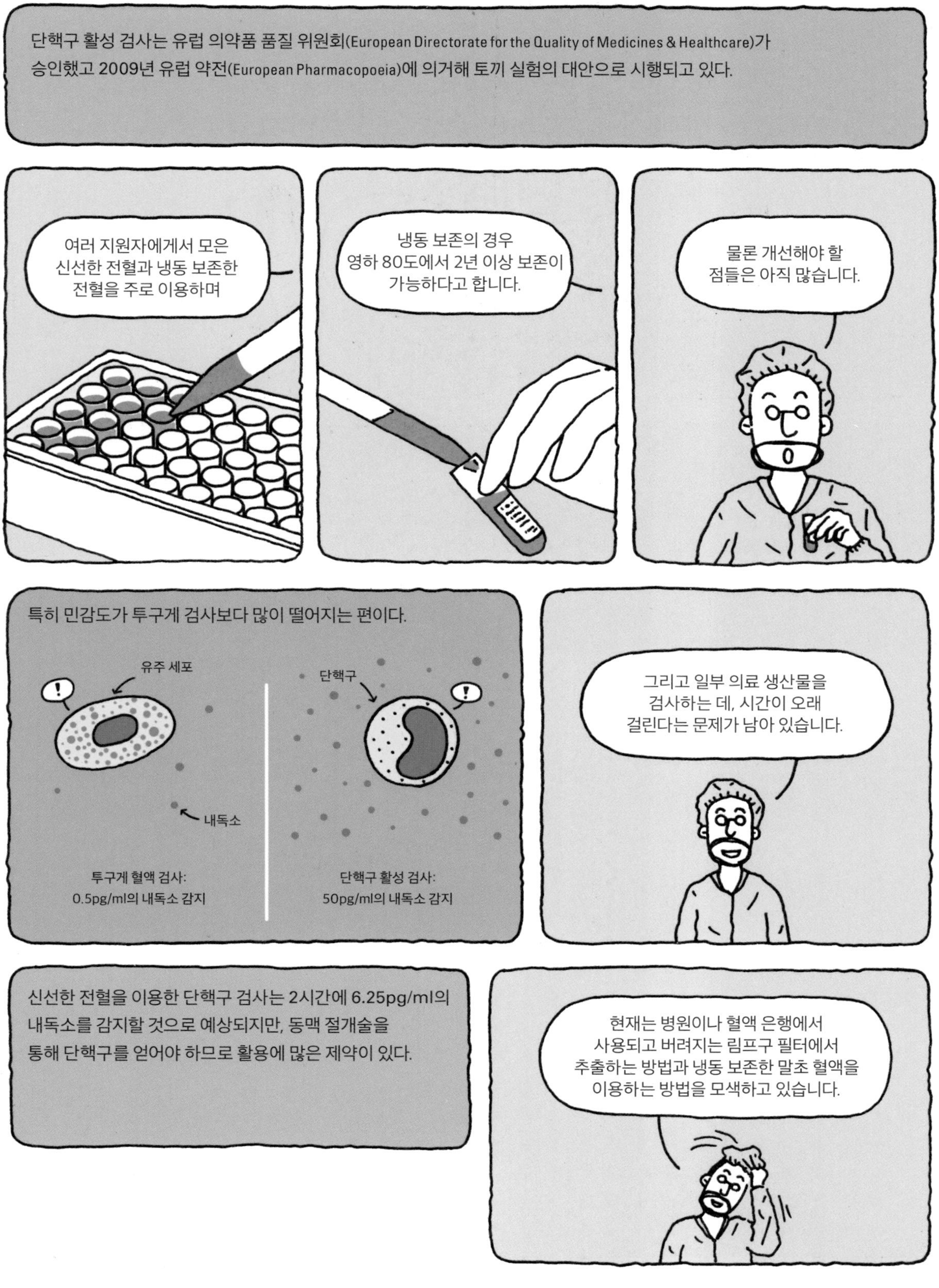
단핵구 활성 검사는 유럽 의약품 품질 위원회(European Directorate for the Quality of Medicines & Healthcare)가 승인했고 2009년 유럽 약전(European Pharmacopoeia)에 의거해 토끼 실험의 대안으로 시행되고 있다.
여러 지원자에게서 모은 신선한 전혈과 냉동 보존한 전혈을 주로 이용하며
냉동 보존의 경우 영하 80도에서 2년 이상 보존이 가능하다고 합니다.
물론 개선해야 할 점들은 아직 많습니다.
특히 민감도가 투구게 검사보다 많이 떨어지는 편이다.
유주 세포
내독소
투구게 혈액 검사:
0.5pg/ml의 내독소 감지
단핵구
단핵구 활성 검사:
50pg/ml의 내독소 감지
그리고 일부 의료 생산물을 검사하는 데, 시간이 오래 걸린다는 문제가 남아 있습니다.
신선한 전혈을 이용한 단핵구 검사는 2시간에 6.25pg/ml의 내독소를 감지할 것으로 예상되지만, 동맥 절개술을 통해 단핵구를 얻어야 하므로 활용에 많은 제약이 있다.
현재는 병원이나 혈액 은행에서 사용되고 버려지는 림프구 필터에서 추출하는 방법과 냉동 보존한 말초 혈액을 이용하는 방법을 모색하고 있습니다.

2번째로 대안적인 발열원 검사는
항균 펩타이드(antimicrobial peptides)를
이용한 바이오센서입니다.

항균 펩타이드란 동물, 곤충과 식물에 이르기까지 자연계
전반에 걸쳐 풍부하게 존재하는 천연 살균 물질로서 생물의
선천적 면역계에서 한 축을 담당한다. 인간의 경우 콧물,
눈물, 침 등에 항균 펩타이드가 있다.
콧물엔
라이소자임이라는
항균 펩타이드가
들어 있습니다.
라이소자임(lysozyme):
침이나 타액, 계란의 흰자 등에
들어 있는 항균 펩타이드로
세균의 세포벽을 용해하는
특성이 있다.

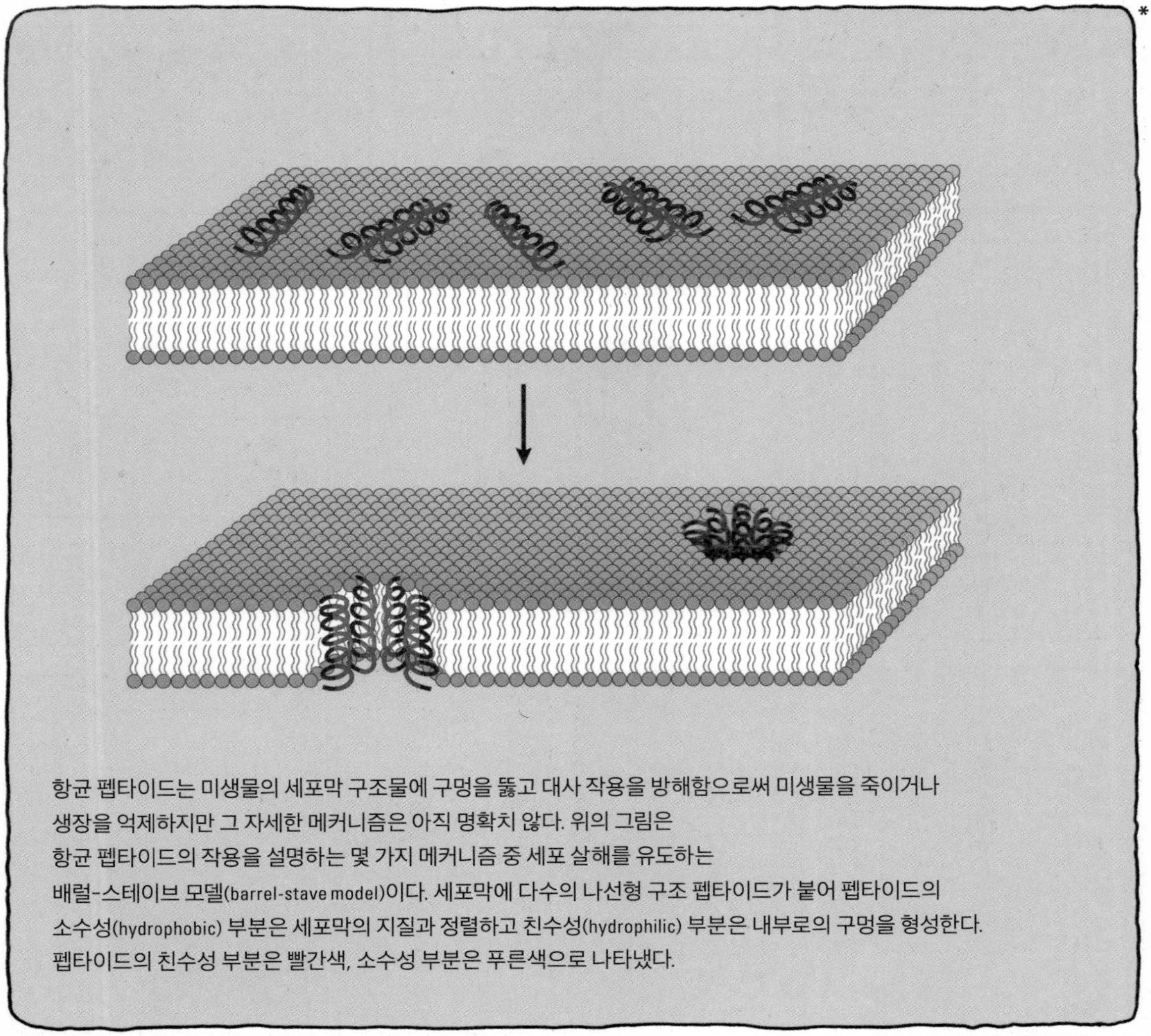
*
항균 펩타이드는 미생물의 세포막 구조물에 구멍을 뚫고 대사 작용을 방해함으로써 미생물을 죽이거나
생장을 억제하지만 그 자세한 메커니즘은 아직 명확치 않다. 위의 그림은
항균 펩타이드의 작용을 설명하는 몇 가지 메커니즘 중 세포 살해를 유도하는
배럴-스테이브 모델(barrel-stave model)이다. 세포막에 다수의 나선형 구조 펩타이드가 붙어 펩타이드의
소수성(hydrophobic) 부분은 세포막의 지질과 정렬하고 친수성(hydrophilic) 부분은 내부로의 구멍을 형성한다.
펩타이드의 친수성 부분은 빨간색, 소수성 부분은 푸른색으로 나타냈다.

* Kim A. Brogden. (2005). Antimicrobial peptides: pore formers or metabolic inhibitors in bacteria? *Nature Reviews Microbiology*, 3.3을 참조해 그린 그림입니다.

그러나 분명한 것은 항균 펩타이드가 양전하나 음전하를 띠고 있으며 미생물의 표면 구조물과 정전 결합(electrostatic bond)을 한다는 점이다.

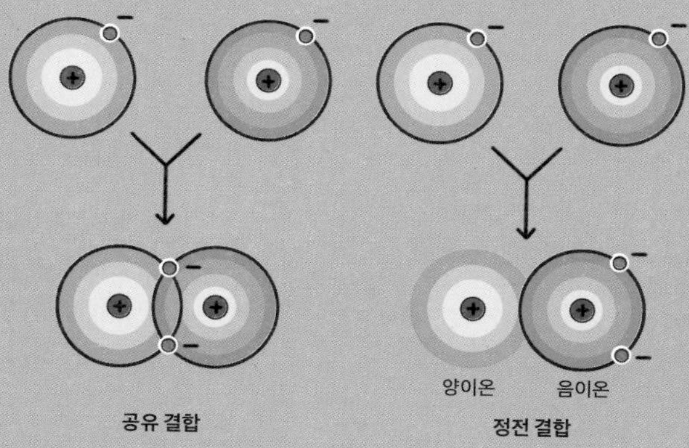

공유 결합은 전자를 공유하여 결합하는 것이지만, 정전 결합 혹은 이온 결합은 불안정한 원자들끼리 전자를 주고 받음으로써 결합하는 것이다.

이처럼 항균 펩타이드와 미생물의 세포막이 상호 작용하여 발생하는 전기 화학적 변화를 측정, 미생물을 감지하는 기술이 등장했다.

나노 기술의 발전 덕분에 항균 펩타이드와 같은 천연 화합물을 기판(substrate)에 고정화함으로써 바이오센서의 개발이 가능해졌다.

바이오센서는 두 부분으로 이루어져 있다. 첫째는 항균 펩타이드를 이용해 목표 물질을 인식하는 부분, 둘째는 거기서 발생하는 전기적 신호를 생화학적 반응으로 변환하고 이를 분석하여 수치화하는 부분이다.*

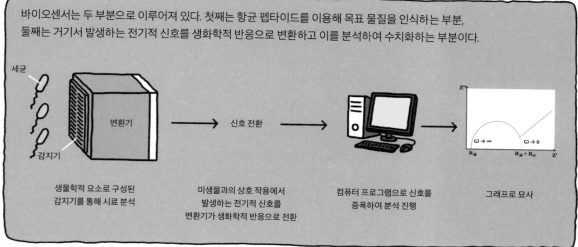

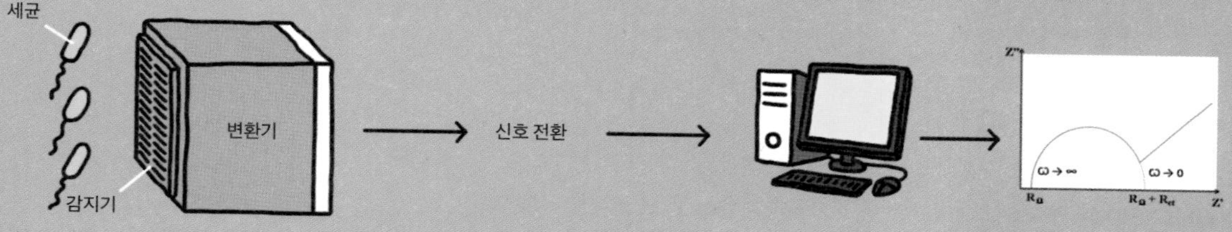

생물학적 요소로 구성된 감지기를 통해 시료 분석

미생물과의 상호 작용에서 발생하는 전기적 신호를 변환기가 생화학적 반응으로 전환

컴퓨터 프로그램으로 신호를 증폭하여 분석 진행

그래프로 묘사

* Rafael R. Silva, et al. (2014). Optical and dielectric sensors based on antimicrobial peptides for microorganism diagnosis. *Frontiers in microbiology*, 5을 참조해 그린 그림입니다.

2010년 연구에서는 아프리카발톱개구리(*Xenopus*)의 피부에서 추출한 마가이닌-1이라는 항균 펩타이드를 이용한 바이오센서로 병원성 대장균과 살모넬라균을 감지했다.
아프리카발톱개구리는 키우기 쉽고 생식 조절이 가능해 생물학적 실험용으로 널리 사용되고 있다.
발톱개구리에서 마가이닌-1 추출
격자형 미소 전극 배열 위에 마가이닌-1 고정
세균이 마가이닌-1과 결합하면서 감지
마가이닌(magainin)은 1980년대 마이클 자슬로프(Michael Zasloff)가 개구리의 피부에서 발견한 항균성 물질로, 여러 종류의 박테리아와 진균류 또는 말라리아 원충과 같은 원생동물 등에서 높은 활성을 나타낸다.
*
이밖에도 현재 루코신(Leucocin) A, 박테네신(Bactenecin) 등 5~6가지의 항균 펩타이드를 연구 중입니다.
항균 펩타이드 검사는 항원-항체 반응과 같은 1대 1 반응이 아닌 여러 미생물들을 특정할 수 있으므로 편리합니다.
단핵구 활성 검사가 화재경보기와 같다면 항균 펩타이드 검사는 감시 카메라와 비슷한 개념일 것입니다.
나노 기술을 이용해 휴대가 쉽고 간단하면서, 실시간으로 특정 세균을 진단할 수 있습니다. 항균 펩타이드 채취는 해당 동물에게 해를 입히지 않기 때문에 윤리적인 문제도 없습니다.
항균 펩타이드를 이용한 감지기는 투구게 내독소 검사나 단핵구 활성화 검사의 취약점을 보완할 것으로 기대된다.

* Manu S. Mannoor, et al. (2010). Electrical detection of pathogenic bacteria via immobilized antimicrobial peptides. *Proceedings of the National Academy of Sciences*, 107.45을 참조해 그렸습니다.

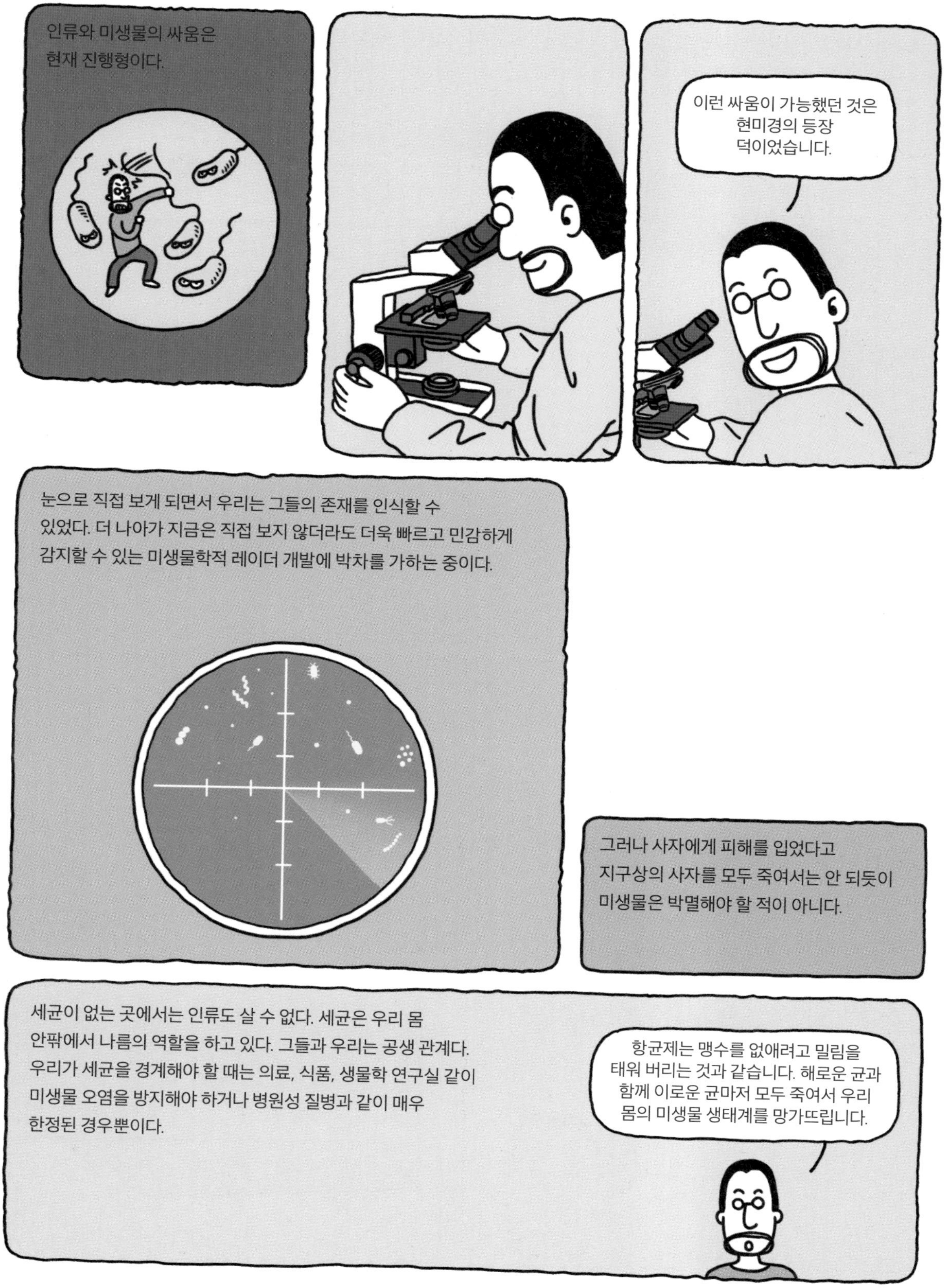
인류와 미생물의 싸움은 현재 진행형이다.
이런 싸움이 가능했던 것은 현미경의 등장 덕이었습니다.
눈으로 직접 보게 되면서 우리는 그들의 존재를 인식할 수 있었다. 더 나아가 지금은 직접 보지 않더라도 더욱 빠르고 민감하게 감지할 수 있는 미생물학적 레이더 개발에 박차를 가하는 중이다.
그러나 사자에게 피해를 입었다고 지구상의 사자를 모두 죽여서는 안 되듯이 미생물은 박멸해야 할 적이 아니다.
세균이 없는 곳에서는 인류도 살 수 없다. 세균은 우리 몸 안팎에서 나름의 역할을 하고 있다. 그들과 우리는 공생 관계다. 우리가 세균을 경계해야 할 때는 의료, 식품, 생물학 연구실 같이 미생물 오염을 방지해야 하거나 병원성 질병과 같이 매우 한정된 경우뿐이다.
항균제는 맹수를 없애려고 밀림을 태워 버리는 것과 같습니다. 해로운 균과 함께 이로운 균마저 모두 죽여서 우리 몸의 미생물 생태계를 망가뜨립니다.

인류와 미생물의 전쟁은 오히려 다른 동물에게로 불똥이 튀었다. 토끼와 투구게를 비롯해 많은 동물이 인간을 위한 실험에 희생되고 있다. 최근 인류는 그 심각성을 인식하여 과도하고 불필요한 동물 실험을 막기 위해 노력하고 있지만, 아직 나아갈 길은 멀다.

새로운 미생물 감지 기술이 등장하면

투구게는 다시 안식의 바다로 돌아갈 수 있을까?

작업 후기

프레더릭 뱅의 1956년 논문 「투구게의 세균성 질병(A bacterial disease of *Limulus polyphemus*)」은 투구게 혈액 연구의 시발점으로 꼽힌다. 물론 19세기에 리오 러브가 지속적으로 투구게 혈액을 연구했지만 혈액 응고에 관한 세포의 특성에 초점을 맞췄을 뿐이었다. 뱅은 투구게 혈액 응고의 원인에 대해 면역학적, 병인학적 측면에서 접근했다.

그러나 뱅이 처음부터 단번에 꿰뚫어 본 것은 아니었다. 이 논문에서 뱅은 투구게 혈액 응고를 그 특유의 면역 메커니즘과 연결 짓지 못하고 있다. 오히려 그는 외상 환자나 임산부가 종종 혈관 내 응고로 인해 신체 일부분이 괴사하거나 쇼크를 일으키는 슈바르츠먼 반응이라는 생소한 증상을 떠올렸다. 앞서서 러브의 투구게 혈액 연구도 알고 있었던 뱅은 어째서 혈액 응고가 투구게 특유의 면역 반응이라고 연결 짓지 못했을까?

이것이 투구게 원고를 준비하는 내내 나를 사로잡았던 의문이었다. 러브의 논문을 비롯하여 20세기 중반까지의 면역학, 혈액학, 감염과 염증에 대한 개념의 정도를 알기 위해 여러 분야를 헤맸지만, 답은 쉽게 잡히지 않았다.

그냥 모른 척 넘어갈까 생각했지만, 이 궁금증은 목구멍에 걸린 가시처럼 나를 불편하게 만들었다. 결국 이제 그만 포기해야겠다는 생각을 할 즈음, 내 궁금증을 정확히 언급한 자료를 기적적으로 구할 수 있었다. 내가 그동안 애썼던 것에 비하면 너무나 허망한 답이었지만, 이 작은 빈틈이 채워지면서 모든 것이 명확히 꿰어졌다.

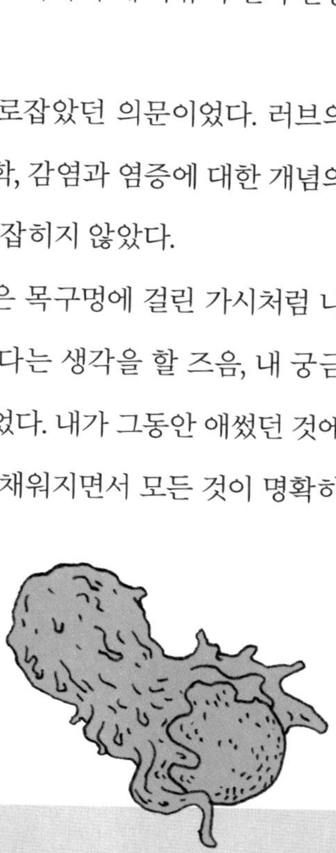

뱅은 존스홉킨스 의과 대학 출신의 의사였다. 19세기 중반을 지나 면역학이 갓 탄생했지만, 사람을 대상으로 연구할 수는 없었기 때문에 20세기 중반에 이르기까지 의학자들은 여러 생물학 연구소에서 무척추동물을 비롯한 여러 동물을 대상으로 면역학을 연구했다. 뱅 역시 의학 연구를 위해 우즈홀 해양 연구소에 있었다. 따라서 의학을 베이스로 했던 뱅은 투구게를 보고 그동안 공부했거나 병원에서 보았을 슈바르츠먼 반응, 즉 혈관 내 응고 증후군을 떠올렸던 것으로 보인다. 당시 슈바르츠먼 반응은 아직 명확하게 규명되지 않았다.

그래서인지 뱅은 슈바르츠먼 반응과 비슷한 증상으로 죽은 투구게를 보며 그 원인이 되는 '세균'의 정체에 초점을 맞추었다. 이러한 사실에 대한 단서는 바로 해당 논문의 제목인 「투구게의 세균성 질병」에 아주 친절하게 쓰여 있었다. 이후 뱅은 혈액 응고 반응이 그람 음성 세균의 내독소에 대한 보편적 반응이라는 것을 깨닫고, 투구게의 면역 메커니즘으로 시선을 옮기게 된 것이다.

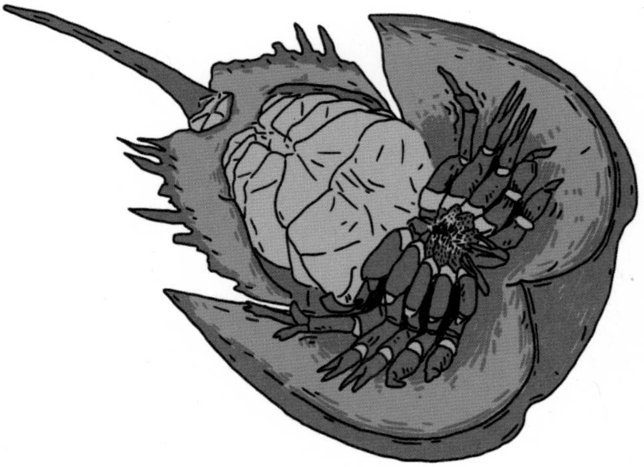

맺음말

과학자의 과학 글과
과학자가 아닌 사람의 과학 글은
어떻게 달라야 할까요?
내가 뭐라고 대답했는지 정확히 기억나지 않지만,
그의 질문은 당시 과학 만화를 시작하면서 고민하던
지점과 맞닿아 있었다.

나는 과학자가 아니다. 그 분야를 연구하는 과학자보다 더 깊이, 더 많이 알 수는 없다.
그럼 내 작업은 어떤 가치가 있을까? 나의 것은 과학자의 것과 어떻게 달라야 할까?
과학 만화를 본격적으로 그리기 전까지 약 7년간을 일러스트레이터로 활동했다. 아무래도 과학을 좋아하다 보니 과학책의 삽화 의뢰는 대환영이었다. 그런 편식 속에서 점점 과학책 삽화가로 자리 잡았지만, 일을 할수록 행복감이 아닌 회의감만이 쌓여 갔다.
많은 과학책에서 삽화는 웃겨 주는 역할, 혹은 상황을 묘사해 주는 용도로 쓰입니다.
물론 딱딱한 분위기를 잡아 주는 역할도 좋겠지만
삽화는 그 이상의 역할을 할 수 있습니다.

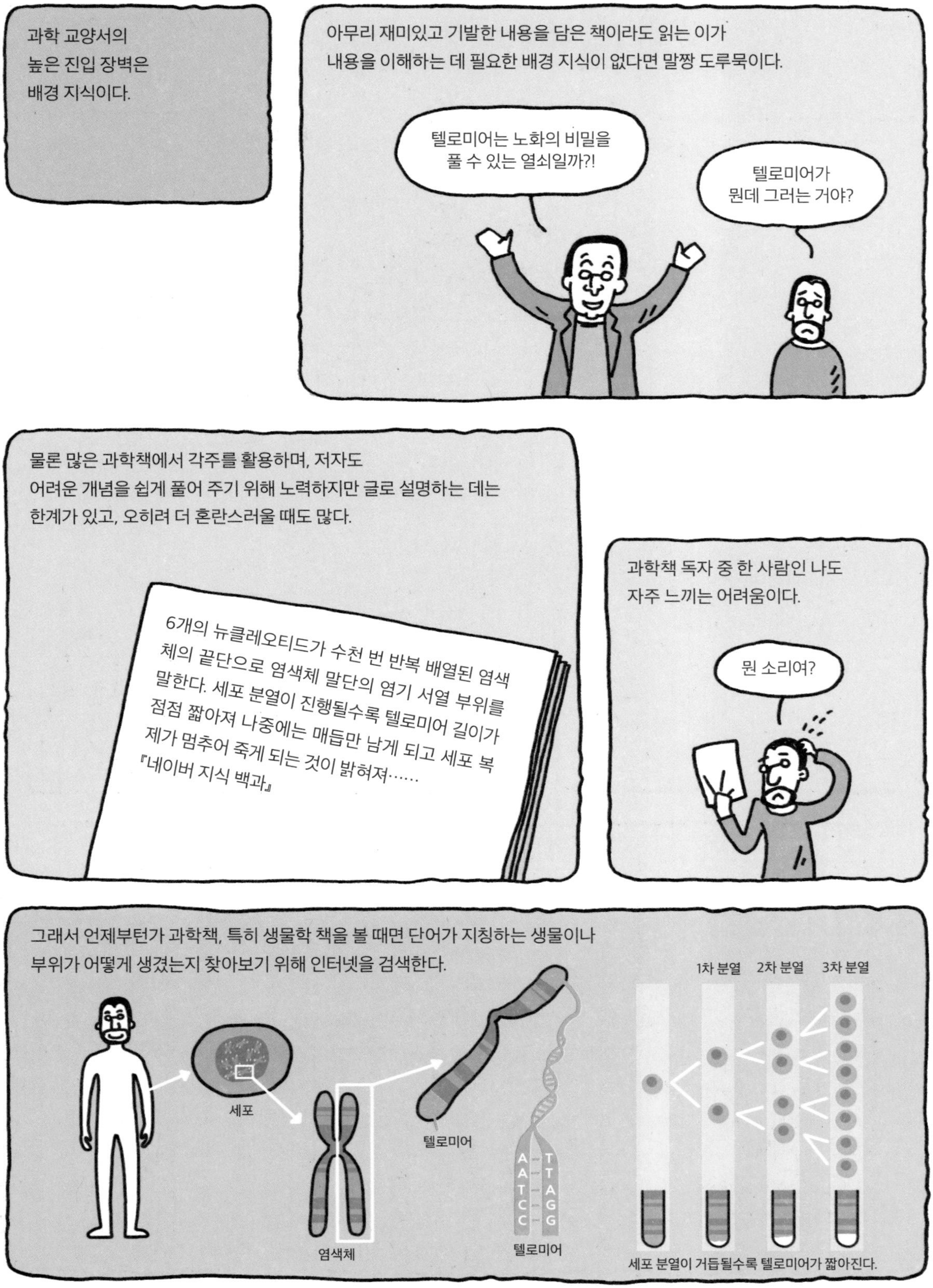
과학 교양서의
높은 진입 장벽은
배경 지식이다.
아무리 재미있고 기발한 내용을 담은 책이라도 읽는 이가
내용을 이해하는 데 필요한 배경 지식이 없다면 말짱 도루묵이다.
텔로미어는 노화의 비밀을 풀 수 있는 열쇠일까?!
텔로미어가 뭔데 그러는 거야?
물론 많은 과학책에서 각주를 활용하며, 저자도
어려운 개념을 쉽게 풀어 주기 위해 노력하지만 글로 설명하는 데는
한계가 있고, 오히려 더 혼란스러울 때도 많다.
6개의 뉴클레오티드가 수천 번 반복 배열된 염색
체의 끝단으로 염색체 말단의 염기 서열 부위를
말한다. 세포 분열이 진행될수록 텔로미어 길이가
점점 짧아져 나중에는 매듭만 남게 되고 세포 복
제가 멈추어 죽게 되는 것이 밝혀져……
『네이버 지식 백과』
과학책 독자 중 한 사람인 나도
자주 느끼는 어려움이다.
뭔 소리여?
그래서 언제부턴가 과학책, 특히 생물학 책을 볼 때면 단어가 지칭하는 생물이나
부위가 어떻게 생겼는지 찾아보기 위해 인터넷을 검색한다.
세포
염색체
텔로미어
AATCC
TTAGG
텔로미어
1차 분열
2차 분열
3차 분열
세포 분열이 거듭될수록 텔로미어가 짧아진다.

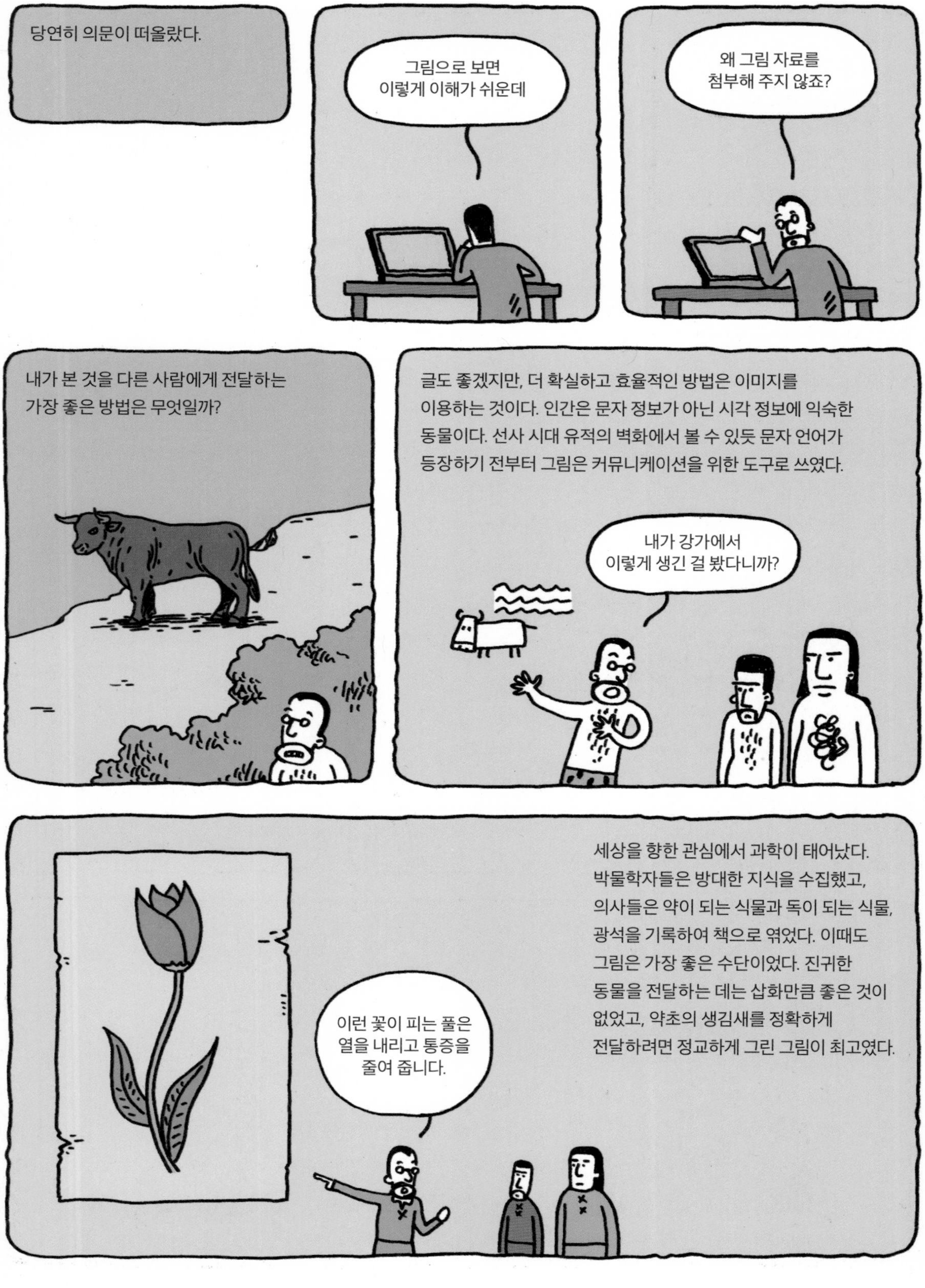
당연히 의문이 떠올랐다.
그림으로 보면 이렇게 이해가 쉬운데
왜 그림 자료를 첨부해 주지 않죠?
내가 본 것을 다른 사람에게 전달하는 가장 좋은 방법은 무엇일까?
글도 좋겠지만, 더 확실하고 효율적인 방법은 이미지를 이용하는 것이다. 인간은 문자 정보가 아닌 시각 정보에 익숙한 동물이다. 선사 시대 유적의 벽화에서 볼 수 있듯 문자 언어가 등장하기 전부터 그림은 커뮤니케이션을 위한 도구로 쓰였다.
내가 강가에서 이렇게 생긴 걸 봤다니까?
세상을 향한 관심에서 과학이 태어났다. 박물학자들은 방대한 지식을 수집했고, 의사들은 약이 되는 식물과 독이 되는 식물, 광석을 기록하여 책으로 엮었다. 이때도 그림은 가장 좋은 수단이었다. 진귀한 동물을 전달하는 데는 삽화만큼 좋은 것이 없었고, 약초의 생김새를 정확하게 전달하려면 정교하게 그린 그림이 최고였다.
이런 꽃이 피는 풀은 열을 내리고 통증을 줄여 줍니다.

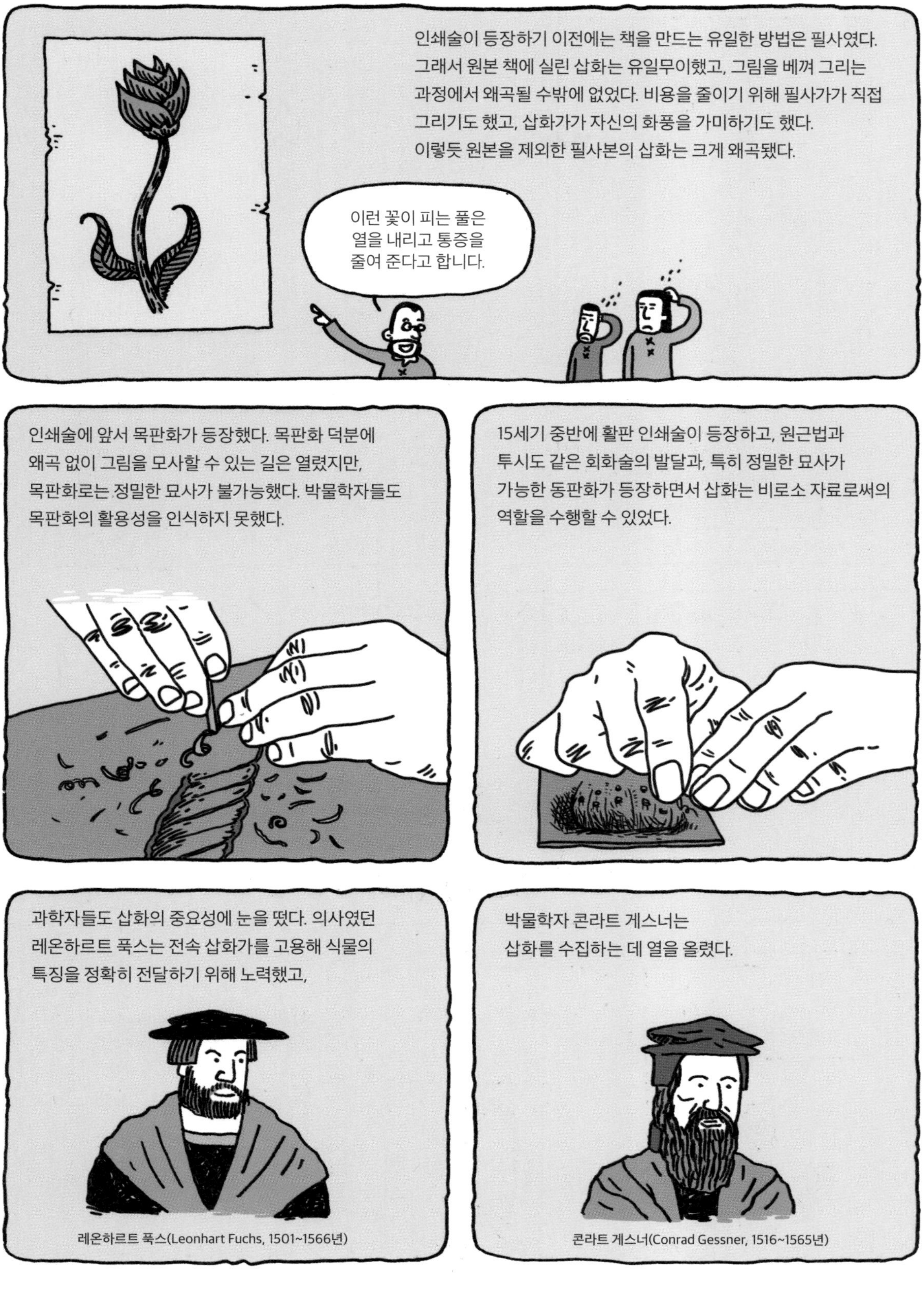
인쇄술이 등장하기 이전에는 책을 만드는 유일한 방법은 필사였다. 그래서 원본 책에 실린 삽화는 유일무이했고, 그림을 베껴 그리는 과정에서 왜곡될 수밖에 없었다. 비용을 줄이기 위해 필사가가 직접 그리기도 했고, 삽화가가 자신의 화풍을 가미하기도 했다. 이렇듯 원본을 제외한 필사본의 삽화는 크게 왜곡됐다.
이런 꽃이 피는 풀은 열을 내리고 통증을 줄여 준다고 합니다.
인쇄술에 앞서 목판화가 등장했다. 목판화 덕분에 왜곡 없이 그림을 모사할 수 있는 길은 열렸지만, 목판화로는 정밀한 묘사가 불가능했다. 박물학자들도 목판화의 활용성을 인식하지 못했다.
15세기 중반에 활판 인쇄술이 등장하고, 원근법과 투시도 같은 회화술의 발달과, 특히 정밀한 묘사가 가능한 동판화가 등장하면서 삽화는 비로소 자료로써의 역할을 수행할 수 있었다.
과학자들도 삽화의 중요성에 눈을 떴다. 의사였던 레온하르트 푹스는 전속 삽화가를 고용해 식물의 특징을 정확히 전달하기 위해 노력했고,
레온하르트 푹스(Leonhart Fuchs, 1501~1566년)
박물학자 콘라트 게스너는 삽화를 수집하는 데 열을 올렸다.
콘라트 게스너(Conrad Gessner, 1516~1565년)

안드레아스 베살리우스는 저서『인체 구조에 관하여(*De Humani Corporis Fabrica*)』를 통해 최초로 정확한 인체 해부 지식을 전파함으로써 오늘날의 과학적 의학의 길을 닦았다. 특히 그 책의 가장 눈에 띄는 특징은 감탄사가 터져 나오는 정밀한 삽화다. 그는 직접 예술가와 함께 작업하며 삽화 제작에 공을 들였다. 그때까지 그렇게 정밀한 그림과 방대한 본문, 각주가 유기적으로 결합된 책은 없었다. 그의 책은 글과 그림의 완벽한 조화였으며, 의학을 넘어 미술과 인쇄, 서적의 역사에서도 커다란 의미를 지닌다.
『인체 구조에 관하여』에 실린 삽화*
안드레아스 베살리우스
(Andreas Vesalius, 1514~1564년)
현대에 접어들며 사진과 컴퓨터 그래픽의 등장으로 이미지 자료는 더욱 풍부해졌다. 특히 사진의 발명은 보다 손쉽게 이미지 자료를 만들 수 있는 길을 열었다.
그러나 사진과 그림은 다릅니다.
사진은 사실 그대로를 전달하는 데 좋은 반면, 설명이나 이해의 자료로는 효과적이지 않습니다.
사진 한 장에는 너무 많은 정보가 들어 있는 반면, 그림은 전하고자 하는 정보를 정리하고 강조하여 표현합니다.
찰칵

* 위키피디아(https://en.wikipedia.org/wiki/De_humani_corporis_fabrica#/media/File:Vesalius_Fabrica_p184.jpg)에 실린 그림을 사용하였습니다.

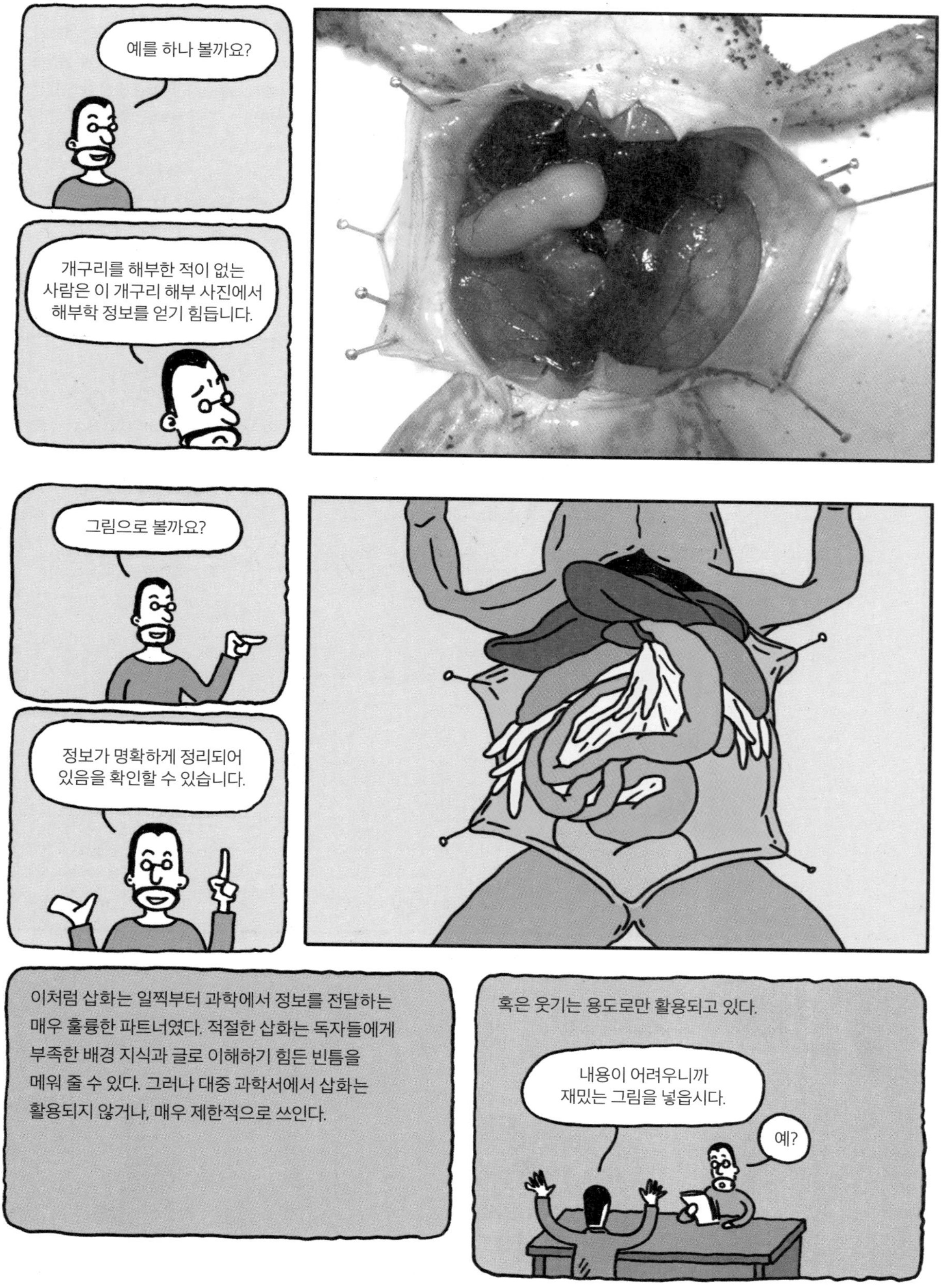
예를 하나 볼까요?
개구리를 해부한 적이 없는 사람은 이 개구리 해부 사진에서 해부학 정보를 얻기 힘듭니다.
그림으로 볼까요?
정보가 명확하게 정리되어 있음을 확인할 수 있습니다.
이처럼 삽화는 일찍부터 과학에서 정보를 전달하는 매우 훌륭한 파트너였다. 적절한 삽화는 독자들에게 부족한 배경 지식과 글로 이해하기 힘든 빈틈을 메워 줄 수 있다. 그러나 대중 과학서에서 삽화는 활용되지 않거나, 매우 제한적으로 쓰인다.
혹은 웃기는 용도로만 활용되고 있다.
내용이 어려우니까 재밌는 그림을 넣읍시다.
예?

어려우면 설명해 주는
그림을 넣어야죠.

제가 과학을 만화로
그리게 된 계기는 바로
이 지점이었습니다.

정보를 담은 삽화를 마음껏 넣은 과학책을 만드는 것. 글과 이미지를 자유로이 활용할 수 있는 만화는, 이를 위한 최고의 매체였다.

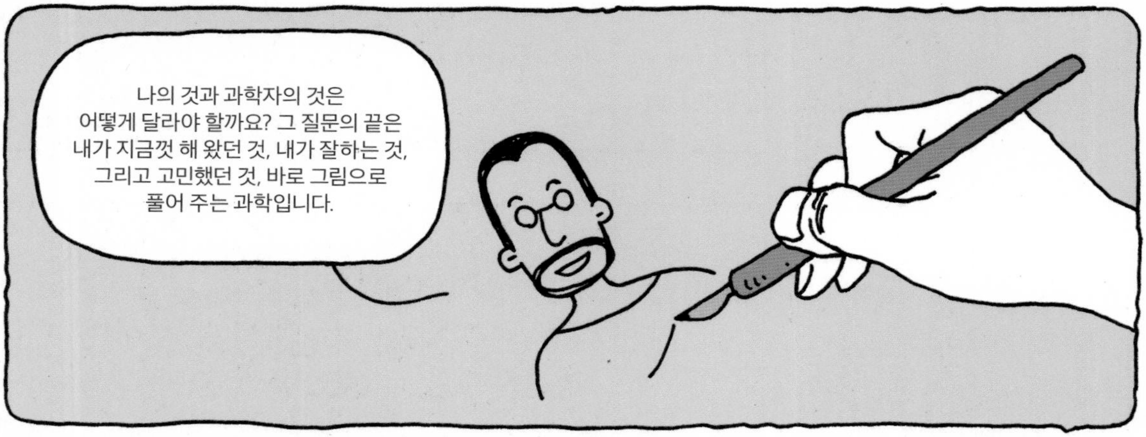
나의 것과 과학자의 것은
어떻게 달라야 할까요? 그 질문의 끝은
내가 지금껏 해 왔던 것, 내가 잘하는 것,
그리고 고민했던 것, 바로 그림으로
풀어 주는 과학입니다.

혹자들은 만화로 그려졌다고 해서 더 쉬울 거라 생각할 수 있다. 그러나 만화가가 썼다고 해서 가볍게 다루고 싶지 않았고, 만화로 그렸다고 해서 쉬운 과학을 얘기하고자 하지도 않았다.
과학은 쉽지 않다. 쉬운 과학은 쉬운 지식만 줄 뿐이다. 내가 이해할 수 있는 곳까지 깊게 이야기하고자 노력했다.
오히려 만화로 독자의 배경 지식을 채워 줄 수 있기에 그만큼 더 깊이 들어갈 수 있다.
내게 만화는 쉽게 보이려는 수단이 아닌 친절함의 수단이다.

쉬운 과학책이 아닌 친절한
과학책이 되고자 노력했습니다.

감사합니다

《한겨레》의 과학 웹진 《사이언스온》의
오철우 기자님은 제 부족한 만화를 세상에
선보일 수 있게 자리를 허락해 주셨습니다.

서대문 자연사 박물관의
백두성 학예사 선생님은
일면식도 없는 제게 선뜻 먼저
도움의 손길을 내밀어 주었습니다.

서울 대학교 대학원에서 과학 철학을
가르치는 홍성욱 선생님 덕분에
여러 훌륭한 선생님들을 만날 수 있었습니다.

캐나다 오타와 대학교에서
초파리 유전학을 연구하는
김우재 선생님은 머나먼 이국땅에서도
물심양면으로 도와주었습니다.

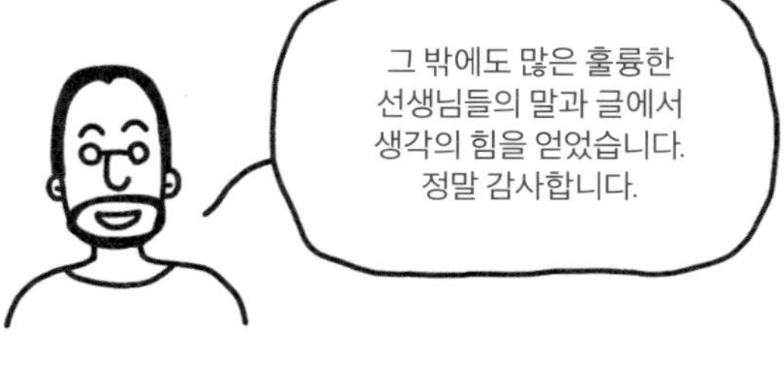
그 밖에도 많은 훌륭한
선생님들의 말과 글에서
생각의 힘을 얻었습니다.
정말 감사합니다.

앞으로 나한테 잘해.
잘하시오.

예이~

마지막으로 힘든 첫 발걸음을 뗄 수 있게
옆에서 지켜 준 아내 기혜와 딸 윤아에게
이 책을 바칩니다.

참고 문헌

1장 심해

단행본

로버트 헉슬리, 곽명단 옮김, 『위대한 박물학자』(21세기 북스, 2009).

피터 매시니스, 석기용 옮김, 『다윈은 세상에서 무엇을 보았을까?』(부키, 2009).

Charton, Barbara. *The Facts on File Dictionary of Marine Science*. fact on file. 2009.

Deacon, M., Rice, Tony, and Summerhayes, Colin. (2001). *Understanding the oceans: a century of ocean exploration.* Routledge.

Gage, John D., and Tyler, Paul A. (1991). *Deep-sea biology: a natural history of organisms at the deep-sea floor.* Cambridge University Press.

Tietjen, John. (2009). *The Facts on File dictionary of marine science.* Infobase Publishing.

논문

Anderson, Thomas R., and Rice, Tony. (2006). Deserts on the sea floor: Edward Forbes and his azoic hypothesis for a lifeless deep ocean. *Endeavour,* 30.4, 131-137.

Glud, Ronnie N., et al. (2013). High rates of microbial carbon turnover in sediments in the deepest oceanic trench on Earth. *Nature Geoscience,* 6, 284–288

인터넷

ScienceNews, Microbes flourish at deepest ocean site.

http://www.sciencenews.org/view/generic/id/349041/description/Microbes_flourish_at_deepest_ocean_site

독일 막스 프랑크 해양 미생물학 연구소

http://www.mpi-bremen.de/en/Microbes_in_the_Mariana_Trench.html

영국 자연사 박물관

http://www.nhm.ac.uk/nature-online/science-of-natural-history/expeditions-collecting/hms-challenger-expedition/

2장 바다나리

논문

Baumiller, T. K. (2008). Crinoid ecological morphology. *Annu. Rev. Earth Planet. Sci*, 36, 221-249.

Baumiller, T. K., and Messing, C. G. (2007). Stalked crinoid locomotion, and its ecological and evolutionary implications. *Palaeontologia Electronica,* 10.1, 1-10.

Baumiller, T. K., et al. (2010). Post-Paleozoic crinoid radiation in response to benthic predation preceded the Mesozoic marine revolution. *Proceedings of the National Academy of Sciences,* 107.13, 5893-5896.

Fearnhead, F. E. (2008). Towards a systematic standard approach to describing fossil crinoids, illustrated by the redescription of a Scottish Silurian Pisocrinus de Koninck. *Scripta Geologica,* 136, 39-61.

Janevski, G. Alex, and Baumiller, T. K. (2010). Could A Stalked Crinoid Swim? A Biomechanical Model and Characteristics Of Swimming Crinoids. *PALAIOS,* 25, 588–596

인터넷

미국 고생물 학회(The Paleontological Society) 홈페이지

http://paleosoc.org/Crinoids.pdf

바다나리 관련 자료

http://en.wikipedia.org/wiki/Crinoid

3장 유체 골격

단행본

메리 로취, 권 루시안 옮김, 『봉크』(파라북스, 2008).

논문

Kier, William M. (2012). The diversity of hydrostatic skeletons. *The Journal of Experimental Biology,* 215.8, 1247-1257.

Kelly, Diane A. (2007). Penises as Variable-Volume Hydrostatic Skeletons. *Annals of the New York Academy of Sciences,* 1101.1, 453-463.

기사

Roach, Mary. (1999). Intimate Engineering. *Discover,* Feb.20.2, 76.

4장 박쥐의 난제

단행본

Maxim, Hiram S. (1912). *A New System for Preventing Collision at Sea.* Cassell and Company Ltd.

논문

Dijkgraaf, Sven. (1960). Spallanzani's unpublished experiments on the sensory basis of object perception in bats. *Isis*, 51.1, 9-20.

Fenton, M. Brock. (2013). Questions, ideas and tools: lessons from bat echolocation. *Animal Behaviour.*

Galambos, Robert. (1942). The avoidance of obstacles by flying bats: Spallanzani's ideas(1794) and later theories. *Isis,* 34.2, 132-140.

Griffin, Donald R. (1944). Echolocation by blind men, bats and radar. *Science,* 100.2609, 589-590.

Griffin, Donald R. (2001). Return to the magic well: echolocation behavior of bats and responses of insect prey. *BioScience,* 51.7, 555-556.

Hartridge, H. (1920). The avoidance of objects by bats in their flight. *The Journal of physiology,* 54.1-2, 54-57.

Newman, Paul G., and Grace S. Rozycki. (1998). The history of ultrasound. *Surgical clinics of north America,* 78.2, 179-195.

Pierce, G. W., and Donald R. Griffin. (1938). Experimental determination of supersonic notes emitted by bats. *Journal of Mammalogy,* 19.4, 454-455.

인터넷

존 틴들 관련 자료

http://en.wikipedia.org/wiki/John_Tyndall#cite_note-23

5장 투구게

단행본

노명희 외, 『혈액학』(3판)(고려의학, 2011).

더글러스 스타, 박범수 옮김, 『피의 역사』(이룸, 2004).

리처드 포티, 이한음 옮김, 『위대한 생존자들』(까치글방, 2012).

매리언 켄들, 이성호, 최돈찬 옮김, 『세포전쟁』(궁리, 1998).

셔윈 눌랜드, 안혜원 옮김, 『닥터스: 의학의 일대기』(살림, 2009).

마이클 매디건 외, 오계현 외 옮김, 『BROCK의 미생물학』(13판)(피어슨에듀케이션코리아, 2011).

논문

Armstrong, PETER B. (1979). Motility of the Limulus blood cell. *Journal of cell science,* 37.1, 169-180.

Anderson, Paul G. Leo Loeb(1869-1959). the Bernard Becker Medical Library, http://beckerexhibits.

wustl.edu/mig/bios/loeb.html

Annane, D., Bellissant, E., and Cavaillon, Jean-Marc. Septic shock. (2005). *Lancet,* 365.9453, 63-78.

John, B. Akbar, Jalal, K. C. A., Kamaruzzaman, Y. B., K., Zaleha. (2010). Mechanism in the Clot Formation go Horseshoe Crab Blood during Bacterial Endotoxin Invasion. *Journal of Applied Sciences,* 10.17, 1930-1936.

Bang, F. B. (1956). A bacterial disease of Limulus polyphemus. *Bulletin of the Johns Hopkins Hospital,* 98.5, 325.

Brogden, Kim A. (2005). Antimicrobial peptides: pore formers or metabolic inhibitors in bacteria?. *Nature Reviews Microbiology,* 3.3, 238-250.

Copeland, D. Eugene, and Levin, Jack. (1985). The fine structure of the amebocyte in the blood of Limulus polyphemus. I. Morphology of the normal cell. *The Biological Bulletin,* 169.2, 449-457.

Hermanns, Juergen, et al. (2012). Alternatives to Animal Use for the LAL-Assay. *Altex Proceedings,* 1/12, Proceedings of WC8, 81-84.

Hjort, P. F., and Rapaport, S. I. (1965). The Shwartzman reaction: pathogenetic mechanisms and clinical manifestations. *Annual review of medicine,* 16.1, 135-168.

erlanger, Joseph. (1951). William Henry Howell. *National Academy of Sciences Biographical Memoir.*

Kaadan, Abdul N., and Angrini, Mahmud. (2010). Blood transfusion in history. *JISHIM,* 2009, 62.

Koryakina, A., Frey, Esther, and Bruegger, Peter. (2014). Cryopreservation of human monocytes for pharmacopeial monocyte activation test. *Journal of immunological methods,* 405, 181-191.

Kreamer, Gary, and Michels, Stewart. (2009). History of horseshoe crab harvest on Delaware Bay. *Biology and conservation of horseshoe crabs*(pp. 299-313). Springer US.

Loeb, Leo. (1902). On the blood lymph cells and inflammatory processes of Limulus. *The Journal of medical research,* 7.1, 145.

Loeb, Leo. (1903). On the coagulation of the blood of some arthropods and on the influence of pressure and traction on the protoplasm of the blood cells of arthropods. *The Biological Bulletin,* 4.6, 301-318.

Madani, Kaivon. (2003). Dr. Hans Christian Jaochim Gram: inventor of the Gram stain. *Primary Care Update for OB/GYNS,* 10.5, 235-237.

Mannoor, Manu S., et al. (2010). Electrical detection of pathogenic bacteria via immobilized antimicrobial peptides. *Proceedings of the National Academy of Sciences,* 107.45, 19207-19212.

Montag, Thomas, et al. (2007). Safety testing of cell-based medicinal products: opportunities for the monocyte activation test for pyrogens. *Altex,* 24.2, 81-89.

Rudkin, David M., Young, Graham A., and Nowlan, Godfrey S. (2008). The oldest horseshoe crab: a new xiphosurid from Late Ordovician Konservat-Lagerstätten deposits, Manitoba, Canada. *Palaeontology,* 51.1, 1-9.

Schindler, Stefanie, et al. (2009). Development, validation and applications of the monocyte activation test for pyrogens based on human whole blood. *ALTEX,* 26.4, 265-277.

Sekiguchi, Koichi, and Shuster Jr., Carl N. (2009). Limits on the global distribution of horseshoe crabs(Limulacea): lessons learned from two lifetimes of observations: Asia and America. *Biology and conservation of Horseshoe crabs*(pp.5-24). Springer US.

Silva, Rafael R., et al. (2014). Optical and dielectric sensors based on antimicrobial peptides for microorganism diagnosis. *Frontiers in microbiology,* 5.

Stagner, John Irvin. (1975). Immunological mechanisms of the horseshoe crab, Limulus polyphemus. *Marine Fisheries Review,* 37.5-6.

Sullivan, B., et al. (1976). Hemocyanin of the horseshoe crab, Limulus polyphemus. Structural differentiation of the isolated components. *Journal of Biological Chemistry,* 251.23, 7644-7648.

Theopold, Ulrich, et al. (2004). Coagulation in arthropods: defence, wound closure and healing. *Trends in immunology,* 25.6, 289-294.

Novitsky, Thomas J., (2009). Biomedical Applications of Limulus Amebocyte Lysate. In Tanacredi, John T., Botton, Mark L., and Smith, David R. (Eds.), *Biology and conservation of horseshoe crabs.* New York: Springer.

Holde, Kensal E. van, Miller, Karen I., and Decker, Heinz. (2001). Hemocyanins and invertebrate evolution. *Journal of Biological Chemistry,* 276.19, 15563-15566.

Walls, Elizabeth A., Berkson, Jim, and Smith, Stephen A. (2002). The horseshoe crab, Limulus polyphemus: 200 million years of existence, 100 years of study. *Reviews in Fisheries Science,* 10.1, 39-73.

Wille, John J. (2012). Occurrence of Fibonacci numbers in development and structure of animal forms: Phylogenetic observations and epigenetic significance. *Natural Science,* 4, 216.

Williams, Kevin L. (2013). Limulus Amebocyte Lysate Discovery, Mechanism, and Application. In Williams, Kevin L. (ed.), *Endotoxins: pyrogens, LAL testing and depyrogenation.* CRC Press.

인터넷

그레고리 슈바르츠만 관련 자료

http://www.merriam-webster.com/medical/shwartzman%20reaction

우즈홀 해양과학 연구소 홈페이지

http://hermes.mbl.edu/marine_org/images/animals/Limulus/blood/bang.html

전미 야생동물연합 홈페이지

http://www.nwf.org/wildlife/wildlife-library/invertebrates/horseshoe-crab.aspx

종합의학연구소(National Institute of General Medical Sciences, NIGMS)

http://publications.nigms.nih.gov/findings/sept13/hooked-on-heme.asp

프레더릭 뱅 관련 자료, 우즈홀 해양과학 연구소 홈페이지

http://hermes.mbl.edu/marine_org/images/animals/Limulus/blood/bang.html)

HemOnc Today, James Blundell: pioneer of blood transfusion. Healio, February 25, 2009. (http://www.healio.com/hematology-oncology/news/print/hemonc-today/%7Be144eb73-e097-43b0-b128-65af2c9029a4%7D/james-blundell-pioneer-of-blood-transfusion)

James Blundell. Public Broadcasting Service website.

www.pbs.org/wnet/redgold/innovators/bio_blundell.html.

Jef Akst. "New Blood, circa 1914". TheScientists, April 1, 2014.

http://www.the-scientist.com/?articles.view/articleNo/39508/title/New-Blood--circa-1914/

New College of Florida 홈페이지

(http://www.ncf.edu/msoi-horseshoe-crabs)

The Ecological Research & Development Group (ERDG)에서 개설한 투구게 홈페이지

http://horseshoecrab.org/nh/species.html

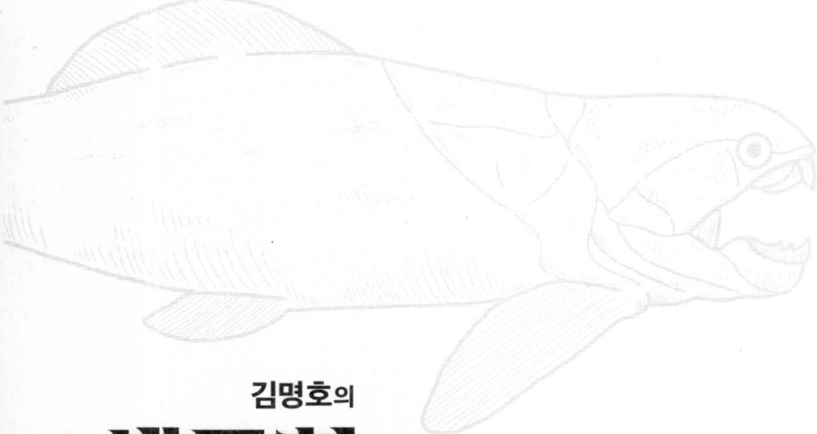

김명호의

생물학 공방

1판 1쇄 펴냄 2015년 11월 27일
1판 6쇄 펴냄 2024년 1월 31일

지은이 김명호
펴낸이 박상준
펴낸곳 ㈜사이언스북스

출판등록 1997.3. 24.(제16-1444호)
(06027) 서울시 강남구 도산대로1길 62
대표 전화 515-2000, 팩시밀리 515-2007
편집부 517-4263, 팩시밀리 514-2329
www.sciencebooks.co.kr

ISBN 978-89-8371-768-9 03400

이 책은 한국출판문화산업진흥원의 2015년 〈우수 출판콘텐츠 제작 지원〉 사업 선정작입니다.